Industrielle Störfälle und Strahlenexposition

I. Stör- und Unfälle in der Kernindustrie
II. Inkorporation und Dekorporation von Radionukliden
III. Medizinische Versorgung von Strahlenunfallpatienten

21. Jahrestagung der Vereinigung Deutscher Strahlenschutzärzte e.V.

14. Jahrestagung des Fachverbandes für Strahlenschutz e.V.
vom 29. bis 31. Mai 1980 in der Kernforschungsanlage Jülich

Strahlenschutz in Forschung und Praxis · Band XXI

Herausgegeben von
Otfried Messerschmidt, Ludwig E. Feinendegen,
Werner Hunzinger

Mit Beiträgen von
A. Bayer   H.-D. Flach   A. Kaul   H. Schieferdecker
W. Belda   T. M. Fliedner   W. Kemmer   F.-E. Stieve
W. Bischof   M. Haen   H.-A. Ladner   V. Volf
F. Carbonell   F. W. Heuser   O. Messerschmidt F. Wendt
L. E. Feinendegen H. Jacobs   E. Oberhausen

88 Abbildungen und 27 Tabellen

1980
Georg Thieme Verlag Stuttgart · New York

CIP-Kurztitelaufnahme der Deutschen Bibliothek

Industrielle Störfälle und Strahlenexposition :
I. Stör- u. Unfälle in d. Kernindustrie, II. Inkorporation u. Dekorporation von Radionukliden, III. Med.
Versorgung von Strahlenunfallpatienten ; vom 29. –
31. Mai 1980 in d. Kernforschungsanlage Jülich / hrsg.
von Otfried Messerschmidt . . . Mit Beitr. von A.
Bayer. – Stuttgart, New York : Thieme, 1980
   (. . . Jahrestagung der Vereinigung Deutscher Strahlenschutzärzte e.V. ; 21) (. . . Jahrestagung des
   Fachverbandes für Strahlenschutz e.V. ; 14) (Strahlenschutz in Forschung und Praxis ; Bd. 21)

NE: Messerschmidt, Otfried [Hrsg.]; Bayer, Anton
[Mitverf.]

Wichtiger Hinweis:
Medizin als Wissenschaft ist ständig in Fluß. Forschung und klinische Erfahrung erweitern unsere Kenntnisse, insbesondere was Behandlung und Einsatz von Medikamenten anbelangt. Autoren, Herausgeber und Verlag haben größte
Mühe darauf verwandt, daß die angegebene Dosierung und Applikation genau dem Wissensstand bei Fertigstellung
des Werkes entspricht. Dennoch ist jeder Leser aufgefordert, die Beipackzettel der verwendeten Präparate zu prüfen,
um in eigener Verantwortung festzustellen, ob die dort gegebene Empfehlung für Dosierungen oder Beachtung von
Kontraindikationen gegenüber der Angabe in diesem Buch abweicht. Dies ist besonders wichtig bei neu auf den Markt
gebrachten oder bei selten verwendeten Präparaten.

© 1980 Georg Thieme Verlag, Herdweg 63, Postfach 732, D-7000 Stuttgart 1 – Printed in Germany –
Druck: Johannes Illig, Göppingen

ISBN 3-13-452101-6

HERAUSGEBER

MESSERSCHMIDT, O., Prof.Dr.med., Leiter des Laboratoriums für
    experimentelle Radiologie, Ingolstädter Landstr. 2,
    8042 Neuherberg bei München

FEINENDEGEN, L.E., Prof.Dr.med., Direktor des Instituts für
    Medizin, Kernforschungsanlage Jülich, Postfach 1913,
    5170 Jülich

HUNZINGER, W., Dr., Chef der Sektion Strahlenschutz, Bundes-
    amt für Gesundheitswesen, Postfach 2644, CH-3001 Bern

REDAKTIONELLE BEARBEITUNG

Frau Ortrun Messerschmidt

MITARBEITERVERZEICHNIS

Bayer, A., Prof.Dr.Ing.
Kernforschungszentrum
Karlsruhe, Neutronenphysik
u.Reaktortechnik, Postf.3640
7500 Karlsruhe 1

Belda, W., Dr.Ing.
Abteilung VRS 18,
KWU Erlangen
8520 Erlangen

Bischof, W., Assessor
Institut für Völkerrecht der
Universität Göttingen
Nikolausberger Weg 9c,
3400 Göttingen

Carbonell, F., Dr.med.
Abteilung für Klinische Physiologie u.Arbeitsmedizin
der Universität Ulm,
Oberer Eselsberg, 7900 Ulm

Feinendegen, L.E., Prof.Dr.med.
Direktor des Instituts für
Medizin, Kernforschungsanlage
Postfach 1913, 5170 Jülich

Flach, H.-D., Dr.med.
Werksarzt, Leiter d.Röntgen-
ambulanz, BASF-AG, Postfach
6700 Ludwigshafen

Fliedner, T.M., Prof.Dr.med.
Leiter der Abteilung für Klinische Physiologie und Arbeitsmedizin der Universität Ulm,
Oberer Eselsberg, 7900 Ulm

Haen, M., Dr.med.
Abteilung für Klinische Physiologie und Arbeitsmedizin
der Universität Ulm,
Oberer Eselsberg, 7900 Ulm

Heuser, F.W., Dr.rer.nat.
Gesellschaft für Reaktorsicherheit mbH, Glockengasse 2,
5000 Köln 1

Jacobs, H., Dr.rer.nat.
Zentralabteilung Strahlenschutz
Kernforschungsanlage Jülich,
Postfach 1913, 5170 Jülich

Kaul, A., Prof.Dr.phil.nat.
Klinikum Steglitz der Freien
Universität Berlin, Klinik f.
Radiologie und Nuklearmedizin,
Hindenburgdamm 30,
1000 Berlin 45

Kemmer, W., Dr.rer.nat.
Bundesministerium des Innern
Postfach 17 02 90,
5300 Bonn 1

Ladner, H.-A., Prof.Dr.med.
Leiter der Strahlenabteilung
der Universitätsfrauenklinik,
Hugstetterstr. 55
7800 Freiburg

Messerschmidt, O., Prof.Dr.med.
Leiter des Laboratoriums für
experimentelle Radiologie,
Ingolstädter Landstr. 2,
8042 Neuherberg b.München

Oberhausen, E.,Prof.Dr.rer.nat.
Dr.med., Leiter der Abteilung
für Nuklearmedizin der Radiologischen Universitätsklinik
6650 Homburg/Saar

Schieferdecker, H.,Dr.rer.
nat., Medizinisch-Toxikolog.
Labor, Kernforschungszentrum
Karlsruhe, Postfach 3640,
7500 Karlsruhe 1

Stieve, F.-E., Prof.Dr.med.
Erster Direktor und Professor,
Institut für Strahlenhygiene
des Bundesgesundheitsamtes,
Ingolstädter Landstr. 1
8042 Neuherberg b.München

Volf, V., Prof.Dr.med.
Institut für Genetik und Toxi-
kologie, Kernforschungszentrum
Karlsruhe, Postfach 3640,
7500 Karlsruhe 1

Wendt, F., Prof.Dr.med.
Chefarzt der Med.Abteilung
(Hämatologie/Onkologie),
Evangelisches Krankenhaus
Essen-Werden, Postfach 164240
4300 Essen 16

Angaben über die Autoren der Kurzfassungen finden sich bei
den entsprechenden Beiträgen.

VORWORT DER HERAUSGEBER

Die öffentliche Diskussion um die friedliche Nutzung der
Kernenergie, vor allem in Industrie und Medizin, wird zum
Teil mit Argumenten geführt, deren Relevanz, Genauigkeit
und Inhalt oft umstritten sind. Da unser Lebensstandard,
industrielle Entwicklung und wissenschaftliche Forschung
auf den Beitrag der Kernenergie nicht verzichten können,
werden vielerorts Anstrengungen gemacht, Fehler zu vermeiden, Gefahren zu erkennen und zu verhüten und eventuelle
gesundheitliche Schäden zu behandeln. Die Problematik ist
vielseitig und verlangt eine kontinuierliche umfassende
Bearbeitung.

Wir sind der Auffassung, daß unsere zwei unabhängigen
wissenschaftlichen Gesellschaften, der Fachverband für
Strahlenschutz, dessen Mitglieder zum Teil selbst in Kernkraftwerken tätig und damit möglichen Gefährdungen besonders ausgesetzt sind, sowie die Vereinigung Deutscher
Strahlenschutzärzte, deren Mitglieder zum großen Teil Radiologen und Nuklearmediziner, also Ärzte sind, die die
biologischen Wirkungen der ionisierenden Strahlung aus
ihrer täglichen Praxis kennen, die Diskussion über die
Gefahren der Kernenergieanwendung objektiv und breit fort-
setzen müssen.

W. HUNZINGER   L.E. FEINENDEGEN   O. MESSERSCHMIDT

Präsident des Fach- Tagungspräsident   Vorsitzender der
   verbandes für   Vereinigung Deutscher
 Strahlenschutz   Strahlenschutzärzte

Begrüßungsworte des Vorsitzenden der Vereinigung Deutscher Strahlenschutzärzte

Meine sehr verehrten Damen, meine Herren, liebe Kolleginnen und Kollegen,

im Namen der Vereinigung Deutscher Strahlenschutzärzte begrüße ich Sie sehr herzlich und wünsche der Tagung einen erfolgreichen Verlauf. Erlauben Sie mir, daß ich über deren Zustandekommen einige Worte verliere.

Es war nicht ganz leicht, einen Kongreß unter dieser Thematik in Gang zu setzen. Ich hatte dies eigentlich schon vor Jahren vor, stieß jedoch auf eine nicht geringe Reserviertheit bei manchen meiner Kollegen. Diese befürchteten, daß eine derartige Veranstaltung die unerfreuliche Kontroverse um die Kernkraftwerke noch weiter vertiefen würde. Ich meine aber, daß wir trotz der geringen Wahrscheinlichkeit eines schweren Strahlenunfalls diese Frage aufgreifen müssen, nicht zuletzt um der verunsicherten Bevölkerung zu zeigen, daß die Ärzteschaft sich auf ein derartiges Ereignis durchaus vorbereitet, obwohl es, wenn man den Berechnungen der Deutschen Risikostudie - Kernkraftwerke folgt, eigentlich nicht zu erwarten ist.

Ich glaube, daß es nicht richtig ist anzunehmen, wie manche meiner Kollegen es tun, daß eine Diskussion unter Ärzten über dieses Thema unsere Mitmenschen glauben läßt, daß damit ein Beweis dafür erbracht wird, daß ein Kernkraftwerksunfall doch eher zu erwarten ist, als in der Risikostudie zugegeben wird. So bin ich doch froh darüber, daß wir jetzt so weit gekommen sind, gemeinsam mit dem Fachverband für Strahlenschutz diese Tagung durchzuführen.

Ich meine allerdings, die Ärzte sollten sich als Berufsstand, also gewissermaßen offiziell, überhaupt nicht pro oder contra zur Frage der Energiegewinnung durch Kernkraft äußern, wie das in Unterschriftensammlungen von Ärzten bereits geschehen ist. Wir sollten aber Verständnis für die Mitbürger haben, die tatsächlich große Angst vor Kernkraftwerken haben, und sollten ihnen zeigen, daß wir uns auf den "Ernstfall", wenn ich das einmal so nennen darf, wirklich vorbereiten.

So soll unsere Tagung in Form der zu haltenden Vorträge, die wieder wie früher in unserem Kongreßband veröffentlicht werden, unseren ärztlichen Kollegen Informationen über Störfälle, Unfälle sowie Pathologie, Diagnostik und Therapie der Strahlenschäden an die Hand geben.

Als zwei freie wissenschaftliche Gesellschaften fühlen wir uns unabhängig von der Industrie einerseits und den Kernkraftgegnern andererseits, und wir hoffen sehr darauf, daß unsere Beiträge von der Öffentlichkeit als objektiv bewertet und somit akzeptiert werden.

So wünsche ich unserer Tagung einen harmonischen Verlauf.

O. MESSERSCHMIDT

Begrüßungsworte des Präsidenten des Fachverbandes für
Strahlenschutz

Im Namen des Fachverbandes für Strahlenschutz begrüße ich alle
Teilnehmer an dieser Strahlenschutztagung recht herzlich. Der
Fachverband hat sich aus mehrfachen Gründen zu einer gemein-
samen Tagung mit der Vereinigung Deutscher Strahlenschutzärzte
entschlossen. Einmal soll eine interdisziplinäre, eine spezia-
lisierte Wissenschaft wie eben der Strahlenschutz sich nicht
isolieren. Er muß sich ständig um Erweiterungen seiner Basis
bemühen - er muß Kontakte suchen und diese pflegen, Kontakte
mit Kollegen anderer Zweige der Wissenschaft, um sich von
diesen geistig befruchten zu lassen. - Zum zweiten ist die
Prävention unbeabsichtigter Bestrahlung von Menschen nie eine
100 %ige, d.h. man muß bei der Handhabung von Strahlenquellen
immer, wenn auch selten, mit einer ungewollten Bestrahlung
rechnen, die unter Umständen den bestrahlten Menschen zum
Patienten werden läßt. - Ist es da nicht naheliegend, sich mit
den Strahlenschutzärzten zu treffen, um diese Probleme zu er-
örtern und einer Lösung näher zu bringen?

Es ist typisch für die Kerntechnik - und unter diesem Sammel-
begriff sollen auch alle Anwendungen radioaktiver Stoffe in
Medizin und Forschung verstanden sein, nicht nur die Produktion von Kernenergie - , daß sie die Analyse möglicher Zwischenfälle mit gesundheitlichen Beeinträchtigungen der Beleg-
schaft des Betriebes und der umliegenden Bevölkerung schon
lange mit Ernsthaftigkeit betreibt.

Diese Analysen - Sie werden davon anläßlich dieser Tagung noch
hören - haben ergeben, daß bei keiner Unfallsituation, weder
im kerntechnischen noch im medizinischen Anwendungsbereich,
mit einem Massenanfall strahlenverletzter Personen zu rechnen
ist. Selbstverständlich ist die statistisch ermittelte Wahrscheinlichkeit des Eintretens einer solchen Katastrophenlage
nicht gleich Null. Wollte man jedoch auch gegen die seltensten
Ereignisse, die uns nach Gesundheit und Leben drohen, genügende
Vorsorge treffen, hätte man bald keine Mittel - und keine
Ärzte - mehr für die Fürsorgearbeit.

Vernünftigerweise bricht man alle technische und medizinische
Vorsorge bei einem gewissen Seltenheitsgrad des Ereignisses
ab, zugegebenermaßen bei einem gefühlsmäßig unwissenschaftlich
festgelegten Seltenheitsgrad. Genauso wie sich jedermann be-
denkenlos bei Grünlicht und stehendem Verkehr ohne spezielle
Schutzmaßnahmen über die Straße wagt, obwohl er dort vom Blitz
oder einem Meteoriten erschlagen werden könnte.

Eine zweite Überlegung medizinischer Natur möchte ich beifügen,
und die anwesenden Mediziner möchten mir dieses Wagnis nach-
sehen:
Das Strahlensyndrom zeigt kein unbekanntes Krankheitsbild. Es
ist den Ärzten, besonders den Strahlenschutzärzten, bekannt.
Die Therapie ist auf keimarme Pflege und Symptombehandlung
ausgerichtet, abgesehen von der eher seltenen Möglichkeit der
Knochenmarktransplantation. Für keine der Maßnahmen ist besondere Eile erforderlich.

Diese beiden Überlegungen, die statistische sowohl als auch die medizinische genügen mir, um die Notwendigkeit einer umfassenden Vorbereitung für die nukleare Katastrophe bei der friedlichen Anwendung der Kerntechnik anzuzweifeln. Vorsorge für eine Kategorie sehr seltener Unfälle in der Kerntechnik, die identisch ist mit der Kategorie der Unfälle katastrophalen Ausmaßes, ist nicht mehr sinnvoll.

Strahlenschutz bedeutet doch immer, und hier muß doch wohl auch der medizinische Strahlenschutz mit eingeschlossen sein, das Bestreben, das Notwendige zum Schutz der Menschen zu tun und das Übertriebene zu vermeiden. Der Strahlenschutz muß sein Ziel erreichen, aber nicht darüber hinausschießen.

In diesem Sinne wünsche ich, diese gemeinsame Tagung trage dazu bei, daß alle Beteiligten das Ziel des Strahlenschutzes deutlicher zu erkennen vermögen.

W. HUNZINGER

INHALTSVERZEICHNIS

Mitarbeiterverzeichnis III

Vorwort der Herausgeber V

Begrüßungsworte des Vorsitzenden der Vereinigung
Deutscher Strahlenschutzärzte VI

Begrüßungsworte des Präsidenten des Fachverbandes
für Strahlenschutz VII

I. STÖR- UND UNFÄLLE IN DER KERNINDUSTRIE 1

W. Bischof
Die Begriffe "Störfall" und "Unfall" im Atomenergierecht 2

A. Bayer, F.W. Heuser
Übersicht über die deutsche Reaktorsicherheitsstudie 36

W. Belda
Analyse des Störfalls von Harrisburg 54

H. Jacobs
Einführung zum Thema "Typische Zwischenfälle, die zu
Strahlenexpositionen von Betriebsangehörigen führen
können" 73

W. Jerke, W. Krüger, R. Martin, V. Nachtigall,
W. Neumann
Technische Möglichkeiten der Kerntechnischen Hilfsdienst GmbH beim Bergen von Strahlenquellen (vorgestellt an zwei Einzelbeispielen) (Kurzfassung) 76

H. Brunner
Erfahrungen aus Zwischenfällen im E I R Würenlingen
(Kurzfassung) 77

M. Heinzelmann
Ein Zwischenfall mit einer Teilkörperdosisüberschrei-
tung - Probleme und Folgerungen (Kurzfassung) 78

D. Platthaus
Möglichkeiten der Berechnung der Beta-Dosisleistung
in Räumen kerntechnischer Anlagen nach Störfällen
(Kurzfassung) 79

F.-E. Stieve
Erfahrungen mit bisherigen Strahlenunfällen -
Ursachen, Abläufe, Gegenmaßnahmen 80

X

II. INKORPORATION UND DEKORPORATION VON RADIONUKLIDEN .. 109

A. Kaul
Inkorporationsgrenzwerte nach ICRP-30 110

H. Schieferdecker
Einführung zum Thema "Inkorporationsüberwachung" 123

D. Beyer
Planung und Durchführung der Inkorporationsüberwachung bei möglicher und tatsächlicher Strahlenexposition (Kurzfassung) 129

K.D. Frank, R. Kunkel, H. Muth, B. Glöbel
Inkorporationsüberwachung bei der Verwendung von
radioaktiven Stoffen in der Medizin (Kurzfassung) 130

E. Werner, P. Roth
Inkorporationsmessungen bei Beschäftigten der
Radiopharmazeutischen Industrie (Kurzfassung) 131

H. Dilger, H. Schieferdecker
Inkorporationsüberwachung mittels Ausscheidungsanalyse in einer Entsorgungsanlage (Kurzfassung) 132

W. Görlich
Inkorporationsmessungen im E I R - Überblick
und Erfahrungen (Kurzfassung) 133

R. Biehl
Verfahren zur Inkorporationsüberwachung durch Aus-
scheidungsnalyse nach Störfällen (Kurzfassung) 134

V. Volf
Dekorporationstherapie: DTPA als Mittel der Wahl 136

E. Oberhausen
Möglichkeiten der Jodprophylaxe im Strahlenschutz 151

III. MEDIZINISCHE VERSORGUNG VON STRAHLENUNFALLPATIENTEN 160

W. Kemmer
Organisatorische Maßnahmen und medizinische Hilfsmöglichkeiten nach Unfällen mit erhöhter Strahlenexposition 161

H.-D. Flach
Erste Hilfe bei Strahlenunfällen und weitergehende
Maßnahmen 173

T.M. Fliedner, M. Haen, F. Carbonell
Pathogenese und Symptomatik des akuten Strahlensyndroms 180

O. Messerschmidt
Kombinierte Strahlenschäden 193

L.E. Feinendegen
Biologische Indikatoren zur Erkennung und Beurteilung einer Strahlenexposition 207

H.-A. Ladner
Zur Urinausscheidung von Aminosäuren während der
Strahlenbehandlung (Ein Beitrag zum Thema "Biologische Indikatoren zur Erkennung einer Strahlenexposition") 224

F. Wendt
Behandlung des Strahlensyndroms 230

Sachverzeichnis 243

I. STÖR- UND UNFÄLLE IN DER KERNINDUSTRIE

Die Begriffe "Störfall" und "Unfall" im Atomenergierecht

W. Bischof
Institut für Völkerrecht, Abteilung Atomenergierecht,
der Georg-August-Universität Göttingen

1. Besondere Gefahrenlagen und Schadensvorsorge im Atomenergierecht

Der aufmerksame Leser überregionaler Tageszeitungen wird in den letzten Jahren im allgemeinen mehrmals monatlich auf den ersten Seiten Meldungen gefunden haben, daß in irgendeinem inländischen oder ausländischen Kernkraftwerk oder in einer anderen kerntechnischen Anlage irgendetwas passiert oder daß bei der Beförderung von radioaktiven Stoffen oder beim Umgang mit Radioisotopen ein Präparat verlorengegangen sei. An der Häufigkeit solcher Meldungen zeigt sich das große Interesse der Öffentlichkeit an allen irregulären Vorgängen im Zusammenhang mit dem Betrieb von Kernanlagen und der Verwendung von radioaktiven Stoffen, wobei die Zahl solcher Pressemeldungen noch kein Beweis für eine in Relation zu anderen Industriezweigen höhere Unfall- oder Störfallrate ist. Während im übrigen die Öffentlichkeit von Unfällen und Zwischenfällen im Zusammenhang mit dem Verkehr (Eisenbahnunfälle, Kraftfahrzeugunfälle, Flugzeugunfälle, Schiffsunfälle) oder mit industriellen Tätigkeiten erst Kenntnis nimmt, wenn ein Schaden entstanden ist (meistens muß es sich dabei auch um einen Schaden größeren Umfangs handeln), ist das Interesse der sensibilisierten Öffentlichkeit auf dem Gebiete der Kernenergie- und Strahlennutzung bereits geweckt, wenn es sich um Ereignisse handelt, die eine Schädigung nicht herbeigeführt haben, auch gar nicht herbeiführen können oder die sogar zum bestimmungsgemäßen Betrieb einer Anlage gehören wie Instandhaltungsarbeiten und Brennelementwechsel.

Dieses Interesse der Öffentlichkeit mag viele Gründe haben. Im Mittelpunkt steht natürlich das Phänomen, auf das Georg Erler schon vor über zwanzig Jahren hingewiesen hat, daß sich bei der friedlichen Nutzung der Kernenergie der äußeren Gefährdung durch das Kritikalitätsrisiko und durch die permanente Strahlung aller radioaktiven Stoffe, daß also der "Schädlichkeit auf der einen Seite eine mindest ebenso große oder sogar größere Nützlichkeit auf der anderen Seite" gegenüberstehe (1). Diese Antinomie ist ja auch der tiefere Grund für die in den siebziger Jahren neu entstandene Diskussion um die Akzeptanz der Energieerzeugung durch Kernkraftwerke. Das Interesse der Öffentlichkeit ist in den letzten Jahren natürlich noch vergrößert worden durch Vorfälle im Zusammenhang mit dem Betrieb von Kernanlagen, die besonderes Aufsehen erregt haben. Auffällig ist übrigens bei diesen Zwischenfällen im Kernkraftwerk Browns Ferry (USA) am 22. März 1975 (2), Three Mile Island —2 (USA) Ende März/Anfang April 1979 (3) und auch im Kernkraftwerk Brunsbüttel am 18. Juni 1978 (4), daß die Erhöhung der

Gefahrenlage nicht zuletzt durch menschliches Fehlverhalten herbeigeführt oder erhöht worden ist (5).

Es ist eine durch die Verfassung, das Grundgesetz, dem Gesetzgeber, der Verwaltung und auch der Gerichtsbarkeit (Art. 1 Abs. 3 GG) übertragene Aufgabe, durch den Erlaß geeigneter Rechtsvorschriften und durch die praktische Anwendung und richtige Auslegung dieser Vorschriften Vorsorge dafür zu treffen, daß Schäden an Leben, Gesundheit und Sachgütern nach Möglichkeit ausgeschlossen werden. Das Bundesverfassungsgericht hat in dem Kalkar-Beschluß vom 8. August 1978 (6) hinsichtlich der Zulässigkeit der Genehmigung von Kernanlagen auf Grund des Atomgesetzes (7) dazu ausgeführt, daß die Genehmigungsvoraussetzungen des § 7 Abs. 2 AtG inhaltlich so gefaßt seien, "daß es durch die Genehmigungen und ihre Folgen nicht zu Grundrechtsverletzungen kommen darf. Insbesondere die Regelung des § 7 Abs. 2 Nr. 3 AtomG, wonach die nach dem Stand von Wissenschaft und Technik erforderliche Vorsorge gegen Schäden durch die Errichtung und den Betrieb der Anlage getroffen sein muß, macht eines deutlich: wie auch immer die Begriffe der Vorsorge, des Schadens und - damit im Zusammenhang - der Gefahr oder des Restrisikos bei Auslegung dieser Vorschrift zu bestimmen sind, aus verfassungsrechtlicher Sicht schließt das Gesetz die Genehmigung dann aus, wenn die Errichtung oder der Betrieb der Anlage zu Schäden führt, die sich als Grundrechtsverletzungen darstellen. Das Gesetz nimmt insoweit jedenfalls keinen anlagespezifischen Rest- oder Mindestschaden irgendwelcher Art in Kauf, der im Lichte des Grundrechts des Art. 2 Abs. 2 Satz 1 oder anderer Grundrechte als Grundrechtsverletzung anzusehen wäre..... § 7 Abs. 1 und 2 AtomG läßt indes Genehmigungen auch dann zu, wenn es sich nicht völlig ausschließen läßt, daß künftig durch die Errichtung oder den Betrieb der Anlage ein Schaden auftreten wird. Die Vorschrift nimmt insoweit, wie bereits erwähnt, ein Restrisiko in Kauf. Bei Regelungen dieser Art kann ein Verfassungsverstoß nicht schon mit dem Hinweis abgetan werden, das Risiko eines künftigen Schadens stelle nicht schon gegenwärtig einen Schaden und mithin keine Grundrechtsverletzung dar. Auch Regelungen, die im Laufe ihrer Vollziehung zu einer nicht unerheblichen Grundrechtsgefährdung führen, können selbst schon mit dem Grundgesetz in Widerspruch geraten. Nach ständiger Rechtssprechung des Bundesverfassungsgerichts enthalten die grundrechtlichen Verbürgungen nicht lediglich subjektive Abwehrrechte des Einzelnen gegen die öffentliche Gewalt, sondern stellen zugleich objektivrechtliche Wertentscheidungen der Verfassung dar, die für alle Bereiche der Rechtsordnung gelten und Richtlinien für Gesetzgebung, Verwaltung und Rechtsprechung geben ... Daß auch der Gesetzgeber sich möglicher schwerer Gefahren bei der friedlichen Nutzung der Kernenergie bewußt war, zeigt zumal die Verankerung des Schutzzwecks des Gesetzes in § 1 Nr. 2 und 3 AtomG. Bei der Art und Schwere dieser Folgen muß bereits eine entfernte Wahrscheindlichkeit

ihres Eintritts genügen, um die Schutzpflicht auch des
Gesetzgebers konkret auszulösen.... Will der Gesetzgeber
die Möglichkeit künftiger Schäden durch die Errichtung
oder den Betrieb einer Anlage oder durch ein technisches
Verfahren abschätzen, ist er weitgehend auf Schlüsse aus
der Beobachtung vergangener tatsächlicher Geschehnisse,
auf die relative Häufigkeit des Eintritts und den gleich-
artigen Verlauf gleichartiger Geschehnisse in der Zukunft
angewiesen; fehlt eine hinreichende Erfahrungsgrundlage
hierfür, muß er sich auf Schlüsse aus simulierten Ver-
läufen beschränken. Erfahrungswissen dieser Art, selbst
wenn es sich zur Form des naturwissenschaftlichen Gesetzes verdichtet hat, ist, solange menschliche Erfahrung
nicht abgeschlossen ist, immer nur Annäherungswissen,
das nicht volle Gewißheit vermittelt, sondern durch jede
neue Erfahrung korrigierbar ist und sich insofern immer
nur auf dem neuesten Stand unwiderlegten möglichen Irr-
tums befindet. Vom Gesetzgeber im Hinblick auf seine
Schutzpflicht eine Regelung zu fordern, die mit absoluter
Sicherheit Grundrechtsgefährdungen ausschließt, die aus
der Zulassung technischer Anlagen und ihrem Betrieb möglicherweise entstehen können, hieße die Grenzen menschlichen Erkenntnisvermögens verkennen und würde weithin
jede staatliche Zulassung der Nutzung von Technik ver-
bannen. Für die Gestaltung der Sozialordnung muß es insoweit bei Abschätzungen anhand praktischer Vernunft be-
wenden. Was die Schäden an Leben, Gesundheit und Sachgütern anbetrifft, so hat der Gesetzgeber durch den § 1
Nr. 2 und in § 7 Abs. 2 AtomG niedergelegten Grundsätze
der bestmöglichen Gefahrenabwehr und Risikovorsorge einen
Maßstab aufgerichtet, der Genehmigungen nur dann zuläßt,
wenn es nach dem Stand von Wissenschaft und Technik praktisch ausgeschlossen erscheint, daß solche Schadensereignisse eintreten werden... Ungewißheiten jenseits dieser Schwelle praktischer Vernunft haben ihre Ursache in
den Grenzen des menschlichen Erkenntnisvermögens; sie
sind unentrinnbar und insofern als sozialadäquate Lasten
von allen Bürgern zu tragen."

Aus diesen grundlegenden Ausführungen des Bundesverfassungsgerichts folgt, daß durch Gesetzgebung und Verwaltung dafür vorgesorgt werden muß, daß Störungen des Anlagenbetriebes und von Tätigkeiten im Zusammenhang mit radioaktiven Stoffen und ionisierenden Strahlen aussendenden Geräten, die die Möglichkeit von Schäden innerhalb oder außerhalb der Anlage oder des Tätigkeitsbereichs gegenüber der
Normallage erhöhen, der besonderen, gesteigerten Aufmerksamkeit und der geeigneten Schadensvorsorgemaßnahmen durch
die für den Betrieb oder die Tätigkeit verantwortlichen
Personen bedürfen. Einhergehen müssen mit diesen innerbe-
trieblichen Schutzvorkehrungen je nach dem Grad der Gefährdung auch Maßnahmen, die durch die zuständigen Behörden, durch die atomrechtlichen Aufsichtsbehörden und
im Extremfall durch die Behörden, die für die öffentliche
Sicherheit und Ordnung und für den Katastrophenschutz zuständig sind, vorzunehmen sind.

Das AtG (mit seinen Ermächtigungsnormen) und insbesondere
die Strahlenschutzverordnung von 1976 (8) enthalten ein
Instrumentarium der Schadens- und Gefahrenvorsorge in
Fällen sicherheitstechnisch bedeutsamer Abweichungen vom
bestimmungsgemäßen Betrieb (9). Es ist geplant, die geltenden Vorschriften durch eine besondere atomrechtliche
Störfallverordnung zu ergänzen (10).

Hier ist näher zu untersuchen, an welche Rechtsbegriffe
der Gesetz- und Verordnunggeber Handlungs- und Unterlassungspflichten in solchen Situationen anknüpft und wie
diese Begriffe inhaltlich zu bestimmen und abzugrenzen sind.
Im Mittelpunkt stehen dabei die Begriffe "Störfall" und
"Unfall", die in der StrlSchV von 1976 (Anlage I) eine
Legaldefinition erfahren haben. Untersucht man jedoch den
gesamten Komplex des Atom- und Strahlenschutzrechts, so
wird man entdecken, daß der Gesetzgeber leider recht unterschiedliche Begriffe zur Umschreibung bestehender besonderer Gefahrenlagen verwendet: Im AtG (§ 12 Abs. 1
Satz 1 Nr. 7) ist von "sicherheitstechnisch bedeutsamen
Abweichungen vom bestimmungsgemäßen Betrieb, insbesondere
Unfälle und sonstige Schadensfälle" die Rede; die StrlSchV
von 1976 (§ 36) spricht von Unfällen, Störfällen und sonstigen sicherheitstechnisch bedeutsamen Ereignissen; die
Röntgenverordnung von 1973 (§ 49) (11) kennt nur Unfälle
und sonstige Schadensfälle; im Recht der Beförderung
radioaktiver Stoffe verwendet man unterschiedliche Begriffe, meistens jedoch "Zwischenfälle und Unfälle".
Nimmt man die daneben üblichen Ausdrücke, die zum Teil
auch in Richtlinien, öffentlichen Verlautbarungen von
Ministerien und Beschlußgremien usw. verwendet werden,
z. B. Betriebsstörungen, Vorfälle, Zwischenfälle, Un-
glücksfälle, Unglücke, Notfälle, Schadensfälle, Störer-
eignisse, besondere Vorkommnisse, außergewöhnliche Ereignisse, Strahlenunfälle, Atomunfälle, radiologische
Notfälle, Reaktorunfälle, Schadensfälle, Kontaminations-
fälle, Katastrophenfälle, atomare Gefahren, Strahlenge-
fahren, - so erscheint es zweckmäßig, sich darum zu bemühen, eine gewisse ordnende Klärung dieser Begriffsvielfalt herbeizuführen. Anzuknüpfen ist dabei zunächst in
einem Überblick an die bisherige Verwendung der Begriffe
'Unfall" und "Störfall" in der deutschen Rechtsordnung
außerhalb des Atomenergierechts. Sodann ist die Begriffsbildung für besondere Gefahrenlagen im Atomenergie- und
Strahlenschutzrecht zu analysieren, wobei im Mittelpunkt
stehen soll die Abgrenzung der Begriffe "Störfall" und
"Unfall" und die Inhaltsbestimmung dieser Begriffe. Rechts-
vergleichende Hinweise über die Terminologie im Staatengemeinschaftsrecht, im Recht der DDR und im Recht auslän-
discher Staaten soll die Übersicht abschließen.

2. Die Begriffe "Unfall" und "Störfall" im deutschen Recht

2.1. Allgemeines

Der Begriff "Unfall", auch "Unglücksfall", wird in der
deutschen Rechtsordnung auf verschiedensten Gebieten ver-

wendet. Eine ausdrückliche Legaldefinition findet sich jedoch außerordentlich selten. Der Unfallbegriff wurde dabei - wie die nachfolgenden Beispiele zeigen - weitgehend durch Rechtsprechung und Lehre entwickelt und präzisiert. Es zeigt sich, daß es einen für die Rechtsordnung einheitlichen und verbindlichen Unfallbegriff nicht gibt. Unter dem Gesichtspunkt der Einheit und Einheitlichkeit der Rechtsordnung mag man eine solche Divergenz und Differenzierung bedauern. Doch erweist sich an dieser Feststellung, daß die inhaltliche Festlegung von juristischen Begriffen nicht Selbstzweck ist, daß sich die juristischen Begriffe auch häufig mit dem Sprachgebrauch des täglichen Lebens nicht decken müssen, daß sie sich vielmehr beziehen auf den Regelungszweck eines bestimmten Normenbereichs (12). Der Gesetzgeber sollte aber dafür sorgen, daß wenigstens innerhalb eines bestimmten Rechtsgebietes, also auch innerhalb des Atomenergie- und Strahlenschutzrechts, Begriffe einheitlich und mit demselben Begriffsinhalt verwendet und daß bei Abweichungen vom allgmeinen Sprachgebrauch oder von der Verwendung desselben Begriffs in anderen Rechtsgebieten sowie bei der Schaffung neuer Termini eine möglichst klare Legaldefinition geliefert wird (13).

Nach allgemeinem Sprachgebrauch (14) bedeutet Unfall eine "durch plötzliche, schnell vorübergehende Einwirkung von außen verursachte Schädigung eines Menschen, z. B. durch Stoß, Fall, Verschüttung, Verbrennung, Explosion, elektrischen Strom. Die dadurch bewirkten Vorgänge am und im Körper des Verunglückten werden als Trauma bezeichnet". Die wesentlichen Elemente des Unfallbegriffs des täglichen Lebens, wo er uns im übrigen im Zusammenhang als Verkehrsunfall, Sportunfall, Betriebs- oder Arbeitsunfall begegnet, sind also die Plötzlichkeit und Unvorhersehbarkeit des schädigenden Ereignisses, die Einwirkung von außen und die Verursachung des Körperschadens oder des Todes eines Menschen. Demgegenüber ist der "Störfall" ein verhältnismäßig junger Begriff, der - soweit feststellbar - erst Ende der sechziger Jahre und zwar wohl originär auf dem Gebiet der kerntechnischen Sicherheit in bewußter Abgrenzung zum Unfallbegriff gebildet wurde und der bisher in die Umgangssprache wohl noch nicht Eingang gefunden hat. Die letzte (17.) Auflage der Brockhaus-Enzyklopädie (der in Betracht kommende 18. Band erschien 1973) behandelt den Begriff "Störfall" jedenfalls noch nicht. Allerdings beginnt er sich allmählich auszubreiten und nimmt zur Zeit Besitz von dem Immissionsschutzrecht und dem sonstigen Umweltschutzrecht.

2.2. Grundgesetz

Das Grundgesetz für die Bundesrepublik Deutschland vom 23. Mai 1949 (15) enthält in Artikel 35, der die Rechts- und Amtshilfe der Bundes- und Landesbehörden regelt, den Begriff des Unglücksfalles. Nach Art. 35 Abs. 2 Satz 2 GG kann ein Land zur Hilfe bei einer Naturkatastrophe oder bei einem besonders schweren Unglücksfall Polizeikräfte

anderer Länder, Kräfte und Einrichtungen anderer Verwal-
tungen sowie des Bundesgrenzschutzes oder der Streitkräfte
anfordern (16).

2.3. Verkehrsrecht

Häufig verwendet wird der Unfallbegriff im Zusammenhang
mit dem Verkehr, also der Beförderung von Personen und
Sachen durch die Eisenbahn, auf der Straße, mit Binnen-
oder Seeschiffen und mit Luftfahrzeugen. Bei einem Eisen-
bahnunfall setzt die Entstehung eines Schadensersatzan-
spruchs nach § 1 des Haftpflichtgesetzes (17) voraus, daß
ein Mensch getötet, der Körper oder die Gesundheit eines
Menschen verletzt oder eine Sache beschädigt wurde. Im
Straßenverkehrsrecht findet sich der Begriff "Unfall" in
§ 7 Abs. 2 StVG, ohne eine ausdrückliche Legaldefinition
zu erfahren. Nach herrschender Ansicht ist unter Unfall
die Tötung, die Körper- oder Gesundheitsverletzung eines
Menschen oder eine Sachbeschädigung bei dem Betrieb eines
Kraftfahrzeugs zu verstehen (18). Dabei kann der Unfall
auch durch ein unabwendbares Ereignis oder durch höhere Gewalt verursacht worden sein. Im Zusammenhang mit dem
Straftatbestand der Unfallflucht des § 142 StGB hat die
Rechtsprechung (19) folgenden Unfallbegriff entwickelt:
"ein Verkehrsunfall im Sinne des § 142 StGB ist ein regel-
widriges, vom normalen Verkehrsablauf abweichendes plötzliches Ereignis im öffentlichen Straßenverkehr mit schäd-
lichen Auswirkungen, bei dem ein nicht ganz unerheblicher
Personen- oder Sachschaden entstanden ist" (20). Nach
§ 33 Luftverkehrsgesetz muß als Voraussetzung für Ersatzleistungen der Personen- oder Sachschaden durch einen Unfall verursacht sein. Unfall ist nach allgemeiner Auffassung eine plötzliche Einwirkung eines äußeren Tatbe-
standes auf einen Gegenstand, die eine Schädigung zur
Folge hat (21). Wesentlich ist, daß der Betroffene plötzlich, d. h. für ihn selbst unerwartet, einen Schaden durch
ein äußeres Ereignis (von außen her) erleidet (22); der
einwirkende äußere Tatbestand muß nicht mechanischer Art
sein, es genügt z. B. auch eine akustische Einwirkung (23).
Nicht zu Unfallschäden gehören jedoch sich allmählich ein-
stellende Gesundheitsschäden (24).

2.4. Privatversicherungsrecht

Für die private Unfallversicherung, deren Regelung in den
§§ 179 ff. des Gesetzes über den Versicherungsvertrag vom
30. Mai 1908 (25) zu finden ist, wird der Begriff des
Unfalls nicht in diesem Gesetz erläutert, sondern in den
Allgemeinen Unfallversicherungsbedingungen (§ 2 Nr. 1) (26).
Im Sinne des Privatversicherungsrechts liegt ein Unfall
vor, wenn der Versicherte durch ein plötzliches von außen
auf seinen Körper wirkendes Ereignis unfreiwillig eine
Gesundheitsbeschädigung erleidet. Eine besondere Begriffsbestimmung des "Strahlenunfalls" geben die "Besonderen Bedingungen für die Strahlenunfallversicherung von Personen,
die beruflich mit strahlenerzeugenden Stoffen oder Geräten

in Berührung kommen (Struv)" (27). In Anlehnung an die
Allgemeinen Unfallversicherungsbedingungen liegt daher
ein Strahlenunfall vor, wenn der Versicherte durch eine
Strahleneinwirkung von außen auf seinen Körper oder durch
Inkorporation strahlender Stoffe unfreiwillig eine Gesund-
heitsbeschädigung erleidet (28).

2.5. Sozialversicherungsrecht

Man wird vermuten, daß in dem Dritten Buch der Reichsver-
sicherungsordnung (§§ 537 ff.) (29), das die gesetzliche
Unfallversicherung zum Gegenstand hat, eine exakte Beschreibung des Begriffs Unfall zu finden sei. Zwar klärt § 548
RVO, was unter Arbeitsunfall (früher: Betriebsunfall) zu
verstehen ist, nämlich ein Unfall, den ein Versicherter bei
einer der in der RVO näher beschriebenen Tätigkeiten erleidet. § 551 RVO erklärt in einer gesetzlichen Fiktion
auch Berufskrankheiten zum Arbeitsunfall (30). Was aber
unter einem Unfallgeschehen nach der RVO zu verstehen
ist, ist dem Dritten Buch zur RVO nicht zu entnehmen. Nach
den Kriterien, die die Sozialversicherungsrechtsprechung
und die einschlägige Literatur entwickelt hat, liegt ein
Unfall im Sinne der RVO grundsätzlich nur dann vor, wenn
der Versicherte einen körperlichen Schaden im weitesten
Sinne erlitten hat, wobei auch alle gesundheitlichen (auch
psychischen) Beeinträchtigungen einbezogen sind. Zwischen
dem schadenstiftenden Ereignis (= Unfall) und dem Schaden
muß Kausalität bestehen (31).

2.6. Öffentliches Dienstrecht

Das Beamtenrecht kennt den Begriff des Dienstunfalls. Nach
§ 30 des Beamtenversorgungsgesetzes vom 24. August 1976 (32)
haben ein Beamter und seine Hinterbliebenen bei Verletzung
des Beamten durch einen Dienstunfall Anspruch auf Unfallfür-
sorge. Der Begriff des Dienstunfalls ist in § 31 des Beamtenversorgungsgesetzes definiert (33). Dienstunfall ist
danach ein auf äußere Einwirkung beruhendes, plötzliches,
örtlich und zeitlich bestimmbares, einen Körperschaden
verursachendes Ereignis, das in Ausübung oder infolge eines
Dienstes eingetreten ist.

2.7. Umweltschutzrecht

Das öffentliche Recht des Umweltschutzes behandelt zwar
in gesetzlichen Vorschriften bisher weder Unfälle und
Störfälle, doch gewinnt hier jedenfalls in der Literatur
der Störfallbegriff bereits an Boden. Er wird von Kölble (34)
sowohl auf Tatbestände des Wasserhaushaltsgesetzes (§§ 9 a,
19 g ff.) (35) wie auch des Gesetzes über die Beförderung
gefährlicher Güter von 1975 (36) angewandt. Das Bundes-
Immissionsschutzgesetz vom 15. März 1974 (37) kennt weder
den Unfall- noch den Störfallbegriff. Gestützt auf § 7
Abs. 1 BImSchG hat die Bundesregierung vor kurzem dem
Bundesrat den Entwurf einer Durchführungsverordnung zum
BImSchG unter der Bezeichnung "Störfall-Verordnung" zuge-

leitet (38). Nach der Begriffsbestimmung des § 2 Abs. 1
des Entwurfs ist ein Störfall im Sinne dieser Verordnung
eine Störung des bestimmungsgemäßen Betriebs, durch die
ein Stoff nach Anhang II zu dieser Verordnung frei wird
oder explodiert und eine Gemeingefahr herbeigeführt wird.
Nicht entscheidend ist, ob der Betrieb der Anlage fortgeführt werden kann oder nicht. Gemeingefahr ist nach § 2
Abs. 2 des Entwurfs eine Gefahr für das Leben oder hinsichtlich einer schwerwiegenden Gesundheitsbeeinträchti-
gung eines Menschen, der nicht zum Betriebspersonal des
gestörten Anlagenteils gehört, für die Gesundheit einer
großen Zahl von Menschen oder für Sachen von hohem Wert,
die sich außerhalb der Anlage befinden, falls durch eine
Veränderung ihres Bestandes oder ihrer Nutzung das Gemein-
wohl beeinträchtigt wurde. Der in Betracht kommende An-
lagenbetreiber wird verpflichtet, die erforderlichen Vorkehrungen zu treffen, um Störfälle zu verhindern, soweit
er nicht schon durch andere Rechtsvorschriften dazu verpflichtet ist, sowie Störfallauswirkungen so gering wie
möglich zu halten (§ 3 Abs. 1 und 3 des Entwurfs). Der
Begriff des Unfalls wird dem Störfallbegriff in dem Entwurf dieser Verordnung nicht gegenübergestellt.

3. Begriffsbildungen für besondere Gefahrenlagen im
   deutschen Atomenergierecht

3.1. Atomgesetz (Fassung 1959)

Prüft man das Atomgesetz in seiner ursprünglichen Fassung
vom 23. Dezember 1959 (39), stellt man fest, daß der Begriff des Unfalls an zwei Stellen vorkam. In § 12 Abs. 1
Nr. 6 AtG wurde die Bundesregierung ermächtigt, im Rahmen der Zweckbestimmungen des § 1 durch Rechtsverordnung
zu bestimmen, daß Unfälle und sonstige Schadensfälle der
Aufsichtsbehörde zu melden sind. Diese Bestimmung war
übrigens in den Entwürfen der Bundesregierung für den
Erlaß eines Atomgesetzes noch nicht enthalten (40). Sie
wurde erst auf Grund der Stellungnahme des Bundesrates (41)
nach Zustimmung durch die Bundesregierung (42) eingefügt.
Der Bundesrat nahm dabei ausdrücklich Bezug auf die im
letzten Kriegsjahr am 14. Juni 1944 erlassene Polizeiver-
ordnung über die Anzeige von Schadensfällen in den der
Gewerbeaufsicht unterstehenden Betrieben und an über-
wachungspflichtigen Anlagen (43). Weder im AtG noch in der
Begründung des Bundesrates finden sich Definitionen der
beiden Begriffe oder Hinweise über ihre Abgrenzung. Der
Unfallbegriff in § 13 Abs. 5 AtG bezog und bezieht sich
noch immer auf die Einbeziehung von Unfallschäden als
gesetzliche Schadensersatzverpflichtungen in die Deckungs-
vorsorgefestsetzung (44).

3.2. Atomgesetz (Fassung 1976)

Die genannte Ermächtigungsvorschrift des bisherigen § 12
Abs. 1 Nr. 6 AtG erfuhr im Jahre 1976 durch die Vierte
Atomgesetznovelle eine wesentliche Erweiterung (45). Die

durch Rechtsverordnung einzuführende Meldepflicht wurde
ausgedehnt auf "sicherheitstechnisch bedeutsame Abweichungen vom bestimmungsgemäßen Betrieb". Beispielhaft
("insbesondere") werden als solche Abweichungen nunmehr
"Unfälle und sonstige Schadensfälle beim Umgang mit radioaktiven Stoffen, bei Errichtung und beim Betrieb von Anlagen, in denen mit radioaktiven Stoffen umgegangen wird,
sowie beim Umgang mit Anlagen, Geräten und Vorrichtungen
der in § 11 Abs. 1 Nr. 3 bezeichneten Art" (46) bezeichnet. Merkwürdig an dieser Neufassung des § 12 Abs. 1 Satz 1
Nr. 6 (jetzt: Nr. 7) AtG (47) ist zunächst die terminologische Verbindung des Betriebs mit dem Umgangsbegriff,
obwohl früher der Betriebsbegriff sich nur auf Anlagen
und Geräte bezog, nicht aber auf den Umgang mit radioaktiven Stoffen. Zum anderen fällt auf, daß in der Aufzählung die Errichtung und der Betrieb von Anlagen zur Erzeugung ionisierender Strahlen nach § 11 Abs. 1 Nr. 2 AtG,
also Beschleuniger und Röntgengeräte fehlen. Da sich aus
der Begründung zu der Vierten Novelle zum AtG (48) ergibt,
mit dieser Erweiterung solle sichergestellt werden, daß
alle Betriebsereignisse bei der Nutzung radioaktiver
Stoffe der Aufsichtsbehörde zu melden seien, ist zur Zeit
unklar und nur durch Auslegungsentscheidung zu ermitteln,
ob sich die Ermächtigung auch auf Anlagen zur Erzeugung
ionisierender Strahlen bezieht. Kommt man zu der Überzeu-
gung, daß Beschleuniger, Röntgengeräte und sonstige Anlagen zur Erzeugung ionisierender Strahlen bewußt ausgelassen
worden sind, so würde im Augenblick keine Ermächtigung für
die Einführung einer Meldepflicht hinsichtlich von Unfällen und Störfällen im Zusammenhang mit der Errichtung
und dem Betrieb solcher Anlagen bestehen. Ferner wurde
durch die Erweiterung des § 12 Abs. 1 Satz 1 Nr. 6 (jetzt:
Nr. 7) AtG die Möglichkeit geschaffen, durch Rechtsverordnung zu bestimmen, unter welchen Voraussetzungen und in
welcher Weise die gewonnenen Erkenntnisse (gemeint, obwohl
nicht gesagt, ist wohl: in bezug auf die sicherheitstechnisch bedeutsamen Abweichungen vom bestimmungsgemäßen
Betrieb), ausgenommen Einzelangaben über persönliche und
sachliche Verhältnisse, zum Zwecke der Verbesserung der
Sicherheitsvorkehrungen durch in der Rechtsverordnung zu
bezeichnende Stellen veröffentlicht werden dürfen. Nach
der geltenden Fassung des AtG ist Oberbegriff für Unfälle
und sonstige Schadensfälle nach der jetzigen Fassung des
AtG der Begriff der "sicheitstechnisch bedeutsamen Abweichungen vom bestimmungsgemäßen Betrieb" (49). Die genannten Begriffe werden im übrigen im AtG nicht definiert.
Der Begriff "Störfall" wird im AtG nicht verwendet. Die
seit 1959 im AtG enthaltene Verpflichtung (§ 53) zur Registrierung und Untersuchung von Schäden aus ungeklärter
Ursache bezieht sich nicht unbedingt auf Unfälle, sonstige Schadensfälle oder Störfälle und knüpft an diese
Begriffe nicht an (50).

3.3. Röntgenverordnung von 1973

Die am 1. März 1973 erlassene und am 1. September 1973 in
Kraft getretene Verordnung über den Schutz vor Schäden

durch Röntgenstrahlen (Röntgenverordnung - RöV) (51) enthält den Unfallbegriff nur an einer Textstelle, nämlich
in ihrem § 47 (52). Entsprechend der im Jahre 1973 geltenden Fassung des Atomgesetzes, insbesondere der Ermächti-
gungsvorschriften des früheren § 12 Abs. 1 Nr. 6 AtG (53),
verpflichtet der § 47 RöV die strahlenschutzverantwortlichen Betreiber von Röntgengeräten und Störstrahlern,
Unfälle und sonstige Schadensfälle beim Betrieb einer
Röntgeneinrichtung oder eines genehmigten Störstrahlers,
die zu Strahlenschäden führen können, unverzüglich der
zuständigen Behörde anzuzeigen. Seltsam an dieser Vorschrift ist zunächst ihre Einordnung am Ende des Vierten
Abschnitts der RöV der mit "ärztlicher Überwachung" über-
schrieben ist, obwohl die Vorschrift mit ihrer Anzeigepflicht sich nicht auf Vorfälle beschränkt, in denen eine
ärztliche Überwachung erforderlich ist (54). Die Anzeigepflicht nach § 47 RöV würde sonst auch in einer Gesetzes-
konkurrenz zu derjenigen des § 45 Abs. 1 Satz 2 RöV stehen.
Eine Legaldefinition, was unter "Unfällen und sonstigen
Schadensfällen" zu verstehen ist, ist der RöV nicht zu
entnehmen. § 47 RöV ist dem § 53 der 1. StrlSchV nachge-
bildet, unterscheidet sich aber von jener Vorschrift
durch den Zusatz "die zu Strahlenschäden führen können",
der in § 53 der 1. StrlSchV nicht enthalten war. Der Verordnunggeber ging bei der RöV von dem Unfall- und Scha-
densfallbegriff des AtG in der früheren Fassung aus,
schränkte aber die Meldepflicht auf diejenigen Fälle von
Betriebsstörungen ein, in denen die Möglichkeit eines
Strahlenschadens besteht, wobei sich übrigens nach der
Textfassung um einen Personen- und/oder Sachschaden handeln kann (55). Unfall- und sonstige Schadensfälle, in
denen nur konventionelle Körper- und Sachschäden entstanden sind oder entstehen können, unterliegen also
nicht der Anzeigepflicht nach § 47 RöV wie auch betriebliche oder technische Störungen nicht, die überhaupt
keinen Schaden zur Folge haben oder haben können.

3.4. Erste Strahlenschutzverordnung von 1960/1965 und Zweite Strahlenschutzverordnung von 1964

Die kurz nach dem Atomgesetz erlassene Erste Strahlenschutzverordnung (1. StrlSchV) vom 24. Juni 1960 (56),
die im Jahre 1964 novelliert (57) und im Jahre 1965 neu
verkündet wurde (58), enthielt in Ausführung der Ermächtigung des AtG (§ 12 Abs. 1 Nr. 6 AtG-Fassung 1959) unter
der Überschrift "Allgemeine Unfallanzeige" in § 53 die
Verpflichtung, der Aufsichtsbehörde "Unfälle und sonstige
Schadensfälle beim Umgang mit radioaktiven Stoffen oder
bei der Beförderung dieser Stoffe" unverzüglich anzuzeigen. Nach § 55 der 1. StrlSchV galt diese Verpflichtung
auch für Tätigkeiten, die sich auf Kernbrennstoffe bezogen (59). Zu dem in § 53 der 1. StrlSchV verwendeten Unfallbegriff, der in der Verordnung übrigens nicht definiert wurde, hat Fischerhof in der ersten Auflage des
Bandes I seines Kommentars folgendes ausgeführt (60):
"Der Unfallbegriff ... bedarf jedoch einer gewissen Modi-

fikation, vor allem, was die Plötzlichkeit des einwirken-
den Ereignisses und den Schaden anbelangt. Strahlenschäden können gerade durch eine unbemerkte Dauerexposition
des Körpers, sei es durch Strahlung von außen oder durch
Strahlung nach Inkorporation radioaktiver Stoffe hervorgerufen werden, wobei das schadenauslösende Ereignis un-
bermerkt bleibt, der Vorgang aber trotzdem Unfallcharakter
haben kann. Andererseits steht es nicht fest, welche Dosen genügen, um eine Körperschädigung herbeizuführen. Aus
§ 25 Abs. 8 und § 27 Abs. 2 ist zu entnehmen, was als
"Unfalldosis" anzusehen ist. Daraus kann zwar keine Definition des Unfalls abgeleitet werden, es dient aber als
Hinweis dafür, welche Fälle in Betracht kommen. ... Auch
eine Strahlenbelastung, die geringer ist als die genannten Werte, kann als Unfall anzusehen sein. In der Regel
wird das Gewicht nicht so sehr auf die Höhe der Strahlenbelastung als vielmehr auf die Umstände, die die Strahlenbelastung herbeigeführt haben, gelegt werden müssen".
Der Begriff "sonstiger Schadensfall" bezog sich im übrigen nicht nur auf Strahlenschäden. Die Anzeigepflicht
hatte auch Schadensfälle zum Gegenstand, die die Möglichkeit einer Gefährdung durch radioaktive Stoffe boten, damit auf Grund der Information die erforderlichen Schutz-
und Sicherheitsmaßnahmen durch die Aufsichtsbehörden eingeleitet werden konnten (60). Wegen der fehlenden tatbe-
standlichen Präzisierung der Begriffe "Unfall" und "sonstiger Schadensfall" wurden gegen diese Vorschrift im Hinblick auf die Ahndung von Zuwiderhandlungen als Ordnungs-
widrigkeiten rechtsstaatliche Bedenken geäußert (61).

§ 20 der 2. StrlSchV von 1964, die die Verwendung radioaktiver Stoffe und den Betrieb von Röntgengeräten im
Zusammenhang mit dem Unterricht in Schulen regelte (62),
enthielt eine Verpflichtung zur Anzeige von Unfällen und
sonstigen Schadensfällen bei Tätigkeiten im Rahmen des
Anwendungsbereichs dieser Verordnung. Streitig war, ob
die Anzeigepflicht erst einsetzte, wenn bereits ein
Strahlenschaden eingetreten war (63), oder ob der Unfall
im Sinne des § 20 2. StrlSchV (wie auch in § 53 der
1. StrlSchV) als Unfallereignis zu verstehen war und nicht
unbedingt als Unfallfolge eine Gesundheitsbeschädigung
herbeizuführen brauchte (64).

3.5. Strahlenschutzverordnung von 1976

3.5.1. Legaldefinitionen für "Störfall" und "Unfall"
       in Anlage I

Eine neue Rechtslage ist für die Regelung des Unfall- und
Störfallschutzes im Atomenergierecht durch die am 1. April
1977 in Kraft getretene StrlSchV von 1976 (65) eingetreten. Hervorzuheben und zu begrüßen ist, daß die in der
Verordnung verwendeten Begriffe "Unfall" und "Störfall"
eine ausdrückliche gesetzliche Begriffsbestimmung in der
Anlage I zu der Verordnung erfahren haben. Nach § 2 StrlSchV
1976 sind die in der Anlage I enthaltenen Begriffbestimmun-

gen bei der Anwendung der Verordnung zugrunde zu legen.
Die Definitionen haben also verbindliche Kraft (66), auch
hinsichtlich der Verwendung dieser Begriffe in Richtlinien,
Sicherheitskriterien, Leitlinien und kerntechnischen Regeln.
Neben den beiden genannten zentralen Begriffen für besondere Gefahrenlagen verwendet die StrlSchV (vgl. § 36) noch
den sehr weiten Auffangbegriff des "sonstigen sicherheitstechnischen Ereignisses", der gleichsam den Charakter
eines Oberbegriffs erhält (67). Der Ausdruck "Katastrophenfall" kommt in der Verordnung nicht vor; ein Hinweis findet sich darauf lediglich im 6. Kapitel (ärztliche Überwachung), wo § 70 Abs. 5 die besondere ärztliche Überwachung des Einsatzpersonals von Einheiten und Einrichtungen des Katastrophenschutzes behandelt.

Die beiden Begriffe "Störfall" und "Unfall" sind im Anhang I zur StrlSchV wie folgt gegenübergestellt und gegeneinander abgegrenzt:

"Unfall"   = Ereignisablauf, der für eine oder mehre-
                  re Personen eine die Grenzwerte über-
                  steigende Strahlenexposition oder In-
                  korporation radioaktiver Stoffe zur
                  Folge haben kann, soweit er nicht zu
                  den Störfällen zählt.

"Störfall"   = Ereignisablauf, bei dessen Eintreten
                  der Betrieb der Anlage oder die Tätig-
                  keit aus sicherheitstechnischen Gründen
                  nicht fortgeführt werden kann und für
                  den die Anlage ausgelegt ist oder für
                  den bei der Tätigkeit vorsorglich Schutz-
                  vorkehrungen vorgesehen sind.

Bei der Inhalts- und Grenzbestimmung dieser beiden Termini
fällt zunächst auf, daß sie vollständig gegeneinander abgegrenzt sind, daß sie sich nicht decken oder überlappen,
daß ein Unfall nicht vorliegt, wenn und solange ein Störfall besteht. Beide Begriffe stehen in einem Komplemen-
tärverhältnis zueinander, wobei der Unfall dem Störfall
gegenüber subsidiär ist. Das folgt aus dem abschließenden
Nebensatz der Unfalldefinition: "soweit er (der Ereignisablauf) nicht zu den Störfällen zählt". "Störfall" und
"Unfall" sind also ein aliud zueinander. Allerdings kann
der Störfall in einen Unfall übergehen, wenn sich nämlich
der Ereignisablauf so entwickelt, daß die Tatbestandsmerkmale des Störfalls nicht mehr gegeben sind, die Grenze
des Störfalls also überschritten wird und nunmehr die Tatbestandselemente des Unfalls vorliegen. Ein Unfall kann
aber auch eintreten, ohne daß der Ereignisablauf in einem
gleitenden oder sprunghaften Übergang vom Störfallzustand
in den Unfall übergeht. Bei beiden Definitionen muß es
sich um Ereignisabläufe handeln, also um Geschehnisse
innerhalb eines bestimmten, nicht näher in der Definition
festgelegten Zeitraumes, also um Ereignisse oder Vorkommnisse in der Wirklichkeit. Nicht festgelegt ist in beiden

Begriffsbestimmungen, durch wen oder durch was der Ereignisablauf in Gang gesetzt werden muß. Die Ursachen des Ereignisses können menschliche Handlungen oder Unterlassungen sein; auf ein Verschulden, also darauf, ob leichte oder grobe Fahrlässigkeit, ob Vorsatz oder sogar Absicht oder nur menschliche Reflexe vorliegen, kommt es nicht an. Die Ursache kann jedoch auch im technischen Fehlverhalten (Versagen oder Ausfall der Sicherheitseinrichtungen, Materialfehler oder Materialermüdung) einer Anlage oder ihrer Ausrüstungen liegen. Ferner kann ein Organisationsmangel ursächlich sein. Die Ursache kann schließlich in einem Naturereignis (Erdbeben, Blitz, Überschwemmung usw.) oder in einer sonstigen von außen kommenden Einwirkung (z. B. Flugzeugabsturz, Explosion, militärische Aktionen) zu finden sein. Auch ist es möglich, daß mehrere Ursachen synchron oder sukzessive zusammenwirken. Aus den Definitionen folgt ferner, daß es ohne Belang ist, ob das Ereignis innerhalb einer Anlage oder des örtlichen Bereichs der Tätigkeit eintritt oder von außen auf die Anlage oder die Tätigkeit einwirkt.

Beide Begriffe unterscheiden sich ganz offenkundig von dem Begriff des "Unfalls" in der Umgangssprache und auch von den modifizierten, in den wesentlichen Elementen aber doch weithin einheitlichen Begriffen in den verschiedenen genannten Rechtsgebieten. Ebenfalls weichen beide Begriffe von den bisher in der StrlSchV 1960/65 verwendeten Begriffen "Unfälle und sonstige Schadensfälle" ab, wie es noch immer im AtG und in der RöV vorzufinden ist. Der erste Unterschied liegt darin, daß das Element der "Plötzlichkeit" in den Definitionen der Anlage I zur StrlSchV 1976 fehlt. Störfall und Unfall müssen also nicht zwingend in einem bestimmten Augenblick eintreten, gar noch mit einem Überraschungseffekt; sie können sich auch einschleichen. Es kann also einen u. U. längerfristigen Übergang geben vom Normalbetrieb zu einer Betriebsstörung (ohne Störfall- oder Unfallcharakter) hin zum Störfall- oder Unfalleintritt. Der Ereignisablauf braucht auch nicht unbedingt schnell vonstatten zu gehen. Nach den Definitionen der StrlSchV kommt es ferner nicht auf die Unvorsehbarkeit des Störfalls oder des Unfalls an (68). In aller Regel werden der Störfall- oder der Unfalleintritt in der konkreten Situation natürlich nicht vorherzusehen sein; jedoch ist die Unvorhersehbarkeit, der Überraschungseffekt nicht Begriffsmerkmal. Dabei ist im übrigen die Unvorhersehbarkeit (im aktuellen Geschehen) nicht zu verwechseln mit der (in mehr abstrakter Weise vorgenommenen oder auf ein potentielles Geschehen bezogenen) Auslegung (einer Anlage) hinsichtlich eines Ereignisablaufs. Nach beiden Definitionen ist schließlich nicht Tatbestandsvoraussetzung - und das unterscheidet die atomrechtlichen Begriffe des Störfalls und des Unfalls vom konventionellen Unfallbegriff und auch von dem Begriffspaar "Unfall und sonstiger Schadensfall" besonders deutlich -, daß irgendein Schaden entstanden sein muß, weder ein Körper- oder Gesundheitsschaden eines Menschen noch der Schaden an einer Sache.

Selbstverständlich muß sich der konkrete Ereignisablauf
in irgendeiner Weise auf die nuklear-sicherheitstech-
nischen Gegebenheiten einer kerntechnischen Anlage oder
auf eine Tätigkeit im Zusammenhang mit radioaktiven Stoffen oder mit dem Betrieb einer Anlage zur Erzeugung ionisierender Strahlen auswirken können. Ist das nicht der
Fall, kommt ein atomrechtlicher Störfall- oder Unfalleintritt nicht in Betracht. Zu beachten ist auch, daß unabhängig davon, ob ein atomarer Störfall oder Unfall vorliegt, die Frage zu beantworten ist, ob durch dasselbe
Ereignis zugleich auch ein Arbeitsunfall, ein Dienstunfall,
ein nukleares Ereignis im Sinne des Atomhaftungsrechtes
ein Strahlenunfall oder ein sonstiger Unfall nach Privat-
sicherheitsrecht eingetreten ist. Diese Frage beantwortet sich je nach den einschlägigen Rechtsvorschriften.
Es kann also durchaus sein, daß bei einem atomaren Störfall und durch diesen Störfall z. B. ein Arbeitsunfall
(einschließlich einer Berufskrankheit) verursacht wird.
Störfälle und Unfälle im Sinne der StrlSchV sind bei Anlagen und Tätigkeiten nicht auf den Normalbetrieb oder
auf den normalen Ablauf der betreffenden, dem Atomrecht
unterliegenden Tätigkeit beschränkt. Sie können auch -
sofern nur die sachlichen Voraussetzungen gegeben sind -
in der Errichtungsphase, bei Probebetrieb, bei Instandhaltungsarbeiten (Inspektion, Wartung, Instandsetzung)
und auch bei der Stillegung eintreten.

Sind damit die Begriffselemente behandelt, die beiden
Definitionen gemeinsam sind, so ist nunmehr zu untersuchen, worin sich beide unterscheiden. Dabei ist sogleich
zu bemerken, daß die Abgrenzung beider Begriffe zueinander für die Praxis nicht von erheblicher Bedeutung sein
wird, zumal die StrlSchV in ihren Tatbeständen Handlungs-
und Vorsorgepflichten (69) in der Regel an Unfälle und
Störfälle in gleicher Weise bindet, wobei allerdings der
Umfang und die Intensität der zu ergreifenden Maßnahmen
je nach dem Grad der Wahrscheinlichkeit des Schadenseintritts und des Schadensumfanges zu bemessen sein wird (70).

Da die Frage, ob ein Unfall vorliegt, sich immer erst
stellt, wenn das Vorliegen eines Störfalls verneint worden
ist, muß zunächst immer erst geprüft werden, ob ein Störfall vorliegt oder noch vorliegt (71). Nach der oben
wiedergegebenen Definition müssen folgende Voraussetzungen
für das Vorliegen oder den Eintritt eines Störfalls erfüllt sein:

- Ereignisablauf (in dem oben genannten Sinne);
- Ereignisablauf hat zur Folge (Kausalität):
-- Anlagenbetrieb oder
-- Tätigkeit
    kann nicht fortgeführt werden aus Gründen der Sicher-

heitstechnik;

- für den Ereignisablauf muß die Anlage ausgelegt sein oder
- für den Ereignisablauf müssen bei der Tätigkeit vorsorglich Schutzvorkehrungen vorgesehen sein.

Diese Tatbestandselemente werfen, was ihren Inhalt und ihre Grenzen angeht, viele Fragen auf (72). Nur einige davon können hier aufgeworfen werden.

Das erste Problem besteht darin, festzustellen, wann der Störfall eintritt oder eingetreten ist. Bei den unterschiedlichen Möglichkeiten und der Verschiedenartigkeiten des Eintritts und des Verlaufs von Betriebsstörungen kann es außerordentlich schwierig sein, den Zeitpunkt des Störfallbeginns eindeutig festzustellen. In den Empfehlungen der IAEO (Safety Series No. 1, 1973 Edition) heißt es dazu (75): "The most essential and often the most difficult problem in coping with accidents is the recognition that an accident has occured". Rechtliches Kriterium für den Störfalleintritt ist die Feststellung, daß der Anlagenbetrieb oder die Tätigkeit aus sicherheitstechnischen Gründen nicht fortgeführt werden kann. Für diese Feststellung dürfte in erster Linie der Strahlenschutzverantwortliche oder der Strahlenschutzbeauftragte zuständig und verantwortlich sein, der natürlich auch dabei in den Grenzen des AtG und der StrlSchV der staatlichen Überwachung (und eventuell der gerichtlichen Kontrolle) unterliegt. Sofern der Strahlenschutzverantwortliche oder der Strahlenschutzbeauftragte die Feststellung nicht aus eigener Sachkunde treffen kann, haben sie den Rat sachverständiger Personen (vgl. § 38 Abs. 1 StrlSchV) einzuholen. Eine ausdrückliche Feststellung ist natürlich dann nicht erforderlich, wenn die Nichtfortführung des Betriebs sich durch technische Sicherheitsvorkehrungen, gleichsam automatisch ergibt.

Problematisch ist ferner, was unter der "Anlage" in der Störfalldefinition zu verstehen ist. Man wird mangels eines näheren Hinweises im Verordnungstext und in der amtlichen Begründung davon ausgehen können, daß alle Anlagen gemeint sind, auf die die StrlSchV nach ihrem § 1 sachlich anwendbar ist, also auf Anlagen nach § 7 AtG, auch wohl (obwohl auffallenderweise nicht in § 1 StrlSchV genannt) auf Anlagen im Sinne des § 9 a Abs. 3 AtG (Landessammelstellen, Bundesendlager) sowie auf Anlagen zur Erzeugung ionisierender Strahlen gemäß § 11 Abs. 1 Nr. 2 AtG einschließlich der Röntgeneinrichtungen im Zusammenhang mit dem Unterricht in Schulen, ausgenommen jedoch Röntgeneinrichtungen und Störstrahler im Sinne der Röntgenverordnung. Die Frage, welchen Bereich die Anlage umfaßt, inwieweit also auch betriebstechnisch Anlagenteile als Anlage zu verstehen sind, richtet sich nach den zugrundeliegenden Rechtsvorschriften über die Genehmigung der Anlage sowie nach dem Inhalt der Genehmigung oder der Genehmigungen selbst.

Verschiederner Auffassung kann man sein, wie der Betriebsbegriff in der Störfalldefinition auszulegen ist. Wohl
sicher dürfte sein, daß mit der Nichtfortführung des Betriebs nicht die endgültige Betriebseinstellung der Anlage, also die Stillegung im Sinne des § 7 Abs. 3 AtG gemeint sein kann, obwohl eine Nichtfortführung des Betriebs
unter bestimmten Voraussetzungen zur Stillegung führen
wird. Es dürfte regelmäßig aber die Betriebsunterbrechung,
also das Abschalten der Anlage, der Nichtfortführung des
Betriebs aus sicherheitstechnischen Gründen entsprechen.
Insoweit wären durch die Betriebsunterbrechung (= Nichtfortführung) betroffen die Inbetriebnahmephase, der Probebetrieb, der laufende Betrieb und eventuell die Wiederinbetriebnahme (74). Zweifelhaft ist, ob Ereignisabläufe
während der Errichtung einer Anlage (unter Umständen z.B.
bei der Kernbrennstoffübernahme, wenn diese auf Grund
einer Errichtungsgenehmigung erfolgen sollte) oder in der
stillgelegten Anlagen (mit ihren eventuellen Beständen an
Kernbrennstoffen und sonstigen radioaktiven Stoffen) zur
Betriebsunterbrechung führen können, da es sich dabei nicht
um Betrieb im Sinne des § 7 Abs. 1 AtG oder § 1 Abs. 1
Nr. 2 StrlSchV handelt. Diese Vorgänge wird man wohl dem
Begriff der Tätigkeiten in der Störfalldefinition zuordnen können, obwohl sich dieser Begriff nicht ausdrücklich
auf Anlagen bezieht und nicht darauf beschränkt ist. Der
Tätigkeitsbegriff bezieht sich über die Errichtung, Stillegung und sonstige Innehabung einer Anlage hinaus auch
auf den Umgang mit radioaktiven Stoffen, den Verkehr mit
ihnen, die Bearbeitung, Verarbeitung und sonstige Verwendung von Kernbrennstoffen im Sinne des § 1 StrlSchV in
Verbindung mit §§ 5, 6 und 9 AtG. Nach der Definition
wären auch die Beförderung sowie die Einfuhr und Ausfuhr
radioaktiver Stoffe in den Tätigkeitsbegriff einzubezie-
hen. Da der Störfallbegriff in der StrlSchV jedoch nur in
ihrem dritten Teil verwendet wird, dieser aber für die Beförderung und für die Einfuhr und Ausfuhr nicht gilt,
kommt der Störfallbegriff praktisch für die Beförderung
sowie für die Einfuhr und Ausfuhr radioaktiver Stoffe
nicht in Betracht (Ausnahme: § 10 Abs. 1 Nr. 6 StrlSchV).
Mehrere Deutungen läßt auch die Voraussetzung zu, die in
die Worte gefaßt ist "aus sicherheitstechnischen Gründen
nicht fortgeführt werden kann". Zunächst ist überraschend,
daß als Unterbrechungsgrund nicht der Strahlenschutz genannt wird, sondern die Sicherheitstechnik. Es wird dabei
wohl zu unterstellen sein, daß bei einer Fortführung des
Anlagenbetriebes die Sicherheitstechnik der konkreten Anlage (75), auch unter Berücksichtigung ihrer sicherheitstechnischen Auslegung, die Beherrschung des Ereignisablaufs nicht oder nicht mehr gewährleisten würde und die
atomrechtlichen Schadensvorsorgeverpflichtungen, insbesondere aus der StrlSchV, nicht mehr eingehalten werden
könnten. Man wird daher "können" auch wohl als "dürfen"
zu lesen haben. Hinsichtlich der Tätigkeiten im oben um-
schriebenen Sinne müssen die Schutzvorkehrungen in Scha-
densvorsorgeabsicht tatsächlich getroffen sein. Die Unter-
brechung der Tätigkeit hat zu erfolgen, d. h. sie kann

nicht mehr fortgeführt werden, wenn diese konkreten
Schutzmaßnahmen in ihrer Gesamtheit nicht mehr ausreichen,
die aus den atomrechtlichen Schutzvorschriften sich erge-
benden Pflichten zu erfüllen.

Was die Auslegung der Anlage angeht, so steht die Störfalldefinition offensichtlich in Korrelation zu den Strah-
lenschutzgrundsätzen des § 28 Abs. 3 StrlSchV. Diese Vorschrift enthält bekanntlich in Konkretisierung der Scha-
densvorsorgepflicht des § 7 Abs. 2 Nr. 3 AtG und als Ergänzung dieser Genehmigungsvoraussetzung die Verpflichtung
für die Betreiber von Kernkraftwerken, ihre Anlage so aus-
zurichten, daß bei dem ungünstigsten Störfall die Umge-
bungsbevölkerung höchstens eine Strahlenexposition von
5 rem erhalten kann, die dem Grenzwert der Körperdosen
für beruflich strahlenexponierte Personen der Kategorie A
im Kalenderjahr entspricht (Anlage X Spalte 2 zur StrlSchV)(76).
Nach § 28 Abs. 3 StrlSchV kann die Genehmigungsbehörde die
Schadensvorsorge gegen einen solchen Auslegungsstörfall der
schwersten Art als getroffen ansehen, wenn die Anlage den
"Sicherheitskriterien für Kernkraftwerke" in der Fassung
der Bekanntmachung vom 21. Oktober 1977 (77) und den
Leitlinien für Kernkraftwerke entspricht. Die Leitlinien
für Kernkraftwerke sind bisher vom Bundesminister des
Innern noch nicht im Bundesanzeiger bekannt gemacht worden; sie liegen zur Zeit im Entwurf vor. Heranzuziehen
sind vorläufig die RSK-Leitlinien für Druckwasserreaktoren
(zweite Ausgabe vom 24. Januar 1979) (78). Sicherheitskriterien, RSK-Leitlinien und auch die kerntechnischen
Regeln legen übrigens denselben Störfallbegriff zugrunde,
wie die StrlSchV (79).

Der Störfallbegriff ist - wie bereits erwähnt - ein verhältnismäßig junger Terminus. Man merkt es der Fassung,
die in der StrlSchV übernommen wurde an, daß er auf dem
Gebiet der Sicherheitstechnik formuliert worden ist und
sich primär auf Anlagen bezieht, auch wohl weniger für
Tätigkeiten geeignet ist. Während Franzen (80) im Jahre
1966 noch darauf hinweisen mußte, das Wort "Reaktorun-
fall" erwecke zu Unrecht den Eindruck, daß dabei nicht
nur großer Sachschaden entstehe, sondern auch Menschen-
opfer - in diesem Fall Strahlengeschädigte - zu bekla-
gen seien, hat man kurz darauf für bestimmte Kategorien
betrieblicher Zwischenfälle den Terminus "Störfall" er-
funden. Er tritt - soweit dem Verfasser bekannt - zum
ersten Mal auf in einem Vorschlag des Arbeitskreises III/7
"Strahlenschutztechnik" der damaligen deutschen Atomkommission vom 2. Oktober 1970, der die Ergänzung bestehender Regelungen zur Meldung und Untersuchung von
Störfällen sowie zur Berichterstattung über Störfälle in
kerntechnischen Anlagen zum Gegenstand hatte (81). Der
Störfallbegriff wurde in die RSK-Leitlinien für Druckwasserreaktoren vom 24. April 1974 (82) übernommen
(Nr. 2.3.2) und in den Sicherheitskriterien für Kernkraftwerke vom 25. Juni 1974 (83) erstmals definiert. Es
muß bestritten werden, daß der Begriff des Störfalls

einen euphemistischen Charakter trägt. Es ist vielmehr sehr verständlich, daß für Zwischenfälle in kerntechnischen Anlagen, die zwar noch keinen Schaden verursacht haben, aber für die Überwachungsbehörden, für die Parlamente und für die Öffentlichkeit wegen der Herbeiführung einer besonderen Gefahrenlage von einem verhältnismäßig hohen Informationsinteresse sind, ein besonderer Begriff gebildet wurde, der die Verwechselung mit dem Unfallbegriff und mit der damit verbundenen Vorstellung eines bereits eingetretenen Schadens ausschloß.

Anzufügen ist noch, daß der Störfall nicht zu verwechseln ist mit dem Begriff "Störmaßnahmen und Einwirkungen Dritter" (z.B. § 7 Abs. 1 Nr. 5 AtG; § 6 Abs. 1 Nr. 7 StrlSchV). Ebenfalls sind auch der atomrechtliche Störfall und die Störung im Sinne des allgemeinen Polizei- und Ordnungsrechts nicht identisch (84).

Betrachtet man den Unfallbegriff der Anlage I zur StrlSchV, so können die Unfallvoraussetzungen wie folgt skizziert werden:

- Ereignisablauf (vgl. dazu die obigen Ausführungen);
- Nichtvorliegen eines Störfalls, weil
  -- der Anlagenbetrieb oder die betreffende Tätigkeit aus sicherheitstechnischen Gründen fortgeführt werden kann oder
  -- die Anlage für den Ereignisablauf nicht ausgelegt ist oder vorsorgliche Schutzvorkehrungen für die betreffende Tätigkeit nicht getroffen sind;
- Möglichkeit der Überschreitung der Dosisgrenzwerte bei mindestens einer Person durch die Strahlenexposition oder die Inkorporation radioaktiver Stoffe auf Grund des Ereignisablaufs (Kausalität).

Solange ein Ereignisablauf auf Grund der Auslegungsbedingungen einer Anlage oder der vorsorglich getroffenen Schutzvorkehrungen (dazu dürften die Schutzeinrichtungen und Schutzmaßnahmen im Sinne des § 6 Abs. 1 Nr. 5 und des § 19 Abs. 1 Nr. 5 StrlSchV gehören) bei Tätigkeiten beherrscht wird, also der Anlagenbetrieb oder die Tätigkeit aus Gründen der Sicherheitstechnik nicht unterbrochen zu werden braucht, kommt ein Unfall im Sinne der StrlSchV nur in Betracht, wenn die Möglichkeit einer Dosisgrenzüberschreitung für einen oder mehrere Menschen besteht. Die Verursachung eines nur konventionellen Körper- oder Gesundheitsschadens reicht zur Annahme eines strahlenschutzrechtlichen Unfalls nicht aus. Andererseits kommt ein Unfall in Betracht, wenn ein Störfall nicht mehr beherrschbar ist oder wenn die Ursache des Ereignisablaufs die Maximalauslegung oder die Schutzvorkehrungen von Anfang an überschreitet. Wichtig ist - und das unterscheidet den Unfallbegriff der StrlSchV vom üblichen Unfallbegriff -, daß ein Schaden (insbesondere ein Strahlenschaden) nicht oder noch nicht eingetreten zu sein braucht. Die amtliche Begründung zur StrlSchV führt dazu aus (85): "Die Bestimmung des Begriffs "Unfall" weicht von der sonst üblichen Unfalldefinition insofern ab, als es bereits ausreicht, wenn die Möglichkeit einer die Grenzwerte

übersteigenden Strahlenexposition oder Inkorporation radioaktiver Stoffe besteht. Mit dieser Definition wird ein höheres
Sicherheitsniveau erreicht, da hiernach nicht erst ein Unfall
anzunehmen ist, wenn die Grenzwerte bereits überschritten sind".
Ein Unfalleintritt ist also zu verneinen, wenn die Möglichkeit
einer Strahlenschädigung überhaupt ausgeschlossen ist oder wenn
nur Sachgüter beschädigt oder gefährdet sind. Da in der Unfalldefinition hinsichtlich der Strahlenexpositions- und Inkorporationsgrenzwerte nicht differenziert wird, kommen alle Grenz-
wertfestlegungen in der StrlSchV in Betracht, also die Dosisgrenzwerte für den außerbetrieblichen Überwachungsbereich
(§ 44), für Bereiche, die nicht Strahlenschutzbereiche sind
(§ 45) und für beruflich strahlenexponierte Personen (§§ 49
bis 52) (86). Im Einzelfall kann es schwierig sein (vor allem
in der Zeitnot von anormalen Ereignisabläufen), diese proba-
listischen Abschätzungen und Feststellungen vorzunehmen (87).

3.5.2. "Sonstige sicherheitstechnisch bedeutsame Ereignisse"

Neben den Begriffen "Störfall" und "Unfall" verwendet die
StrlSchV noch den umfassenden Begriff des "sicherheitstechnisch bedeutsamen Ereignisses" (§ 36 StrlSchV). In dem Defi-
nitionenkatalog der Anlage I ist dieser Begriff nicht mit aufgenommen worden. Aus der Textfassung "Unfälle, Störfälle oder
sonstige sicherheitstechnisch bedeutsame Ereignisse" ergibt
sich, daß es sich um einen umfasseneren Begriff handelt und
neben den Unfällen und Störfällen noch andere sicherheitsre-
levante Ereignisse in Betracht kommen und auch rechtliche
Handlungspflichten auslösen (§ 36 Satz 2 StrlSchV). In der
Praxis wird es sich dabei wohl um Störungen handeln, die noch
nicht zu den Störfällen und Unfällen zählen, die aber sicherheitstechnisch von Belang sind und zur Vermeidung des Stör-
fall- oder Unfalleintritts gegebenenfalls schon prophylaktische oder repressive Maßnahmen erfordern. Da eine ausdrückliche Begriffsbestimmung fehlt, sind Inhalt und Grenzen der
"sonstigen sicherheitstechnisch bedeutsamen Ereignisse"
schwer bestimmbar (88). Durch Auslegung des Gesamtzusammen-
hangs lassen sich folgende Kriterien gewinnen:

- Ereignisablauf (vgl. dazu die obigen Erläuterungen);

- die Voraussetzungen des Störfalls und des Unfalls liegen
  nicht vor;

- der Betrieb der Anlage oder die betreffende Tätigkeit
  kann aus sicherheitstechnischen Gründen fortgeführt
  werden;

- bei Nichtfortführung des Anlagenbetriebs oder der Tätigkeit aus sicherheitstechnischen Gründen besteht keine
  Möglichkeit der Beeinträchtigung eines oder mehrerer Menschen durch eine Strahlenexposition oder durch Inkorporation radioaktiver Stoffe oberhalb der Dosisgrenzwerte,
  allenfalls die Möglichkeit der Verursachung eines Sach-
  schadens;

- der Ereignisablauf muß für die Sicherheitstechnik (und
  wohl auch für die Wirksamkeit von Schutzvorkehrungen)
  von Bedeutung, also von einigem Gewicht oder von Einfluß sein (Kausalität).

Bisher gibt es für die "sonstigen sicherheitstechnisch
bedeutsamen Ereignisse" keine näheren Richtlinien und Aus-
legungsgrundsätze. Sie dürften durch die geplante atomrechtliche Störfallverordnung gegeben werden. Nach einer Verlaut-
barung des BMI (89) kommen dabei in Betracht: alle Freisetzungen radioaktiver Stoffe oberhalb der genehmigten
oder zulässigen Grenzwerte; Funktionsmängel und Schäden
an Sicherheitssystemen; Schäden am Primär- und Sekundär-
kreislauf sowie an den sicherheitstechnischen Hilfskreis-
läufen; Funktionsmängel an Schutz- und Überwachungsein-
richtungen.

Es ist bereits angemerkt worden, daß die Terminologie der
StrlSchV von 1976 in bezug auf sicherheitstechnische Ereignisse (einschließlich Störfälle und Unfälle) nicht mit
derjenigen des AtG übereinstimmt. Die entsprechende Ermächtigungsvorschrift des § 12 Abs. 1 Satz 1 Nr. 7 AtG
spricht von "sicherheitstechnisch bedeutsamen Abweichungen vom bestimmungsgemäßen Betrieb" und nennt als Beispiele
dazu "Unfälle und sonstige Schadensfälle". Unter sehr for-
malistischen Gesichtspunkten könnte man die Frage auf-
werfen, ob sich die StrlSchV insoweit an die Ermächtigungs-
grundlage des AtG hält und ob nicht ein Verstoß gegen
Art. 80 GG vorliegen könnte. Es ist auch nicht recht verständlich und auch weder in der Begründung der Bundesregierung zur Vierten Atomgesetznovelle (90), durch die
§ 12 Abs. 1 Satz 1 Nr. 7 AtG neugefaßt wurde, noch in der
Begründung zur StrlSchV (91) näher erläutert, weshalb eine
unterschiedliche Terminologie gewählt wurde, die zunächst
jedenfalls die Vermutung begründet, daß durch die Verwendung verschiedener Begriffe auch unterschiedliche Tatbestände gemeint seien. Immerhin lag zwischen der Verkündung der Vierten Atomgesetznovelle (30. 8. 1976), ihrem
Inkrafttreten (5. 9. 1976) und der Verkündung der StrlSchV
(13. 10. 1976) genügend Zeit zur Anpassung, zumal die Vorschriften schon vorher hätten angeglichen werden können.
Ohne abschließend Stellung nehmen zu wollen, wird man aber
wohl davon ausgehen können, daß der in der StrlSchV verwendete Oberbegriff "sicherheitstechnisch bedeutsames Ereignis" entweder mit dem Begriff der "sicherheitstechnisch
bedeutsamen Abweichungen vom bestimmungsmäßigen Betrieb"
entweder identisch sein soll oder ihm jedenfalls unterzu-
ordnen wäre.

3.5.3. GaU und Super-GaU?

In einer Darstellung über nukleare Unfälle und Störfälle
ist auch zu den in der Öffentlichkeit häufig und meistens
in unzutreffender Weise verwendeten Begriff "größter anzunehmender Unfall (GaU)" und "Super-GaU" Stellung zu nehmen. Es zeigt sich immer wieder, daß sogar auch in offizi-

22

ellen Stellungnahmen (92), in Gerichtsentscheidungen (93)
und auch in Fachzeitschriften nicht völlige Klarheit über
diese Begriffe herrscht. Auf die Diskussion zum GaU-Begriff
in der "Atomwirtschaft-Atomtechnik" im Jahre 1979 sei ausdrücklich hingewiesen (94).

Zunächst ist zu bemerken, daß es die beiden genannten Begriffe im geltenden deutschen Recht nicht gibt. GaU ist
auch nicht der größte denkbare Unfall (jenseits der Störfallbeherrschung), sondern gemeint ist damit meistens der
ungünstigste Störfall, also der Auslegungsstörfall schwerster
Art, der bei der Planung, Errichtung und Genehmigung von
Kernkraftwerken zugrundegelegt wird. Diese Extremausle-
gungsbedingungen eines hypothetischen Störfalls, den man
richtigerweise "größter anzunehmender Störfall" bezeichnen könnte (95), sind in den RSK-Leitlinien für Druckwasserreaktoren, zweite Ausgabe vom 24. 1. 1979 (96), unter
Nr. 2.2. festgelegt (unterstellter Bruch einer Hauptkühl-
mittelleitung).

3.5.4. Störfälle und Unfälle im Verhältnis zum Ordnungs-
       recht und zum Recht des Katastrophenschutzes

Die Begriffe "Störfälle, Unfälle und sonstige sicherheitstechnisch bedeutsame Ereignisse" gelten nur im Rahmen des
Anwendungsbereichs der StrlSchV. Die Pflichten und Rechte
der betroffenen Staatsbürger und die Befugnisse der zuständigen Behörden in den Fällen solcher besonderen Gefahrenlagen bestimmen sich nach dem AtG und den Schutzvorschriften der StrlSchV und RöV. Für die Betreiber von
kerntechnischen Anlagen und von sonstigen dem AtG unterliegenden Anlagen, Vorrichtungen und Einrichtungen sowie
die Verwender radioaktiver Stoffe sind in diesen Situationen zur Schadensvorsorge vor allem durch die Vorschriften
der §§ 28 Abs. 1, 31 Abs. 3, 36, 37, 38, 50, 70 und 73
StrlSchV und §§ 12, 32 Abs. 6, 33 Abs. 2, 45 und 47 RöV
verpflichtet. Daneben bestehen die Aufsichtsbefugnisse
der zuständigen atomrechtlichen Behörden nach § 19 Abs. 3
AtG, §§ 32, 33 StrlSchV und § 37 RöV. Davon unberührt
bleiben die Zuständigkeiten der Behörden nach anderen
Rechtsvorschriften des Bundes und der Länder (vgl. § 19
Abs. 4 AtG) (97). Hier kommen vor allem bei Unfall- und
Störfallsituationen die landesrechtlichen Befugnisse des
Polizei- und Ordnungsrechts (98) zur Anwendung. Nach den
jeweiligen Landespolizei- und Ordnungsgesetzen haben die
Polizei- und Ordnungsbehörden die Aufgabe, Gefahren von
der Allgemeinheit oder dem einzelnen abzuwehren, durch die
die öffentliche Sicherheit und Ordnung bedroht wird (99).
Ferner können die landesrechtlichen Feuerschutzgesetze (100)
und die Gesetze über den Rettungsdienst (101) auch bei Gefahrenlagen durch kerntechnische Anlagen zur Anwendung
kommen. Ob ein sicherheitstechnisch bedeutsames Ereignis
auch als Katastrophenfall zu behandeln ist, richtet sich
nicht nach atomrechtlichen Vorschriften. Eine entsprechende Feststellung gehört auch nicht zur Befugnis des Strahlenschutzverantwortlichen oder Strahlenschutzbeauftragten

oder der atomrechtlichen Aufsichtsbehörden, sondern die
Feststellung ist durch die dafür zuständigen Landesbehörden nach den Katastrophenschutzgesetzen der Bundesländer
(102) in förmlicher Weise (103) zu treffen. Der Begriff
des Katastrophenfalles ist in den einzelnen Landesgeset-
zen verschieden definiert. Als Beispiel sei das nieder-
sächsische Katastrophenschutzgesetz vom 8. März 1978 (§ 1
Abs. 2) zitiert (104). Danach ist ein Katastrophenfall
ein Notstand, bei dem Leben, Gesundheit oder die lebens-
wichtige Versorgung der Bevölkerung oder erhebliche Sach-
werte in einem solchen Maße gefährdet oder beeinträchtigt
sind, daß seine Bekämpfung durch die zuständigen Behörden
und die notwendigen Einsatz- und Hilfskräfte eine zentrale Leitung erfordert.

Hinsichtlich der Gefahren- und Schadensbekämpfung im
Katastrophenfall sei auf die "Rahmenempfehlungen für den
Katastrophenschutz in der Umgebung kerntechnischer Anlagen"nach der Bekanntmachung des Bundesministers des Innern
vom 17. 10. 1977 (105) und auf die "Empfehlungen zur Planung von Notfallschutzmaßnahmen durch Betreiber von Kernkraftwerken" in der Bekanntmachung des Bundesministers des
Innern vom 27. 12. 1976 (106) hingewiesen. "Leitsätze für
die Unterrichtung der Öffentlichkeit über die Katastrophenschutzplanung in der Umgebung von kerntechnischen Anlagen"
sind am 10. 2. 1978 von der Ständigen Konferenz der Innen-
minister/-senatoren verabschiedet worden (107).

3.5.5. Spektrum der Betriebssituationen unter dem Gesichts-
punkt der Schadensvorsorge

Legt man die Rechtsvorschriften der StrlSchV, die in
den Sicherheitskriterien für Kernkraftwerke und die in den
geplanten Leitlinien für die Beurteilung der Auslegung von
Kernkraftwerken gegen Störfälle getroffenen Festlegungen
zugrunde, so ergibt sich etwa die folgende Skala der betrieblichen Situationen (108):

- bestimmungsmäßiger Betrieb (109);

-- Normalbetrieb (Betriebsvorgänge, für die die Anlage
   bei funktionsfähigem Zustand der Systeme (ungestörter
   Zustand) bestimmt und geeignet ist;

-- Instandhaltungsvorgänge (Inspektion, Wartung, Instandsetzung);

-- anomaler Betrieb (Betriebsvorgänge, die bei Fehlfunktion
   von Anlageteilen oder Systemen (gestörter Zustand) ablaufen,soweit hierbei einer Fortführung des
   Betriebes sicherheitstechnische Gründe nicht entgegen-
   stehen;

- sonstige sicherheitstechnisch bedeutsame Ereignisse
  (im Sinne des § 36 StrlSchV);

- Störfälle (Begriffsbestimmung in Anlage I zur StrlSchV);

- Unfälle (Begriffsbestimmung in Anlage I zur StrlSchV).

3.6. Recht der Beförderung radioaktiver Stoffe

Eine besondere Rechtslage besteht hinsichtlich der Vorschriften, die bei der innerstaatlichen oder grenzüberschreitenden Beförderung radioaktiver Stoffe (also von
Kernbrennstoffen und von sonstigen radioaktiven Stoffen)
und bei Schadensereignissen und Beförderungsstörungen zu
beachten sind. Durch das Gesetz über die Beförderung gefährlicher Güter vom 6. August 1975 (110) ist insofern
die heute noch maßgebliche Änderung der Rechtslage herbeigeführt worden. Die administrative Überwachung von Trans-
porten, die radioaktive Stoffe zum Gegenstand haben (111),
und die Haftung für Schäden im Zusammenhang mit der Beförderung radioaktiver Stoffe (112) ist weiterhin in den
atomrechtlichen Vorschriften (AtG, StrlSchV) geregelt. Zu
beachten ist, daß in § 10 Abs. 1 Nr. 6 StrlSchV die Genehmigung für die Beförderung sonstiger radioaktiver Stoffe
mit einer Aktivität über dem 10^{10}-fachen der Freigrenzen
der Anlage IV 1 nur dann erteilt wird, wenn der Antrag-
steller nachweist, daß mit einer Einrichtung nach § 38
StrlSchV (also insbesondere mit der Kerntechnischen Hilfsdienst GmbH) Vereinbarungen geschlossen sind, durch die
diese Einrichtung bei Unfällen oder Störfällen zur Schadensbekämpfung verpflichtet wird (113). Eine entsprechende Genehmigungsvoraussetzung fehlt im übrigen bisher für
den Transport für Kernbrennstoffe in § 4 Abs. 2 AtG, obwohl eine unterschiedliche rechtliche Behandlung unbe-
gründet erscheint. Die Schutzmaßnahmen, also der Strahlenschutz und die Schadensvorsorge im Zusammenhang mit Trans-
porten radioaktiver Stoffe, sind im übrigen aus dem Bereich
des Atomrechts herausgenommen und dem Beförderungsrecht an-
vertraut worden (114). Daraus folgt, daß die Schutzvorschriften des Dritten Teils der StrlSchV 1976 (mit Ausnahme der Generalklausel des § 28 Abs. 1 StrlSchV) nicht
für die Beförderung radioaktiver Stoffe gelten (115). Das
ergibt sich daraus, daß insofern nach § 12 Abs. 1 AtG
eine Ermächtigung für Strahlenschutzmaßnahmen (safety)
nicht mehr besteht und Normadressaten der Schutzvorschriften des Dritten Teils der StrlSchV die Strahlenschutzverantwortlichen und Strahlenschutzbeauftragten sind (vgl.
insbesondere § 31 StrlSchV), es bei der Beförderung von
radioaktiven Stoffen jedoch Strahlenschutzverantwortliche
und Strahlenschutzbeauftragte nicht gibt.

Die einschlägigen Beförderungsvorschriften verwenden sehr
unterschiedliche Begriffe; eine Vereinheitlichung dieser
Terminologie und eine exakte Umschreibung der verwendeten
Begriffe wäre dringend erwünscht. Das Gesetz über die Beförderung gefährlicher Güter enthält in § 3 Abs. 1 Nr. 12
eine Ermächtigung, das Verhalten und die Schutzmaßnahmen
nach Unfällen mit gefährlichen Gütern durch Rechtsverordnung oder Allgemeine Verwaltungsvorschrift zu regeln. Die
Gefahrgutverordnung Eisenbahn vom 23. 8. 1979 (116) spricht
von "Unfällen und Unregelmäßigkeiten" (§§ 12, 13), die
Gefahrgutverordnung Straße vom 23. August 1979 (117) von
"Unfällen und Zwischenfällen" (§§ 5, 9). Auch für den Be-

reich der Binnenschiffahrt werden besondere Pflichten für
das Verhalten bei Unfällen und Zwischenfällen durch die
Bekanntmachung der Neufassung der Verordnung zur Einführung
der Verordnung über die Beförderung gefährlicher Güter auf
dem Rhein (ADNR) und über die Ausdehnung dieser Verordnung
auf die übrigen Bundeswasserstraßen vom 30. 6. 1977 (118)
begründet. Die Verordnung über die Beförderung gefährlicher
Güter mit Seeschiffen (Gefahrgutverordnung See) vom 5. Juli
1978 (119) kennt keinen besonderen Unfallbegriff, sondern
enthält eine kasuistische Aufzählung von Gefährdungsmöglich-
keiten (§ 9 Abs. 1 Nr. 1 bis 4), für die Unfallmerkblätter
beizugeben sind. In § 13 Abs. 1 findet sich der Begriff der
"Unregelmäßigkeit". Bei schwerwiegenden Unfällen im Zusammenhang mit der Beförderung gefährlicher Güter besteht
eine Pflicht zur Unterrichtung des Bundesverkehrsministers.
Zu berücksichtigen sind auch die besonderen Vorschriften
für Ausnahmesituationen, die für See- und Binnenhäfen gelten (z. B. Meldepflicht bei besonderen Vorfällen = Schäden
eines Fahrzeugs im Hafen, Gefährdung der öffentlichen Sicherheit und Ordnung oder Gewässerverunreinigung nach § 26 der
Allgemeinen Hafenverordnung (AHVO) für Nordrhein-Westfalen
vom 9. Oktober 1979 (120)).

Auf die Bestimmungen der internationalen Übereinkommen,
die für die grenzüberschreitende Beförderung radioaktiver
Stoffe Anwendung finden, ist hinzuweisen. Sie enthalten
für die bei der internationalen Beförderung radioaktiver
Stoffe entstehenden Unfälle nähere Verhaltensregeln (121).
Gegenübergestellt werden dabei regelmäßig die Undichtigkeit oder der Bruch des Versandstücks dem Eintritt eines
Unfalls, "von dem das Versandstück während der Beförderung
betroffen wird". Der Unfallbegriff ist nicht näher erläutert. Zu den Maßnahmen, die zu ergreifen sind, gehören:
Kennzeichnung oder Absperrung der Wagen oder des betreffenden Gebietes; Aufenthaltsverbot, solange keine Sachkundi-
gen zur Stelle sind; unverzügliche Benachrichtigung des
Absenders und der zuständigen Behörden; Vorrang der Rettung
von Menschen und des Löschens von Bränden; Dekontaminations-
arbeiten (Leitung durch Sachverständige).

3.7. Atomhaftungsrecht

Zu unterscheiden von den bisher behandelten Tatbeständen
der Schadensvorsorge nach dem Recht der kerntechnischen
Sicherheit und des Strahlenschutzes ist der Tatbestand
des Schadenseintritts, an den das Atomgesetz gemäß seiner
Zweckbestimmung in § 1 Nr. 2 (zweiter Satzteil) den Ausgleich durch Kernenergie oder ionisierende Strahlen ver-
ursachter Schäden knüpft. Seitdem durch das Dritte Gesetz
zur Änderung des Atomgesetzes vom 15. Juli 1975 (122) das
Atomhaftungsrecht an die Pariser und Brüsseler Atomhaftungskonventionen (123) angepaßt ist, richtet sich die Haftung
für Schäden, die bei Unfällen oder Störfällen im Zusammenhang mit Tätigkeiten, die dem AtG unterliegen, entstehen, nach den
Tatbeständen der §§ 25 ff. AtG und der genannten Atomhaftungskonventionen. Das AtG hat die besondere atomhaf-

tungsrechtliche Terminologie des Pariser Übereinkommens übernommen (124). Danach haftet der Kernanlageninhaber für den genau bezeichneten Schadensumfang (125), wenn bewiesen wird, daß dieser Schaden durch ein "nukleares Ereignis" verursacht worden ist. Dieser zentrale Begriff des "nuklearen Ereignisses" (nuclear incident, accident nucléaire) ist nach Anlage 1 Abs. 1 Nr. 1 zum AtG und nach Art. 1 (a) (i) des Pariser Übereinkommens wie folgt definiert (126): jedes einen Schaden verursachende Ereignis oder jede Reihe solcher aufeinanderfolgender Ereignisse desselben Ursprungs, sofern das Ereignis oder die Reihe von Ereignissen oder der Schaden von den radioaktiven Eigenschaften oder einer Verbindung der radioaktiven Eigenschaften mit giftigen, explosiven oder sonstigen gefährlichen Eigenschaften von Kernbrennstoffen oder radioaktiven Erzeugnissen oder Abfällen herrührt oder sich daraus ergibt.

Bei der Haftung für Reaktorschiffe ist nicht das nukleare Ereignis der Anknüpfungspunkt für die Ersatzleistungen, sondern der "nukleare Schaden", wie sich aus § 25 a AtG und aus dem Brüsseler Reaktorschiffs-Übereinkommen vom 25. Mai 1962 (127) ergibt (128). "Nuklearer Schaden" bedeutet nach Art. 1 Nr. 7 dieses Übereinkommen: die Tötung oder Körperverletzung eines Menschen oder den Verlust oder die Beschädigung von Sachen, sofern der Schaden von den radioaktiven Eigenschaften oder einer Verbindung der radioaktiven Eigenschaften mit giftigen, explosiven oder sonstigen gefährlichen Eigenschaften von Kernbrennstoffen oder radioaktiven Erzeugnissen oder Abfällen herrührt oder sich daraus ergibt; sonstige hiervon herrührende oder sich hieraus ergebende Verluste, Schäden oder Aufwendungen sind nur eingeschlossen, wenn und soweit das anzuwendende innerstaatliche Recht dies vorsieht. Soweit eine Haftung nach §§ 25, 25 a AtG und nach den internationalen Atomhaftungskonventionen nicht in Betracht kommt, findet unter Umständen eine modifizierte Gefährdungshaftung nach § 26 AtG Anwendung, wenn die Tatbestandsmerkmale erfüllt sind.

4. <u>Staatengemeinschaftsrecht und ICRP</u> ...[*]

5. <u>Atomenergierecht der DDR und ausländische Staaten</u> ...[*]

6. Zusammenfassung

Überblickt man die in diesem Bericht gegebene Darstellung der rechtlichen Kennzeichnung besonderer Gefahrenlagen im Atomenergierecht, so lassen sich zusammenfassend folgende Feststellungen treffen:

- Auf Grund der verfassungsrechtlich gebotenen Schadensvorsorge, die im Atomgesetz und vor allem in der Strahlenschutzverordnung und in der Röntgenverordnung konkretisiert wird, ist es erforderlich, für besondere Gefahrensituationen im Zusammenhang mit der friedlichen Verwendung der Kernenergie und ionisierender Strahlen geeignete Schutzvorschriften zu erlassen.

---

[*] Abschnitt 4 und 5 auf Veranlassung der Herausgeber hier nicht abgedruckt. Vgl. die vollständige Fassung in: "Energiewirtschaftliche Tagesfragen" 1980, Augustheft.

- Wegen der mit der Kernenergie- und Strahlennutzung verbundenen spezifischen Gefahren (Kritikalitätsrisiko,
Strahlungsrisiko) haben sich für die Kennzeichnung der
besonderen Gefahrenlagen auch spezielle Rechtsbegriffe
herausgebildet, die sich in ihrem Inhalt und ihren Grenzen nicht unbedingt mit den gleichen Begriffen in der
Umgangssprache und in anderen Rechtsgebieten decken
müssen. Diese besondere Terminologie ist deshalb berechtigt, weil es dem Schadensvorsorgezweck entspricht,
Maßnahmen zur Vorbeugung, Verhinderung und Begrenzung
von Schäden möglichst frühzeitig treffen zu lassen.

- In der Rechtsordnung der Bundesrepublik Deutschland wird
der Begriff "Unfall" häufig, jedoch nicht mit gleichem
Inhalt verwendet. Dabei wird ausnahmslos davon ausgegangen, daß ein Schaden (Körper- oder Gesundheitsschaden
eines Menschen; in bestimmten Fällen auch ein Sachschaden)
durch ein plötzliches, unvorhergesehenes, von außen ein-
wirkendes Ereignis verursacht wird. Der Begriff "Störfall"
kommt bisher als Rechtsbegriff nur in der geplanten "Störfall-Verordnung" zum Bundes-Immissionsschutzgesetz vor;
seine Definition weicht erheblich von dem Störfallbegriff
der StrlSchV ab.

- Das Atomenergierecht der Bundesrepublik Deutschland verwendet für die Kennzeichnung besonderer Gefahrenlagen im
AtG, in der RöV, in der StrlSchV und in den Vorschriften
über die Beförderung radioaktiver Stoffe eine Vielfalt
von Begriffen. Es ist anzuregen, daß bei einer Novellierung der genannten Rechtsvorschriften eine terminologische
Vereinheitlichung herbeigeführt wird. Dies ist aus rechts-
staatlichen Gründen und zur Vermeidung von Auslegungs-
schwierigkeiten geboten. Bei einer Novellierung wäre zu
prüfen, ob die jetzigen zum Teil schwer verständlichen
Tatbestandsmerkmale und Abgrenzungskriterien, insbesondere
der Begriffe "Unfall", "Störfall" und "sonstiges sicherheitstechnisch bedeutsames Ereignis" in der StrlSchV, sachge-
mäß sind oder verdeutlicht werden können. Zu überprüfen
wäre ferner, ob der von der Kerntechnik aus konzipierte
Begriff des "Störfalls" überhaupt für die übrigen Anwen-
dungs- und Tätigkeitsbereiche, die der StrlSchV unterliegen (namentlich der Anwendung radioaktiver Stoffe in
der Medizin und in Industrie, Forschung und Technik), als
tauglich und praktikabel angesehen werden muß. Dabei ist
vor allem auf die Schwierigkeit aufmerksam zu machen, die
darin besteht, das Störfall-Tatbestandsmerkmal der "bei
der Tätigkeit vorsorglich vorgesehenen Schutzvorkehrungen"
zu konkretisieren, da (anders als bei den Auslegungskri-
terien für Kernkraftwerke und sonstige kerntechnische Anlagen nach § 28 Abs. 3 StrlSchV) insoweit Festlegungen
durch besondere Richtlinien oder Leitlinien nicht erfolgt
und wohl auch nicht beabsichtigt sind. Darüber hinaus wäre
grundsätzlich die Frage aufzuwerfen, ob es im Hinblick auf
das geltende Strahlenschutzrecht, das (unbeschadet der Fest-
setzung von Planungswerten für die Auslegung von Kernkraftwerken und anderen Anlagen nach § 7 AtG durch § 28 Abs. 3
StrlSchV) bisher keine unterschiedlichen Handlungs- und

Unterlassungspflichten an Störfälle und Unfälle knüpft,
überhaupt rechtspolitisch und gesetzgeberisch erforderlich ist, beide Arten von Ereignisabläufen begrifflich
zu unterscheiden.

- Im Staatengemeinschaftsrecht und im Recht anderer Staaten
werden zur Zeit zur Bezeichnung besonderer Gefahrenlagen
sehr unterschiedliche Begriffe verwendet. Im Interesse
der grenzüberschreitenden Schadensvorsorge und gegensei-
tigen Hilfeleistung sollte - vor allem durch die zuständigen internationalen Organisationen - eine möglichst
weitgehende Rechtsvereinheitlichung angestrebt werden.

Anmerkungen

1 Erler, G., Formen und Ziele der internationalen Zusammenarbeit bei der friedlichen Kernenergienutzung, in: Atomrecht, Veröffentlichungen des Instituts für Energierecht
an der Universität Bonn Bd. 3/4 (1960), S. 47 ff. Vgl.
auch Erler, G., in: Erler-Kruse-Pelzer, Deutsches Atomenergierecht, 3. Aufl., Göttingen 1979, A 30. Ferner:
Fischerhof, H., Deutsches Atomgesetz und Strahlenschutzrecht, Kommentar, 2. Aufl., Bd. I, Baden-Baden 1979,
Rdz. 5 ff. Zu § 1 AtG, S. 170 ff.
2 Vgl. Scott, R. L., in: Nuclear Safety 1976, S. 592-611;
Nuclear News 1975, Nr. 9, S. 52; Nr. 11, S. 46; USNRC
News Releases 1975, Nr. 26, S. 1; Atw 1975, S. 316, 466.
3 Die Literatur zum TMI-2 Accident ist kaum noch zu übersehen. Vgl. USNRC News Releases 1979, Nr. 13, S. 1;
Nr. 28, S. 2; Nr. 44, S. 5; Nr. 46, S. 3; 1980, Nr.1,
S. 1 und 3; Federal Register Vol. 44, 3. 8. 1979, S. 45802;
The Accident at Three Mile Island, Oxford 1979; Der Störfall von Harrisburg, Düsseldorf 1979; Harrisburg-Bericht,
in: Umweltbrief Nr. 18 (1. 6. 1979), BMI, Bonn; Draft
Status Report and Short Term Recommendations of the
TMI-2 Lessons Learned Task Force, Washington 1979 (NUREG-
0578); vgl. den Bericht von W. Belda in diesem Band.
4 Vgl. GRS-Kurzinformationen 1978/B/2 (27/78); 1978/B/4
(28/78); Atw 1978, S. 390, 392.
5 Zu den bisherigen Unfällen und Störfällen im Zusammenhang mit kerntechnischen Anlagen liegt reiches Infor-
mationsmaterial vor. Beispielhaft ist hinzuweisen auf:
Schulz, E. H., Vorkommnisse und Strahlenunfälle in kerntechnischen Anlagen, München 1966; Liste von Störfällen
in Kernreaktoranlagen, in: BMI, Sicherheit kerntechnischer
Einrichtungen und Strahlenschutz, 2. Aufl., Bonn 1974,
S. 126 ff.; BMFT, Zur friedlichen Nutzung der Kernenergie, 2. Aufl., Bonn 1978, S. 335 ff.; Störfallübersichten
enthalten laufend die Jahresberichte des BMI "Umweltradioaktivität und Umweltbelastung" (vgl. BT—Drucks.
8/3119, S. 30; Atw 1979, S. 546), GRS-Kurzinformationen
sowie die vom BMI herausgegebene "Umwelt" (z. B. Nr. 57,
S. 38; Nr. 72, S. 61), ferner die Berichte der GRS in
der Schriftenreihe der "Stellungnahmen zu Kernenergie-
fragen". Die GRS ist im Jahre 1975 von dem Länderausschuß Atomkernenergie und dem BMI mit der zentralen Erfassung aller Störfälle in deutschen Kernanlagen beauf-

tragt worden. Hinsichtlich der Erfassung der Störfälle in den USA vgl. die vierteljährlich von der NRC herausgegebenen Berichte: Reports on Abnormal Occurences (NUREG-0090) sowie die Übersichten und Einzelberichte in der Zeitschrift Nuclear Safety.

6 BVerfGE Bd. 49, S. 89 ff. = NJW 1979, S. 359 ff.; = DVBl. 1979, S. 45 ff.; = ET 1979, S. 40 ff. = Atw 1979, S. 95 ff. Vgl. dazu Kramer/Zerlett, Strahlenschutzverordnung, Kommentar, 2. Aufl., Köln usw. 1980, S. 23.

7 Gesetz über die friedliche Verwendung der Kernenergie und den Schutz gegen ihre Gefahren (Atomgesetz) in der Fassung der Bekanntmachung vom 31. 10. 1976 (BGBl. 1976 I 3053).

8 Verordnung über den Schutz vor Schäden durch ionisierende Strahlen (Strahlenschutzverordnung-StrlSchV) vom 13. 10. 1976 (BGBl. 1976 I 2905; Berichtigungen: BGBl. 1977 I 184, 269).

9 Aus der umfangreichen Literatur zur Schadens- und Gefahrenvorsorge seien genannt: Notfallschutzplanung, in: BMFT, Zur friedlichen Nutzung der Kernenergie (Fn. 5), S. 420 ff.; Erxleben, E., Notfallschutz bei Kernkraftwerken, Köln 1978 (GRS-S-24); Notfallplanung, in: Kernenergie und Umwelt, hrsg. von K. Aurand, Berlin 1976, S. 241 ff.; Fliedner, T. M./W. Hauger, Ärztliche Maßnahmen bei außergewöhnlicher Strahlenbelastung, Stuttgart 1967; Zimmer, R./G. Hinz, Strahlenstörfälle und Notfallsituationen, in: Stieve, F.-E., Strahlenschutzkurs für Ärzte, Berlin, 1974, GR VI; Messerschmidt, O., Medical procedures in nuclear disaster, München 1979. Wiederholt hat sich die Vereinigung Deutscher Strahlenschutzärzte e. V. auf ihren Tagungen mit dem Unfall- und Störfallschutz beschäftigt (vgl. Strahlenschutz in Forschung und Praxis Bd. 6, 11, 14, 16 und 17).

10 Mitte 1978 wurde vom BMI angekündigt, der Entwurf einer Störfallverordnung werde in Kürze vorgelegt (Umwelt Nr. 62, S. 16).

11 Verordnung über den Schutz vor Schäden durch Röntgenstrahlen (Röntgenverordnung-RöV) vom 1. 3. 1973 (BGBl. 1973 I 173), geändert durch die StrlSchV vom 13. 10. 1976 (BGBl. 1976 I 2905).

12 Zur juristischen Begriffsbildung vgl. Engisch, K., Einführung in das juristische Denken, 3. Aufl., Stuttgart 1956, insbes. 22 ff. und 106 ff.; Dahm, G., Deutsches Recht, 2. Aufl., Stuttgart 1963, S. 41, 128.

13 Vgl. dazu auch die Ausführungen von Bischof/Pelzer/Rauschning, Das Recht der Beseitigung radioaktiver Abfälle, Hanau 1977, S. 45 f.

14 Brockhaus-Enzyklopädie, 17. Aufl., Bd. 19, Wiesbaden 1974, S. 238. Vgl. auch Creifelds, K., Rechtswörterbuch, 5. Aufl., München 1978, S. 1156.

15 BGBl. 1949, 1.

16 Vgl. auch Art. 11 Abs. 2 GG. Diese Bestimmungen sind durch Gesetz vom 24. 6. 1968 (BGBl. 1968 I 709) (Notstandsverfassung) ergänzt worden.

17 Vgl. § 1 Abs. 1 und 2 des Reichshaftpflichtgesetzes in der Fassung des Gesetzes zur Änderung schadensersatz-

rechtlicher Vorschriften vom 16. 8. 1979 (BGBl. 1977 I
1577). Neufassung als Haftpflichtgesetz vom 4. 1. 1978
(BGBl. 1978 I 147). Dazu Geigel, R., Der Haftpflicht-
prozeß, 16. Aufl., München 1976, S. 656 f.

18 Geigel, R. (Fn. 17), S. 689, 697.

19 BGHStr Bd. 8, S. 264; Bd. 12, S. 235.

20 Vgl. Full/Möhl/Ruth, Straßenverkehrsrecht, Berlin,
New York, 1980, V § 142, Anm. 4, S. 1936.

21 BGH in: ZLWR 1979, S. 278; vgl. auch Geigel, R. (Fn. 17),
S. 1210.

22 Hofmann, M., Luftverkehrsgesetz, Kommentar, München 1971,
zu § 33 Anm. 10; Rinck, G., in: Zeitschrift für Luft-
recht 1954, S. 87; 1962, S. 86.

23 Hofmann, M., aaO (Fn. 22).

24 Geigel, R., aaO (Fn. 17), S. 1210.

25 RGBl. 1908, 263.

26 Textabdruck bei Prölss-Marten, Versicherungsvertrags-
gesetz, 20. Aufl., München 1975. Vgl. auch zu § 182
Anm. 3, S. 1055. Ferner: Gierke, J. v., Versicherungs-
recht, Stuttgart 1947, S. 355.

27 Textabdruck bei Fischerhof, H., Deutsches Atomgesetz
und Strahlenschutzrecht, Bd. II, Baden-Baden 1966,
S. 167.

28 § 2 Abs. 1 Struv (Fn. 27).

29 In der Fassung des Unfallversicherungs-Neuregelungsge-
setzes (UVNG) vom 30. 4. 1963 (BGBl. 1963 I 141).

30 Vgl. § 1 der Berufskrankheiten-Verordnung vom 20. 6.
1968 in der Fassung der Änderung vom 8. 12. 1976 (BGBl. 1968
I 721; 1976 I 3329).

31 Vgl. Dersch/Knoll u.a., Kommentar zur Reichsversicherungs-
ordnung, Wiesbaden 1967, zu § 548 Anm. 2; Geigel, R.,
(Fn. 17), S. 1312 f. Zu den Arbeitsunfällen und Berufskrankheiten vgl. den jährlich gem. § 722 RVO von der
Bundesregierung dem Bundestag vorgelegten Unfallverhütungsbericht (zuletzt: BT-Drucks. 8/3650). Vgl. auch den
Bericht von Stieve, F.-E. in diesem Band.

32 BGBl. 1976 I 2485.

33 Vgl. früher § 135 des Bundesbeamtengesetzes i. d. F.
vom 17. 7. 1971 (BGBl. 1971 I 1182).

34 Kölble, J., Staatsaufgabe Umweltschutz: Rechtsreformen
und Umrisse eines neuen Politikbereichs, in: DÖV 1979,
S. 470 ff. (474).

35 Gesetz zur Ordnung des Wasserhaushalts (Wasserhaushalts-
gesetz— WHG) i. d. F. vom 16. 10. 1976 (BGBl. 1976 I
3018).

36 BGBl. 1975 I 2121.

37 BGBl. 1974 I 721.

38 BR-Drucks. 108/80 (21. 2. 1980). Vgl. dazu Bulletin der
Bundesregierung 1980, S. 174 und BT-Drucks. 8/3713,
S. 31; Umwelt Nr. 72, S. 1.

39 BGBl. 1959 I 814.

40 BT-Drucks. 3026 (2. Wp.); BT-Drucks. 244/58 (3. Wp.).

41 BT-Drucks. 759 (3. Wp.), S. 52.

42 BT-Drucks. 759 (3. Wp.), S. 60.

43 RGBl. 1944 I 135.

44 Vgl. die Amtl. Begr. zum Atomgesetz in: BT-Drucks. 759
(3. Wp.), S. 28 sowie Fischerhof, H., Deutsches Atom-

gesetz und Strahlenschutzrecht, Kommentar, Bd. I, 1. Aufl.,
Baden-Baden 1962, Rdz. 10 zu § 13 AtG S. 268 f.

45 Viertes Gesetz zur Änderung des Atomgesetzes (AtG) vom
30. 8. 1976 (BGBl. 1976 I 2573), Art. 1 Nr. 9.

46 Bei diesen Anlagen, Geräten und Vorrichtungen handelt
es sich um solche, deren Bauart zugelassen ist.

47 § 12 Abs. 1 Satz 1 Nr. 7 AtG i. d. F. der Bekanntmachung
vom 31. 10. 1976 (BGBl. 1976 I 1053).

48 BT-Drucks. 7/4794, S. 10; Stellungnahme des Bundesrats
dazu in BT-Drucks. 7/4911, S. 5; Bericht des Innenaus-
schusses, in: BT-Drucks. 7/5293, S. 3.

49 In der vom BMFT herausgegebenen Dokumentation "Zur
friedlichen Verwendung der Kernenergie" (Fn. 5) werden
alle Betriebsstörungen bis zum Katastrophenschutz entgegen dem Wortlaut der einschlägigen Vorschriften des AtG
und der StrlSchV unter dem Oberbegriff des "Notfall-
schutzes" zusammengefaßt. Ebenso auch Winters, K.-P.,
Zur Novellierung des Strahlenschutzrechts, in: DVBl. 1977,
S. 339 ("Notfallschutzvorsorge"). Vgl. auch Deutscher
Bundestag, 8. Wp., 198. Sitzung, 23. 1. 1980, S. 15801
(Notfallschutz). Für verhältnismäßig geringfügige Betriebsstörungen und leichte Störfälle erscheint die Bezeichnung "Notfall" als unangemessen.

50 Vgl. dazu im einzelnen Fischerhof, H. (Fn. 1), S. 790 ff.

51 BGBl. 1973 I 173; Änderung durch § 84 der StrlSchV 1976
(BGBl. 1976 I 2905).

52 Vgl. dazu im einzelnen Bischof, W., Röntgenverordnung (RöV)
mit Durchführungsvorschriften, Kommentar, Baden-Baden 1977,
S. 200 ff.

53 Eine Anpassung der RöV an die Neufassung des AtG von 1976
insbesondere auch an die jetzt geltende Fassung des § 12
Abs. 1 Satz 1 Nr. 7 AtG ist noch nicht erfolgt.

54 Vgl. Bischof, W. (Fn. 52), Anm. zu § 47, S. 201.

55 Vgl. Bischof, W. (Fn. 52), Anm. zu § 47, S. 201; Zimmer, R./
Hinz (Fn. 9) verwenden hinsichtlich des Röntgenbetriebes
neben dem Begriff des Unfalls auch die Begriffe "Störfall" und "Notfall". Diese Dreiteilung der Begriffe entspricht aber nicht der Terminologie der RöV.

56 BGBl. 1960 I 430.

57 BGBl. 1964 I 233.

58 BGBl. 1965 I 1654.

59 So auch Fischerhof, H. (Fn. 44), Rdz. 2 zu § 55 1. SSVO,
S. 743.

60 Fischerhof, H. (Fn. 44), Rdz. 5 zu § 53 1. SSVO, S. 738.

61 Vgl. Fischerhof, H. (Fn. 44), Rdz. 6 zu § 53 1. SSVO,
S. 738.

62 Zweite Strahlenschutzverordnung vom 18. 7. 1964 (BGBl.
1964 I 500). Diese Verordnung wurde durch die Strahlenschutzverordnung von 1976 ersetzt (vgl. § 86 Abs. 2
StrlSchV von 1976; BGBl 1976 I 2905).

63 So offensichtlich Pfaffelhuber/Donth, Kommentar zur
Zweiten Strahlenschutzverordnung, Regensburg/München
1965, Anm. 3 zu § 20 S. 138.

64 Fischerhof, H. (44), Rdz. 1 zu § 20 2. SSVO, S. 221.

65 Zu den Unfall- und Störfallvorschriften der StrlSchV
vgl. Kramer/Zerlett, Strahlenschutzverordnung, Kommentar, 2. Aufl., Köln usw. 1980, Anm. 4 zu § 10; Anm. 16 ff.

zu § 18; Anm. zu §§ 36 bis 38; Schmatz/Nöthlichs/Weber, Strahlenschutz, 2. Aufl., Berlin 1977, 8035, S. 1111 f.; Rosenbaum, O., Die neue Strahlenschutzverordnung, 2. Aufl., Kissing 1978, Erl. zu §§ 36 bis 38; Gross, R., Rechtsvorschriften über Schutzmaßnahmen bei Unfällen und Störfällen, in: Viertes Deutsches Atomrechts-Symposium, Köln usw. 1976, S. 245 ff.; Mutschler, U., Rechtsvorschriften über Schutzmaßnahmen bei Unfällen und Störfällen, in: Viertes Deutsches Atomrechts-Symposium, Köln usw. 1976, S. 251.; Winters, K.-P., Atom- und Strahlenschutzrecht, München 1978, S. 78; Zimmer, R./ G. Hinz, Strahlenstörfälle und Notfallsituationen, in: Stieve, F.-E., Strahlenschutzkurs für ermächtigte Ärzte, Berlin 1979, S. 116 ff.

66 Vgl. auch die Amtl. Begründung zur StrlSchV von 1976 (BR-Drucks. 275/76, S. 16). Es wäre wünschenswert, wenn auch z. B. bei den schriftlichen und mündlichen Fragen im Bundestag und in den Landtagen bei den entsprechenden Antworten die gesetzlich festgelegte Terminologie berücksichtigt würden. Ein reines Verwirrspiel bieten beispielhaft die Verhandlungsprotokolle des Deutschen Bundestages, 8. Wp., 176. Sitzung, 10. 10. 1979, S. 13883, und 178. Sitzung, 12. 10. 1979, S. 14 071. Was wirklich unter besonderen Vorfällen, Vorkommnissen, Störfallgeschehen, besonderen Vorkommnissen, meldepflichtigen Ereignissen, Störfällen und sicherheitsbedeutsamen Ereignissen zu verstehen ist, dürfte auch nach den Antworten des Paralamentarischen Staatssekretärs im Bundesministerium des Innern nicht klar geworden sein.

67 So auch Kramer/Zerlett (Fn. 6), § 36 Anm. 3.

68 Die Unvorhersehbarkeit ist dagegen ein Begriffselement des Unfalles i. S. der Euratom-Grundnormen (vgl. unter 4.1. dieser Übersicht).

69 Vgl. § 10 Abs. 1 Nr. 6; § 34 Nr. 5; §§ 36 bis 38; § 73 StrlSchV 1976.

70 Das folgt aus § 31 Abs. 3 (geeignete Maßnahmen), § 36 Abs. 1 (notwendige Maßnahmen) und beruht letztlich auf dem Strahlenschutzgrundsatz des § 28 Abs. 1 StrlSchV (Minimierungsgebot). Vgl. auch Kramer/Zerlett (Fn. 6), zu § 31 Anm. 9. Zur differenzierten Schadensvorsorge vgl. auch BVerwG Urteil vom 26. 6. 1970 in: NJW 1970, S. 1890 ff. (1892).

71 Vgl. auch Kramer/Zerlett (Fn. 6), zu § 28 Anm. 17.

72 R. Gross (Fn. 65), S. 246, hat bereits auf die manchen grundsätzlichen und begrifflichen Probleme im Zusammenhang mit den Störfall- und Unfallbegriffen hingewiesen, diese aber leider nicht behandelt.

73 Vienna 1973, S. 39 (unter 6.1.2.).

74 Vgl. Fischerhof, H. (Fn. 1), Rdz. 8 zu § 7 AtG, S. 292.

75 Vgl. die Übersicht der sicherheitstechnisch wichtigen Anlagenteile im Sinne des Kriteriums 2.3. der Sicherheitskriterien für Kernkraftwerke (Bek. des BMI vom 28. 11. 1979, GMBl. 1980, Nr. 5, S. 90). Zu den Sicherheitskriterien vgl. Fn. 77.

76 Aus dem umfangreichen Schrifttum zu § 28 Abs. 3 StrlSchV
   vgl. Pfaffelhuber, J. K., Der Entwurf einer neuen Strahlenschutzverordnung, in: Viertes Deutsches Atomrechts-
   Symposium, Köln usw. 1976, S. 17 ff. (19); ders., Zwölf-
   tes IRS-Fachgespräch, Köln 1976 (IRS-T-29), S. 117 ff.
   (125 f.). Zur Bedeutung hypothetischer Störfälle allgemein: Franzen, L. F., in: Sicherheit von Kernkraftwerken,
   hrsg. von der SVA 1974, Teil X; BMFT, Zur friedlichen
   Nutzung der Kernenergie, 2. Aufl., Bonn 1978, S. 276 ff.;
   ferner: Deutsche Risikostudie Kernkraftwerke, Hauptband,
   Köln 1979; Kramer/Zerlett (Fn. 6), zu § 28 Abs. 3
   Anm. 16 bis 24; Birkhofer, A., in: Viertes Deutsches Atomrechts-Symposium, Köln usw. 1976, S. 239 ff. Vgl. auch
   z. B. OVG Lüneburg, Urteil vom 22. 12. 1978 "Krümmel"
   in: ET 1979, S. 284 ff. (291 f.); Bayer.VGH, Urteil vom
   9. 4. 1979 "Grafenrheinfeld" in: ET 1979, S. 490 ff.
   (491).
77 BAnz. Nr. 206 vom 3. 11. 1977, S. 1.
78 Bek. des BMI von Empfehlungen der Reaktor-Sicherheits-
   kommission vom 25. 5. 1979, Beilage zum BAnz. Nr. 167 vom
   6. 9. 1979, S. 6 ff. (Beilage 31/79).
79 Vgl. auch Nr. 3.12. der KTA-Regel 1501 (Fassung 10/77).
80 Franzen, L. F., Nichtbeachtung von Betriebsvorschriften
   bei einigen Reaktorunfällen, in: Erfahrungen bei der
   Anwendung von Strahlenschutzregelungen in Kerntechnik
   und Industrie, hrsg. von der Europäischen Strahlenschutz-
   Gesellschaft e. V. und dem Fachverband für Strahlenschutz
   e. V. 1966, S. 53.
81 Nucleus 1972, S. 155. Vgl. ferner den Aufsatz "Hilfsmaßnahmen bei radioaktiven Störfällen" von Gerling/Lorenz,
   in: Der Städtetag 1970, S. 75 ff.
82 BAnz. Nr. 141 vom 7. 8. 1974.
83 Text: BMI, Sicherheit kerntechnischer Einrichtungen und
   Strahlenschutz, 2. Aufl., Bonn 1974, S. 74 ff.
84 Götz, V., Allgemeines Polizei- und Ordnungsrecht, 5. Auflage, Göttingen 1978, S. 57; Schnur, R., Probleme um den
   Störerbegriff im Polizeirecht, in: DVBl. 1962, S. 1 ff.
85 BR-Drucks. 375/76, S. 72. Vgl. dazu auch eingehend Kramer/
   Zerlett (Fn. 6), zu § 36 Anm. 3, S. 185.
86 Vgl. auch Kramer/Zerlett (Fn. 6), zu § 36 Anm. 3, S. 185.
87 Vgl. Lukes, R., Juristische Aspekte bei der Risikobeurteilung, in: 1. GRS-Fachgespräch, Köln 1978, S. 99 ff.
   (GRS-10) = Betriebs-Berater 1978, S. 317 ff.
88 Zur Abgrenzung auch Kramer/Zerlett (Fn. 6), zu § 36 Anm. 3,
   S. 185.
89 Umwelt Nr. 62, S. 16.
90 BT-Drucks. 7/4794, S. 7, und 7/4911, S. 4.
91 BR-Drucks. 375/76.
92 BMFT, Zur friedlichen Nutzung der Kernenergie, 2. Aufl.,
   Bonn 1978, S. 289.
93 Z. B. OVG Lüneburg, Urteil vom 22. 12. 1978 "Krümmel", in:
   ET 1979, S. 292; BayVGH, Urteil vom 9. 4. 1979 "Grafenrheinfeld", in: ET 1979, S. 491.

94 Atw 1979, Nr. 5, Kernenergie und Umwelt S. I; Nr. 6,
Kernenergie und Umwelt S. III; Fassbaender, J., in:
Atw 1979, Nr. 6, S. A 178; ders. auch in Süddeutsche
Zeitung vom 9./10. Juni 1979, Nr. 131, S. 119; Hoffmann,
H. H., in: Atw 1979, Nr. 11, S. A 280; Roth-Stielow, in:
DVBl. 1979, S. 711.

95 Zutreffend Pfaffelhuber, J. K. (Fn. 76), S. 19. Vgl.
auch Birkhofer, A. (Fn. 76), S. 269.

96 Vgl. Fn. 78. Zu den Sicherheitsanalysen für Kernkraftwerke und zu den verschiedenen Sicherheitssystemen vgl.
BMFT, Zur friedlichen Nutzung der Kernenergie, 2. Aufl.,
Bonn 1978, S. 289 ff., 299 ff., 310 ff. Zur geschicht-
lichen Entwicklung der Sicherheitsphilosophie vgl.
Seipel, H., G., Diskussion über das Konzept des größten
anzunehmenden Unfalls, in: Atw 1967, S. 147.

97 Vgl. dazu Fischerhof, H. (Fn. 1), Rdz. 14 zu § 19 AtG.

98 Vgl. dazu näher Götz, V. (Fn. 84), S. 30 ff.

99 Vgl. § 1 des nds. Gesetzes über die öffentliche Sicherheit und Ordnung i. d. F. vom 31. 3. 1978 (Nds. GVBl.
1978, 279). Vgl. im übrigen die Nachweise bei Götz, V.
(Fn. 84), S. 30.

100 Z. B. Nds. Brandschutzgesetz vom 8. 3. 1978 (Nds. GVBl.
1978, 233). Vgl. ferner die Übersicht bei Erxleben, E.
(Fn. 9), S. 43 ff.

101 Z. B. Nordrhein-Westfalen: Gesetz über den Rettungsdienst
vom 26. 11. 1974 (GVBl. NW 1974, 1481). Vgl. die Nachweise bei Erxleben, E. (Fn. 9), S. 43. Ferner: BT-
Drucks. 7/3815; sowie 8/1537.

102 Baden-Württemberg: Gesetz vom 24. 4. 1979; Bayern: Gesetz vom 31. 7. 1970; Bremen: Gesetz vom 17. 9. 1979;
Hamburg: Gesetz vom 16. 1. 1978; Hessen: Gesetz vom
12. 7. 1978; Niedersachsen: Gesetz vom 8. 3. 1978;
Nordrhein-Westfalen: Gesetz vom 25. 2. 1975 und 20. 12.
1977; Saarland: Gesetz vom 31. 1. 1979; Schleswig-Hol-
stein: Gesetz vom 9. 12. 1974.

103 Z. B. § 20 des Niedersächsischen Katastrophenschutzge-
setzes vom 8. 3. 1978 (Nds. GVBl. 1978, 243).

104 Fn. 103.

105 GMBl. 1977, S. 683.

106 GMBl. 1977, S. 48.

107 Umwelt Nr. 61, S. 22.

108 Vgl. auch Erxleben, E. (Fn. 9), S. 1 f. Eine abweichende
Terminologie findet sich in dem "Kriterienkatalog für
Unterrichtung des Parlaments über Vorkommnisse in bayerischen Kernkraftwerken "des Bayerischen Umweltministers
vom 29. 11. 1978 (Umwelt Nr. 66, S. 52 f.; Atw 1979,
S. 11, 40). Hier werden unterschieden Störfälle, Fälle
unzulässiger Abgabe von radioaktiven Stoffen, Fälle un-
kontrollierter Freisetzung von radioaktiven Stoffen und
Unfälle. Störfälle sind alle Ereignisse, die zu sicher-
heitsrelevanten Schäden an der Anlage führen. Als Unfälle werden bekanntgegeben alle Vorkommnisse, die
Schwerverletzte oder Tote gefordert haben oder die
zu einer gesundheitlich bedeutsamen äußeren Bestrahlung (Strahlenexposition) oder Aufnahme radioaktiver
Stoffe in den Körper (Strahleninkorporation) bei Men-

schen geführt haben. Zur falschen Verwendung von Begriffen in der Schrift "Unfälle in deutschen Kernkraftwerken" des Bundesverbands Bürgerinitiative Umweltschutz e. V., September 1979 vgl. Butz, H.-P./E. Pollmann, Werden Störfälle geheimgehalten?, Köln 1979 (GRS-S-30), S. 2 f.

109 So in der Definition der "Sicherheitskriterien für Kernkraftwerke" (Fn. 77) und in KTA 1501 unter 3.2.

110 BGBl. 1975 I 2121.

111 §§ 4, 23 Abs. 1 Nr. 3 AtG; §§ 8 bis 10 StrlSchV 1976.

112 §§ 25 ff. AtG.

113 Dies bedeutet nicht, daß eine Eigenvorsorge durch den Genehmigungsinhaber nicht mehr erforderlich sei, wie Kramer/Zerlett (Fn. 6), zu § 10 Anm. 4, S. 102, annehmen. Die Eigenvorsorge folgt aus § 10 Abs. 1 Nr. 3 StrlSchV und den anwendbaren Rechtsvorschriften über die Beförderung gefährlicher Güter.

114 Vgl. § 12 Abs. 1 Satz 2 AtG.

115 Amtliche Begr. zur StrlSchV 1976 (BR-Drucks. 375/76, S. 32).

116 BGBl. 1979 I 1502.

117 BGBl. 1979 I 1509.

118 BGBl. 1977 I 1119.

119 BGBl. 1978 I 1017.

120 GVBl. NW 1979, 662.

121 RID (BGBl. 1977 II 778); Anlagen A und B zum ADR (BGBl. 1977 II 1190); ADNR (BGBl. 1977 I 1119).

122 BGBl. 1975 I 1885.

123 Übereinkommen vom 29. Juli 1960 über die Haftung gegenüber Dritten auf dem Gebiet der Kernenergie (Pariser Übereinkommen) (Bek. vom 5. 2. 1976, BGBl. 1976 II 310, 311); Brüsseler Zusatzübereinkommen vom 31. Januar 1963 (Bek. vom 5. 2. 1976; BGBl. 1976 II 310, 318).

124 Vgl. § 2 Abs. 3, 4 und 5 sowie Anlage 1 zum AtG.

125 Art. 3 (a) des Pariser Übereinkommens.

126 Vgl. zum Begriff "Nukleares Ereignis" im einzelnen Fischerhof-Pelzer (Fn. 1), Rdz. 2 zu Art. 1 Pariser Übereinkommen, S. 820 f. Vgl. auch Weitnauer, H., Das Atomhaftungsrecht in nationaler und internationaler Sicht, Bd. 1 Heft 3 der Beiträge zum Internationalen Wirtschaftsrecht und Atomenergierecht, Göttingen 1964, S. 103 ff.

127 Übereinkommen über die Haftung der Inhaber von Reaktorschiffen vom 25. 5. 1962 (BGBl. 1975 II 957, 977).

128 Vgl. dazu Fischerhof, H. (Fn. 1), Rdz. 4 zu § 25 a AtG, S. 597.

Übersicht über die deutsche Reaktorsicherheitsstudie

A. Bayer, F.W. Heuser

1. Einführung

Der Beitrag behandelt die wichtigsten Grundlagen und Ergebnisse der deutschen Reaktorsicherheitsstudie. Aufgabe und Ziel dieser Studie ist es, das Risiko, das durch Störfälle in Kernkraftwerken verursacht wird, für deutsche Verhältnisse abzuschätzen.

Die Studie wurde vom Bundesminister für Forschung und Technologie in Auftrag gegeben. Hauptauftragnehmer ist die Gesellschaft für Reaktorsicherheit (GRS), die im wesentlichen die anlagentechnischen Untersuchungen durchgeführt hat. Der zweite große Komplex der Studie, die Ermittlung der Unfallfolgen, ist von dem Kernforschungszentrum Karlsruhe (KfK) und der Gesellschaft für Strahlen- und Umweltforschung (GSF) übernommen worden. Daneben waren eine Reihe weiterer Institutionen an verschiedenen Teilaufgaben der Studie beteiligt.

Die erste Phase der Studie wurde nach etwa 3 jähriger Arbeit im vergangenen Jahr abgeschlossen. Auftragsgemäß wurden für diese Phase, soweit wie möglich, Grundannahmen und Methoden der amerikanischen Reaktorsicherheitsstudie /1/, der Rasmussen-Studie, übernommen.

Über die bisher erzielten Untersuchungsergebnisse wurde inzwischen verschiedentlich berichtet. Insbesondere sei dabei auf den Hauptband der Studie /2/, hingewiesen, der Ende vergangenen Jahres veröffentlicht worden ist. In Ergänzung zu diesem Hauptband befindet sich z.Z. eine Reihe von Fachbänden in Vorbereitung, in denen die zur Studie durchgeführten Untersuchungen im einzelnen dokumentiert werden.

2. Warum Risikoanalysen?

In der Umgangssprache beschreibt das Wort "Risiko" ein Wagnis oder eine Gefahr, Möglichkeiten einen Schaden zu erleiden, Möglichkeiten, von denen man nicht mit Gewißheit weiß, ob sie eintreten oder nicht eintreten. Wer an der Börse spekuliert "riskiert", d.h. er schafft für sich die Möglichkeit Geld zu verlieren. Dabei kann er, je nach verschiedenen Umständen, z.B. je nach der Höhe des eingesetzten Geldes, ein hohes oder auch ein niedriges Risiko eingehen. Exakter beschäftigen sich Versicherungsgesellschaften mit Risiken. Sie kalkulieren die Risiken verschiedener Schadensereignisse und berechnen Prämien, die zu entrichten sind, wenn man sich gegen solche Schäden absichern möchte.

Jedermann weiß, auch in der Technik gibt es Risiken. Doch sind diese Risiken häufig schwieriger zu quantifizieren als gängige Schadensrisiken einer Versicherungsgesellschaft. Ist allgemeiner vom Risiko der Technik die Rede, so sind damit zuvorderst Risiken, und hier vor allem Unfallrisiken gemeint, die nicht allein in Mark und Pfennig ausgedrückt werden können.

Jede Technik kennt Sicherheitsvorkehrungen, um mögliche Schadensereignisse und damit verbundene Risiken möglichst gering zu halten. Dabei kann mit entsprechendem Aufwand das Auftreten von Schäden zwar sehr unwahrscheinlich gemacht, aber grundsätzlich nie mit absoluter Sicherheit ausgeschlossen werden. Für viele Bereiche der Technik sind Sicherheitsvorschriften und damit auch technische Sicherheitsvorkehrungen zunächst weitgehend aus der Erfahrung abgeleitet worden. Ein solches Vorgehen kann mehr oder weniger akzeptiert werden, wenn Schäden, die bei Unfällen auftreten, vergleichsweise gering sind, bzw. in engen, überschaubaren Grenzen bleiben. Mit zunehmender Komplexität technischer Anlagen und dem größeren Umfang möglicher Schäden wird dieses Prinzip von "trial and error", das Prinzip "erst aus Schaden klug zu werden", allerdings immer unbrauchbarer. Vor allem für technische Anlagen, die mit einem hohen Gefährdungspotential verbunden sind, ist es nicht mehr möglich, Sicherheitsmaßnahmen ohne weiteres allein aus Erfahrungen abzuleiten.

Kernkraftwerke sind komplexe technische Anlagen, sie enthalten erhebliche Mengen radioaktiver Stoffe. Selbst wenn nur ein geringer Teil dieser radioaktiven Stoffe nach außen entweichen würde, ergäben sich bereits gesundheits- und lebensbedrohende Gefahren. Ein Kernkraftwerk beinhaltet deshalb ein hohes Gefährdungspotential. In der Kerntechnik ist daher ein umfassendes Schutz- und Sicherheitskonzept entwickelt worden, um den Einschluß der in einem Kernkraftwerk vorhandenen radioaktiven Stoffe jederzeit, auch unter Störfallbedingungen, sicher zu gewährleisten. Die bisher gemachten Erfahrungen zeigen, daß sich dieses Schutzkonzept grundsätzlich bewährt hat. Selbst bei unvorhergesehenen Störfällen waren die sicherheitstechnischen Einrichtungen in allen Fällen in der Lage, Aktivitätsfreisetzungen nach außen, die zu einer gefährlichen Strahlenbelastung hätten führen können, zu verhindern.

Andererseits aber ist auch offensichtlich, daß trotz weitreichender Sicherheitsvorsorge Unfälle mit schweren Schadensfolgen nicht mit absoluter Sicherheit ausgeschlossen werden können. Eine quantitative Aussage über diesen "Rest an Unsicherheit", oder in anderen Worten, über dieses Risiko, kann nicht aus der Erfahrung abgeleitet werden. Das Risiko, das durch Unfälle in Kernkraftwerken verursacht wird, kann daher nur auf theoretischem Weg mit analytischen Methoden abgeschätzt werden.

3.   Vorgehen und Methoden

Wenn die Sicherheitssysteme in einem Kernkraftwerk funktionieren, treten auch bei Störfällen keine Schäden in der Umgebung auf, da eine gefährliche Freisetzung radioaktiver Stoffe verhindert wird. Ein Beitrag zum Risiko ist deshalb hauptsächlich nur dann zu erwarten, wenn bei Störfällen Sicherheitssysteme in größerem Ausmaß soweit versagen, daß es zu einer erheblichen Aktivitätsfreisetzung nach außen in die Umgebung der Anlage kommt. Die Studie behandelt daher vor allem Ereignisabläufe, bei denen ein Versagen von Sicherheitssystemen unterstellt wird. Dabei müssen, um das Risiko auch zahlenmäßig zu bestimmen, sowohl die Häufigkeiten als auch die Schadensfolgen dieser Ereignisabläufe ermittelt werden.

Bild 1 gibt einen Überblick über die wichtigsten Schritte der
Studie. Die ersten drei Schritte

- Auslösende Ereignisse
- Ereignisablauf- und Zuverlässigkeitsanalyse,   sowie
- Freisetzung

betreffen die anlagentechnischen Untersuchungen. Hier bestimmt
man, mit welcher Häufigkeit und in welchem Ausmaß Aktivitätsfreisetzungen aus Unfällen zu erwarten sind, die zu Schäden
außerhalb der Anlage führen können. In den weiteren Schritten

- Unfallfolgen   und
- Risikodarstellung

ermittelt man die mit einer Aktivitätsfreisetzung verbundenen
Schadensfolgen und unter Berücksichtigung der zugehörigen Eintrittshäufigkeiten die entsprechenden Risikowerte.

Für die anlagentechnischen Untersuchungen wurde das Kernkraftwerk Biblis B, eine Anlage der 1.300 MW-Klasse mit einem Druck-
wasserreaktor deutscher Bauart, als Referenzanlage zugrundegelegt. Zur anschließenden Risikoermittlung wurde vereinfacht
angenommen, daß sich insgesamt 25 Anlagen dieses Typs an 19
verschiedenen Standorten in der Bundesrepublik befinden. Ohne
im einzelnen die verschiedenen Teilschritte der Studie zu behandeln, sollen jedoch einige wichtige Punkte und Abgrenzungen,
vor allem der anlagentechnischen Untersuchungen, kurz erläutert werden (Bild 2).

Den weitaus größten Teil des Gefährdungspotentials stellen die
im Reaktorkern angesammelten Spaltprodukte dar, die während
des Reaktorbetriebs über dem Abbrand des Kernbrennstoffs gebildet werden. Eine Freisetzung größerer Anteile dieses Inventars ist praktisch ausgeschlossen, solange ein Schmelzen des
Reaktorkerns verhindert wird und der Sicherheitsbehälter nicht
versagt.

Zum Schmelzen des Reaktorkerns kann es nur kommen, wenn über
längere Zeit die im Reaktor erzeugte Wärme durch die Kühlsyste-
me nicht abgeführt werden kann. Als auslösende Ereignisse betrachtet man daher vor allem Störungen, die zu einem Ungleich-
gewicht zwischen Wärmeerzeugung und Wärmeabfuhr führen können.
Man unterscheidet zwei Gruppen von Störfällen:

- Störfälle, die unmittelbar über ein Leck im Reaktorkühlkreislauf zu einem Kühlmittelverlust führen,   und

- Störfälle, die in anderer Weise ohne einen unmittelbaren
  Kühlmittelverlust die Leistung im Reaktorkern erhöhen oder
  die Kühlung des Kerns beeinträchtigen können.

Es ist üblich, die erste Gruppe als Kühlmittelverluststörfälle
und die zweite Gruppe als Transienten zu bezeichnen. Neben den
anlagenintern ausgelösten Ereignissen sind des weiteren auch
mögliche Einwirkungen von außen und daraus resultierende Störfallabläufe in ihrem Einfluß auf das Gesamtrisiko zu untersuchen.

Es ist weder möglich noch notwendig, alle denkbaren auslösenden
Ereignisse im einzelnen zu analysieren. Vielmehr reicht es aus,
eine begrenzte Anzahl repräsentativer Ereignisse zu behandeln,

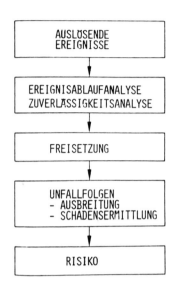

Bild 1: Schritte der Risikostudie

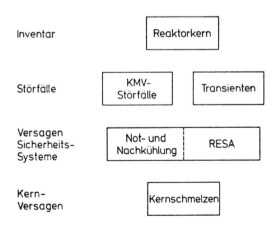

Bild 2: Annahmen zur Störfallanalyse

die von anlagendynamischen Bedingungen und Auswirkungen her
andere auslösende Ereignisse und daraus mögliche Ereignisabläufe abdecken.

Ein Schmelzen des Reaktorkerns kann nur eintreten, wenn die zur
Störfallbeherrschung vorgesehenen Sicherheitssysteme versagen.
Beispielhaft sind hierzu im Bild 2 die Systeme zur Not- und
Nachkühlung und das Reaktorschnellabschaltsystem aufgeführt.
Ein Versagen der Sicherheitseinrichtungen ist jedoch sehr un-
wahrscheinlich. Wenn in Risikountersuchungen dennoch so oft
vom Kernschmelzen gesprochen wird, dann nicht, weil Sicher-
heitssysteme oft versagen, sondern weil das mit Störfällen in
Kernkraftwerken verbundene Risiko maßgeblich von Kernschmelz-
unfällen bestimmt wird.

4. Ergebnisse der anlagentechnischen Untersuchungen

In der Studie wurden etwa 70 Ereignisabläufe untersucht, die
nach einem Versagen von Sicherheitssystemen zu Kernschmelzen
und zu einer Freisetzung von Spaltprodukten führen können. Hier
zu wurden aus der Gruppe der Kühlmittelverluststörfälle Brüche
in Rohrleitungen und aus der Gruppe der Transienten einige
ausgewählte Störfälle, z.B. der Notstromfall, besonders eingehend behandelt. Die Häufigkeit von Kernschmelzunfällen wurde
dabei insgesamt mit etwa 1:10.000 pro Jahr und Anlage ermittelt

Bild 3 zeigt anschaulich die relativen Anteile verschiedener
nichtbeherrschter Störfallabläufe an der Eintrittshäufigkeit
für Kernschmelzen. Der weitaus größte Beitrag zur Kernschmelzhäufigkeit resultiert aus einem nichtbeherrschten Kühlmittelverlust über ein kleines Leck im Reaktorkühlkreislauf. Im Vergleich zu mittleren und großen Brüchen ist für kleine Lecks
eine erheblich höhere Eintrittshäufigkeit anzusetzen. Desweiteren sind zur Beherrschung dieses Störfalls Handmaßnahmen erforderlich, um das Abfahren der Anlage, d.h. das Abkühlen von
Betriebstemperatur auf den kalten Anlagenzustand, einzuleiten
und durchzuführen. Aus der Zuverlässigkeitsbewertung dieser
Handmaßnahmen ergibt sich eine relativ hohe Versagenswahrschein-
lichkeit der hier geforderten Systeme. Bei neueren Anlagen sind
diese Funktionen zum Abfahren der Anlage automatisiert, so daß
sich dann in der Bewertung der Beiträge aus den verschiedenen
Störfällen zur Eintrittshäufigkeit von Kernschmelzen deutliche
Verschiebungen ergeben dürften.

Ein weiterer nicht unerheblicher Beitrag zur Kernschmelzhäufigkeit ergibt sich aus Transienten. Eine besonders wichtige
Transiente ist der Notstromfall. Ein Notstromfall liegt vor,
wenn die normale elektrische Energieversorgung ausfällt und
die Versorgung sicherheitstechnisch wichtiger Verbraucher von
der Diesel-Notstromanlage übernommen werden muß. Dieser Fall
soll etwas ausführlicher besprochen werden. Bild 4 zeigt hierzu ein Ereignisablaufdiagramm, das alle Störfallabläufe enthält, die sich aus dem auslösenden Ereignis "Notstromfall" entwickeln können.

Je nachdem, wieweit die zur Störfallbeherrschung erforderlichen
Sicherheitssysteme funktionieren oder versagen, ergeben sich
unterschiedliche Störfallabläufe. Dabei sind die verschiedenen
Sicherheitsfunktionen, die zur Beherrschung des Störfalls er-

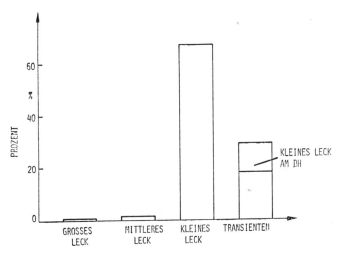

Bild 3: Relative Beiträge der verschiedenen auslösenden
Ereignisse zur Kernschmelzhäufigkeit

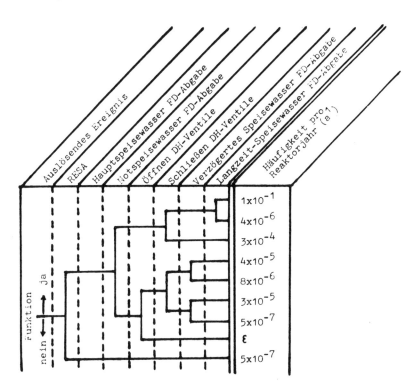

Bild 4: Ereignisablaufdiagramm "Notstromfall"

forderlich sind, in dieses Diagramm in etwa in der zeitlichen
Reihenfolge ihrer Anforderungen eingetragen. Jede Verzweigung
entspricht einer ganz bestimmten Sicherheitsanforderung. Eine
Verzweigung nach oben entspricht der erfolgreichen Anforderung,
eine Verzweigung nach unten dem Versagen der geforderten
Sicherheitsfunktion. Der stets nach oben verzweigte Ereignisablauf entspricht somit dem vollkommen beherrschten Störfall.
Alle Sicherheitssysteme funktionieren, die Anlage wird in
einen sicheren Zustand überführt.

Tritt ein Notstromfall ein, so wird automatisch eine Reaktorschnellabschaltung ausgelöst. Die Hauptspeisewasserpumpen, die
nicht mit Notstrom versorgt werden, stehen ebenso wie der Tur-
binenkondensator als Wärmesenke nicht zur Verfügung. Diese
Funktion wird daher im Diagramm (Bild 4) auch nicht abgefragt.
Die Dampferzeuger müssen über das Notspeisewassersystem versorgt werden. Dabei wird der an den Dampferzeugern gebildete
Dampf, d.h. die aus dem Reaktorkühlkreislauf entzogene Wärme,
über Abblaseventile in der Frischdampfleitung an die Außen-
atmosphäre abgegeben. Fällt die Notspeisewasserversorgung aus,
und kann sie auch verzögert nicht wiederhergestellt werden, so
wird der Störfall nicht beherrscht. Die im Reaktor erzeugte
Wärme kann nicht abgeführt werden. Der Reaktorkern heizt sich
auf, langfristig gesehen kommt es zum Kernschmelzen.

Neben den Anforderungen zur sekundärseitigen Wärmeabfuhr im
Wasser-Dampfkreislauf sind aber auch Druck- und Temperatur-
änderungen im Reaktorkühlkreislauf selbst zu verfolgen. Hier
kommt es unmittelbar nach Störfalleintritt zu einem merklichen
Druckanstieg. Dieser Druckanstieg kann, um den Reaktorkühlkreislauf zu entlasten, unter Umständen zu einem kurzzeitigen
Öffnen eines Abblaseventils am Druckhalter führen. Bei intakter
Notspeisewasserversorgung ist dieses Öffnen eines Abblaseventils sicherheitstechnisch zwar nicht erforderlich. Wenn aber
dieses Ventil öffnet, dann muß es - nach erfolgter Druckabsen-
kung - in jedem Fall auch wieder schließen. Bleibt das Ventil
jedoch fehlerhaft offen, so ist ein Kühlmittelverlust über
dieses Ventil, ein kleines Leck am Druckhalter, die Folge. Der
Transientenstörfall geht dann in einen Kühlmittelverluststör-
fall über. Dieser Ablauf entspricht in etwa der ersten Phase
des Harrisburg-Störfalls. Er ist in der Studie getrennt weiter
untersucht worden.

Zur vollständigen Beurteilung des Ereignisablaufdiagramms sind
schließlich noch die Häufigkeiten der einzelnen Störfallpfade
zu bestimmen. Neben der Eintrittshäufigkeit des auslösenden
Ereignisses selbst sind hierzu die Versagenswahrscheinlichkei-
ten der in den Verzweigungen aufgeführten Sicherheitssysteme
anzugeben. Sie werden in umfangreichen Zuverlässigkeitsanalysen
für die Sicherheitssysteme ermittelt. Als Ergebnis dieser Analysen sind in der rechten Spalte des Diagramms die zu den verschiedenen Ereignisabläufen ermittelten Häufigkeiten angegeben.
Die Häufigkeit des auslösenden Ereignisses, des Notstromfalls
selbst, wurde dabei zu 0,1 pro Jahr abgeschätzt. Damit ergibt
sich eine Häufigkeit von etwa $2 \cdot 10^{-5}$ pro Jahr dafür, daß der
Notstromfall sicherheitstechnisch nicht beherrscht wird und
zu Kernschmelzen führen kann.

Für die weitere Analyse ist der Ablauf von Kernschmelzunfällen zu untersuchen. Hier sind drei Problemkreise zu behandeln:

- die Vorgänge beim Schmelzen des Reaktorkerns,
- das Verhalten des Sicherheitsbehälters und seine möglichen Versagensarten, sowie
- der Aktivitätstransport im Sicherheitsbehälter und die Freisetzung in die Umgebung.

Als Ergebnis dieser Untersuchungen erhält man Häufigkeit und Ausmaß von Aktivitätsfreisetzungen nach außen.

Nach Abschmelzen des Reaktorkerns kommt es zunächst zum Durchschmelzen des Druckbehälters (Bild 5). Erreicht die Schmelze nach Durchdringen der inneren Betonabschirmung den Gebäudesumpf, so folgt aus der Reaktion der Schmelze mit dem im Gebäudesumpf vorhandenen Wasser ein steter Druckaufbau im Sicherheitsbehälter. Es muß daher mit einem Überdruckversagen des Sicherheitsbehälters gerechnet werden, bevor es zu einem Durchschmelzen des Gebäudefundaments kommt.

Die Untersuchungen zeigen jedoch, daß selbst für diesen Unfallablauf die Aktivitätsfreisetzung nach außen durch den Sicherheitsbehälter stark reduziert wird. Es vergeht wenigstens 1 Tag bis der Sicherheitsbehälter seine Belastungsgrenzen erreicht und durch Überdruck versagt. Die aus der Schmelze freigesetzten Spaltprodukte können in dieser Zeit in hohen Anteilen an inneren Oberflächen und Einbauten abgelagert werden. Eine Aktivitätsfreisetzung nach außen wird dabei soweit begrenzt, daß zu diesem Unfallablauf - auch bei ungünstigen Wetterbedingungen - keine akuten Todesfälle auftreten. Zu größeren Freisetzungen kann es nur dann kommen, wenn der Sicherheitsbehälter von Anfang an undicht ist oder in anderer Weise frühzeitig versagt.

Die aus verschiedenen Unfallabläufen resultierenden Freisetzungen werden in einer Reihe von Freisetzungskategorien zusammengefaßt. Tabelle 1 zeigt die in der Studie ermittelten Freisetzungskategorien mit Angaben zu Art, Höhe und Eintrittshäufigkeit der verschiedenen Freisetzungen.

Es werden zunächst die Kernschmelzunfälle, d.h. die Freisetzungskategorien 1 bis 6, diskutiert. Die Kategorien 5 und 6 enthalten die geschilderten Unfallabläufe, die zu einem späten Überdruckversagen des Sicherheitsbehälters führen. Im Gegensatz zur Kategorie 6 wird in der Kategorie 5 zusätzlich ein Ausfall der Störfallfilter in der Zeit vor dem Überdruckversagen unterstellt. Die Kategorien 2-4 enthalten Kernschmelzabläufe, bei denen ein Ausfall des Sicherheitsbehälterabschlusses oder eine Undichtigkeit des Sicherheitsbehälters aus anderer Ursache, kurz eine Leckage des Sicherheitsbehälters, angenommen wird. So wird z.B. in der Freisetzungskategorie 2 unterstellt, daß durch einen Ausfall des Lüftungsabschlusses ein großes Leck im Sicherheitsbehälter verursacht wird. Diese Freisetzungskategorien führen zu einer frühzeitigen Freisetzung.

Kategorie 1 enthält Unfallabläufe mit den höchsten Freisetzungen, die zudem bereits etwa eine Stunde nach Beginn des Störfalls auftreten. Hier wird unterstellt, daß es nach dem Kernschmelzen zu einer Dampfexplosion kommt. Es handelt sich um einen äußerst schnell ablaufenden Vorgang, bei dem thermische

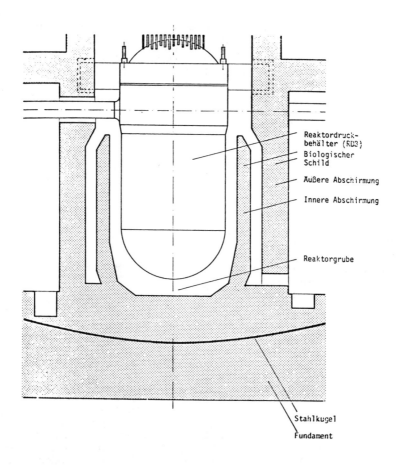

Bild 5: Reaktordruckbehälter und biologischer Schild

Tab. 1:   Freisetzungskategorien

Freisetzungs-kategorie (FK) Nr.	Beschreibung	Zeitpunkt der Freisetzung h	Dauer der Freisetzung h	Höhe der Freisetzung m	Freigesetzte Energie 10^6 kJ/h	Häufigkeit der Freisetzung 1/a	Freigesetzter Anteil des Kerninventars							
							Xe-Kr	J_{org}	J_2-Br	Cs-Rb	Te-Sb	Ba-Sr	Ru [2]	La [3]
1	Kernschmelzen mit Dampfexplosion	1	1	30	540	$2 \cdot 10^{-6}$	1.0	$7.0 \cdot 10^{-3}$	$7.9 \cdot 10^{-1}$	$5.0 \cdot 10^{-1}$	$3.5 \cdot 10^{-1}$	$6.7 \cdot 10^{-2}$	$3.8 \cdot 10^{-1}$	$2.6 \cdot 10^{-3}$
2	Kernschmelzen, großes Leck im Sicherheitsbehälter (Ø 300 mm)	1	3	10	15	$6 \cdot 10^{-7}$	1.0	$7.0 \cdot 10^{-3}$	$4.0 \cdot 10^{-1}$	$2.9 \cdot 10^{-1}$	$1.9 \cdot 10^{-1}$	$3.2 \cdot 10^{-2}$	$1.7 \cdot 10^{-2}$	$2.6 \cdot 10^{-3}$
3	Kernschmelzen, mittleres Leck im Sicherheitsbehälter (Ø 80 mm)	2	3	10	1	$6 \cdot 10^{-7}$	1.0	$7.0 \cdot 10^{-3}$	$6.3 \cdot 10^{-2}$	$4.4 \cdot 10^{-2}$	$4.0 \cdot 10^{-2}$	$4.9 \cdot 10^{-3}$	$3.3 \cdot 10^{-3}$	$5.2 \cdot 10^{-4}$
4	Kernschmelzen, kleines Leck im Sicherheitsbehälter (Ø 25 mm)	2	3	10	—	$3 \cdot 10^{-6}$	1.0	$7.0 \cdot 10^{-3}$	$1.5 \cdot 10^{-2}$	$5.1 \cdot 10^{-3}$	$5.0 \cdot 10^{-3}$	$5.7 \cdot 10^{-4}$	$4.0 \cdot 10^{-4}$	$6.5 \cdot 10^{-5}$
5 [1]	Kernschmelzen, Überdruckversagen, Ausfall der Störfallfilter	0 1 25	1 1 1	10 10 10	— — 200	$2 \cdot 10^{-5}$	$2.0 \cdot 10^{-5}$ $2.3 \cdot 10^{-2}$ $9.8 \cdot 10^{-1}$	$1.8 \cdot 10^{-7}$ $1.6 \cdot 10^{-3}$ $6.8 \cdot 10^{-3}$	$1.8 \cdot 10^{-5}$ $9.6 \cdot 10^{-4}$ $9.6 \cdot 10^{-3}$	$4.7 \cdot 10^{-5}$ $6.7 \cdot 10^{-4}$ $4.5 \cdot 10^{-4}$	$3.6 \cdot 10^{-7}$ $6.7 \cdot 10^{-4}$ $7.7 \cdot 10^{-4}$	$5.5 \cdot 10^{-9}$ $8.0 \cdot 10^{-5}$ $4.7 \cdot 10^{-5}$	— $5.5 \cdot 10^{-5}$ $5.3 \cdot 10^{-5}$	— $8.8 \cdot 10^{-6}$ $9.5 \cdot 10^{-6}$
6 [1]	Kernschmelzen Überdruckversagen	0 1 25	1 1 1	100 100 10	— — 200	$7 \cdot 10^{-5}$	$2.0 \cdot 10^{-5}$ $2.3 \cdot 10^{-2}$ $9.8 \cdot 10^{-1}$	$1.8 \cdot 10^{-9}$ $1.6 \cdot 10^{-6}$ $6.8 \cdot 10^{-3}$	$1.8 \cdot 10^{-8}$ $9.6 \cdot 10^{-7}$ $9.6 \cdot 10^{-3}$	$4.7 \cdot 10^{-8}$ $6.7 \cdot 10^{-7}$ $4.5 \cdot 10^{-4}$	$3.6 \cdot 10^{-10}$ $6.7 \cdot 10^{-7}$ $7.7 \cdot 10^{-4}$	$5.5 \cdot 10^{-12}$ $8.0 \cdot 10^{-8}$ $4.7 \cdot 10^{-5}$	— $5.5 \cdot 10^{-8}$ $5.3 \cdot 10^{-5}$	— $8.8 \cdot 10^{-9}$ $9.5 \cdot 10^{-6}$
7	Beherrschter Kühlmittelverluststörfall, großes Leck im Sicherheitsbehälter	0	1	10	9	$1 \cdot 10^{-4}$	$1.7 \cdot 10^{-2}$	$3.7 \cdot 10^{-5}$	$5.3 \cdot 10^{-3}$	$1.3 \cdot 10^{-2}$	$2.5 \cdot 10^{-5}$	$2.5 \cdot 10^{-7}$	0.	0.
8	Beherrschter Kühlmittelverluststörfall	0	6	100	—	$1 \cdot 10^{-3}$	$4.6 \cdot 10^{-4}$	$1.0 \cdot 10^{-8}$	$1.2 \cdot 10^{-8}$	$2.1 \cdot 10^{-11}$	$4.1 \cdot 10^{-11}$	$4.1 \cdot 10^{-13}$	0.	0.

1) Da die Freisetzung über einen längeren Zeitraum erfolgt, werden die freigesetzten Anteile für drei Zeitintervalle getrennt angegeben.
2) enthält Ru, Rh, Co, Mo, Tc
3) enthält Y, La, Zr, Nb, Ce, Pr, Nd, Np, Pu, Am, Cm

Energie der Schmelze in eine Wasservorlage entspeichert und
schlagartig in mechanisch wirksame Energie umgesetzt wird.
Eine Dampfexplosion wäre denkbar, wenn nach dem Abschmelzen
der geschmolzene Kern in noch vorhandenes Wasser im unteren
Teil des Reaktordruckbehälters abstürzt. In der Studie wird angenommen, daß diese Dampfexplosion äußerst heftig ist, den
Reaktordruckbehälter und unmittelbar in Folge auch den Sicherheitsbehälter zerstört.

Theoretische und experimentelle Untersuchungen weisen jedoch
darauf hin, daß mit einem solchen Unfallablauf nicht zu rechnen
ist. Er ist äußerst unwahrscheinlich. Es müßten mehrere physikalische Bedingungen zusammentreffen, von denen jede für sich
bereits sehr unwahrscheinlich ist. Bisher konnte aber nicht
mit Sicherheit nachgewiesen werden, daß eine Zerstörung des
Sicherheitsbehälters durch eine Dampfexplosion in jedem Falle
ausgeschlossen werden kann. Als obere Abschätzung wurde dieser
Unfallablauf daher für die weiteren Rechnungen zur Ermittlung
möglicher Unfallrisiken mit berücksichtigt.

Ergänzend wurden in der Studie Kühlmittelverluststörfälle
untersucht, die durch die Notkühlsysteme beherrscht werden.
Bei diesen Störfallabläufen treten an den Brennelementen lediglich Hüllrohrschäden auf, ansonsten bleibt der Kern intakt. Für
die Freisetzungskategorie 7 wurde ein Versagen des Sicherheitsbehälterabschlusses angenommen. Bei Kategorie 8 wurde mit dem
10fachen der Auslegungsleckage des Sicherheitsbehälters gerechnet. Im übrigen ist der Sicherheitsbehälter dicht.

5. Ergebnisse der Unfallfolgenrechnungen

Im Unfallfolgenmodell berechnet man die aus einer unfallbeding-
ten Freisetzung verursachten Schäden. Bild 6 zeigt eine schematische Darstellung des für die Studie entwickelten Unfallfolgenmodells.

Ausgehend von den Freisetzungsdaten der Freisetzungskategorien
verfolgt man zunächst die wetterabhängige Ausbreitung der Aktivitätskonzentrationen in der Umgebung der Anlage. Als zufalls-
bedingte Größen gehen in diese Rechnungen die bei einem Unfall
vorherrschenden Wetterbedingungen - z.B. Ausbreitungskategorie
(Turbulenzzustand der Atmosphäre), Niederschlag und Windge-
schwindigkeit - ein.

Im Dosismodell berechnet man zunächst die ohne Berücksichtigung von Schutz- und Gegenmaßnahmen aus den Aktivitätskonzentrationen am Boden und in der Luft resultierenden Strahlungs-
dosen für verschiedene Körperorgane, die sog. potentiellen
Dosen. Berücksichtigt man jedoch im weiteren den Einfluß verschiedener Schutz- und Gegenmaßnahmen, so werden die potentiellen Dosen wesentlich reduziert, man erhält die tatsächlich
zu erwartenden Dosen. Folgende Schutz- und Gegenmaßnahmen
werden dabei berücksichtigt:

- das Aufsuchen von Häusern,
- Evakuierungs- und Umsiedlungsmaßnahmen,
- Dekontaminationsmaßnahmen und
- Einschränkungen für den Verzehr landwirtschaftlicher Pro-
  dukte.

47

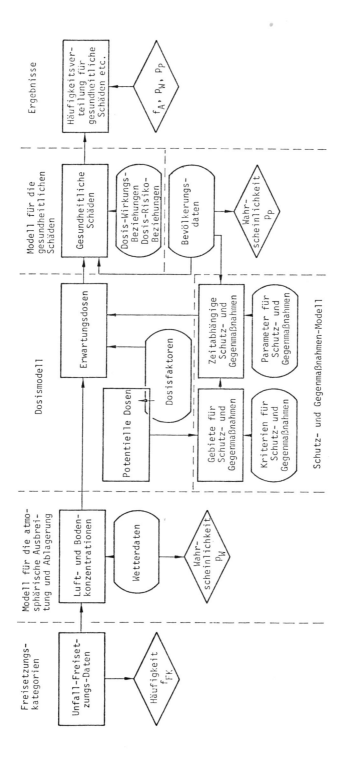

Bild 6 : Schema des Unfallfolgenmodells

Die von verschiedenen Maßnahmen betroffenen Gebiete wurden
dabei soweit wie möglich entsprechend den vorliegenden Rahmenempfehlungen für den Katastrophenschutz in der Umgebung kerntechnischer Anlagen /4/ festgelegt.

Unter Zugrundelegung der für die verschiedenen Standorte vorliegenden Bevölkerungsdaten berechnet man schließlich im Scha-
densmodell für verschiedene gesundheitliche Schäden die Anzahl
der durch akute oder latente Strahlenschäden betroffenen Personen. Folgende Schadensarten werden in der Studie berücksichtigt:

- somatische Frühschäden (Tod durch akute Strahlenkrankheit),
- somatische Spätschäden (Tod durch Leukämie oder Krebs aufgrund latenter Strahlenschäden), sowie
- die genetische Belastung (angegeben als genetisch signifikante Kollektivdosis).

Die Ergebnisse der Studie werden in Diagrammen und Tabellen
aufgetretener Schadenshöhen und zugehöriger Eintrittshäufigkeiten dargestellt.

Bild 7 zeigt für Frühschäden den Zusammenhang von Schadensausmaß und Eintrittshäufigkeit für 25 Anlagen.[1] Zusätzlich eingetragen sind die zu den Ergebnissen ermittelten 90 %-Vertrau-
ensbereiche. Die ermittelte Häufigkeit beträgt etwa 1:100.000
pro Jahr, daß ein Unfall in einem Kernkraftwerk akute Todesfälle in der Bevölkerung verursacht. Weiter liest man ab, daß
die Eintrittshäufigkeit für Unfallabläufe, die zu tausend oder
mehr akuten Todesfällen führen, bereits weit unterhalb von 1
zu 1 Million pro Jahr liegen. Insgesamt zeigt die Kurve, daß
Unfälle mit sehr großem Schadensausmaß äußerst unwahrscheinlich
sind. Als rechnerischer Maximalwert für den größtmöglichen
Schaden, der auftreten kann, wurde in mehr als 600.000 simulierten Unfallabläufen, ein Zahlenwert von etwa 14.500 Todesfällen ermittelt.

Bild 8 zeigt die für diese Rechnungen verwendete Dosis-Wirkungsbeziehung, die Sterblichkeit in Abhängigkeit von der
akuten Knochenmarkdosis. Im Vergleich zu der in WASH 1400 /1/
verwendeten Beziehung wird in der deutschen Studie die Schwellendosis bereits bei 100 rad und die LD01, d.h. eine Sterb-
lichkeitsrate von 1 %, bei 250 rad angenommen. Man berücksichtigt damit die Tatsache, daß es in der betroffenen Bevölkerung
aufgrund krankheitsbedingter Vorbestimmtheiten Personen mit
einer erhöhten Strahlungsempfindlichkeit gibt. Der Vergleich
von Rechnungen zu beiden hier gezeigten Kurven führt allerdings nicht zu wesentlich unterschiedlichen Ergebnissen.

In 93 % aller Kernschmelzunfälle wird die Aktivitätsfreisetzung durch den Sicherheitsbehälter soweit begrenzt, daß Frühschäden überhaupt nicht auftreten können. Akute Todesfälle
werden nur für Kernschmelzunfälle ermittelt, bei denen ein

---

[1] Dargestellt ist hier, ebenso wie in Bild 9, die komplementäre
Häufigkeitsverteilung, eine Funktion, die sich aus der - beim
größtmöglichen Schaden beginnenden - Integration der Schadens-
häufigkeitsdichte ergibt, d.h. angegeben wird die Häufigkeit
h, mit der ein Schaden vom Umfang größer oder gleich X eintreten kann.

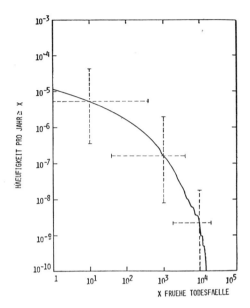

Bild 7: Komplementäre Häufigkeitsverteilung der frühen Todesfälle pro Jahr für 25 Anlagen. Gestrichelte Balken:
90 % Vertrauensbereiche

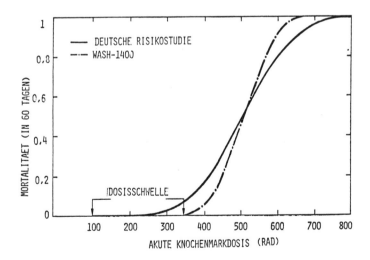

Bild 8: Dosis/Wirkungsbeziehung für Frühschäden.
Sterblichkeit als Funktion der akuten Knochenmarkdosis

frühzeitiges Versagen des Sicherheitsbehälters angenommen wird.
Selbst für diese Unfallabläufe ergeben sich frühe Todesfälle
nur für ungünstige Wetterbedingungen und Bevölkerungsverteilun-
gen. Letztlich sind in über 99 % aller Kernschmelzunfälle keine
frühen Todesfälle zu erwarten. Allgemein werden akute Todesfälle nur für einen Nahbereich, d.h. bis zu einer Entfernung
von rund 20 km, ermittelt.

Anders liegen die Verhältnisse bei Spätschäden, d.h. den Leukä-
mie- und Krebsfällen aufgrund latenter Strahlenschäden. Spätschäden treten im Lauf mehrerer Jahrzehnte nach jedem Unfallablauf, auch bei Nicht-Kernschmelzunfällen, auf. Sie treten
überall dort auf, wo es durch Aktivitätstransport zu einer
Strahlenbelastung kommt. Sie erstrecken sich über weitreichen-
de Gebiete. Entsprechend dem Vorgehen in der amerikanischen
Reaktorsicherheitsstudie wurde daher für die Schadensberech-
nung ein Gebiet bis zu 2.500 km Entfernung mit einer Gesamtbevölkerung von mehr als 600 Millionen Menschen - das ist die
Gesamtbevölkerung Europas - berücksichtigt. Bild 9 zeigt die
entsprechenden Ergebnisse, die Häufigkeitsverteilung für späte
Todesfälle bezogen auf 25 Anlagen. Als größtmöglicher Schaden
wurden etwa 100.000 Todesfälle berechnet.

Die berechneten Ergebnisse werden wesentlich bestimmt durch
die in der Studie verwendete Dosis-Risiko-Beziehung. Abweichend von der amerikanischen Sicherheitsstudie wurde in der
deutschen Studie, in Anlehnung an die Empfehlungen der Internationalen Strahlenschutzkommission, eine rein proportionale
Dosis-Risiko-Beziehung ohne Schwellendosis mit einem effektiven Risikofaktor von $1{,}25 \cdot 10^{-4}$ pro rem verwendet /3/,
siehe Bild 10. Das bedeutet, daß auch für kleinste Strahlenbelastungen eine Erhöhung des letalen Krebsrisikos angenommen
wird. Die Rechnungen weisen dementsprechend auch einen erheblichen Teil der Spätschäden für Strahlenbelastungen aus, die
der im Laufe eines Lebens aus der natürlichen Strahlung resultierenden Belastung entsprechen. Etwa die Hälfte der berechneten Schadensfälle fällt auf Gebiete außerhalb der Bundesrepublik. Daraus läßt sich folgern, daß umgekehrt die deutsche
Bevölkerung auch vergleichbaren Risiken durch ausländische
Kernkraftwerke ausgesetzt wäre.

Neben den Häufigkeitsverteilungen ist es von Interesse, auch
die zu den verschiedenen Schadensarten berechneten Kollektiv-
risiken, d.h. die im Mittel pro Jahr zu erwartenden Schäden
zu diskutieren. Man erhält sie, indem man die ermittelten
Schadenszahlen mit ihren Eintrittshäufigkeiten wichtet und auf-
summiert. Den wesentlichen Beitrag zum Kollektivrisiko liefern
die somatischen Spätschäden. Bezogen auf 25 Anlagen ermittelt
man hierzu im Mittel 10 Schadensfälle pro Jahr.

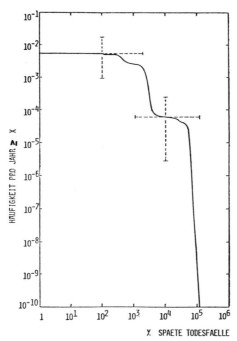

X. SPAETE TODESFAELLE

Bild 9: Komplementäre Häufigkeitsverteilung der späten Todesfälle pro Jahr für 25 Anlagen.
Gestrichelte Balken: 90 %-Vertrauensbereiche.

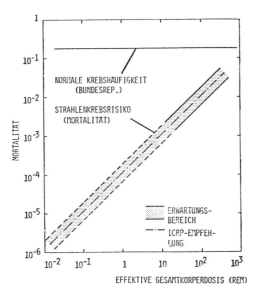

Bild 10: Dosis/Risiko-Beziehung für späte Todesfälle.
Mortalität als Funktion der effektiven Gesamtkörperdosis, zum Vergleich ist die "normale" Krebshäufigkeit in der Bundesrepublik eingetragen.

Wendet man die in der Studie für die Spätschäden zugrundegelegte Dosis-Risiko-Beziehung auf die aus der natürlichen Strahlung resultierende Strahlenbelastung an, so erhält man, bezogen
auf die den Rechnungen zugrundegelegte Population (670 Millionen Einwohner), ca. 8.400 Schadensfälle pro Jahr. Bezogen
allein auf die Bevölkerung der Bundesrepublik beträgt die entsprechende Vergleichszahl 760 Schadensfälle pro Jahr. Das für
unfallverursachte Spätschäden berechnete Kollektivrisiko mit
10 Schadensfällen pro Jahr liegt damit wenigstens um 2 Größen-
ordnungen niedriger als der entsprechende Erwartungswert aus
der natürlichen Strahlenbelastung.

Die für genetische Strahlenschäden ermittelten Ergebnisse sind
den für die somatischen Spätschäden berechneten sehr ähnlich.
Um möglichen Fehldeutungen vorzubeugen, wurde in der Studie
auf eine unmittelbar zahlenmäßige Berechnung von Schadensfällen
verzichtet. Es wurde lediglich die für das Ausmaß aller Erb-
schäden bestimmende genetische signifikante Kollektivdosis
bestimmt. Nach den Ergebnissen der Studie liegt der Erwartungswert der genetischen signifikanten Kollektivdosis aufgrund von
Kernkraftwerksunfällen in 25 Anlagen um etwa einen Faktor 1.000
niedriger als der entsprechende Vergleichswert resultierend
aus der natürlichen Strahlenexposition.

In der Studie wurden auch Personanzahl und Flächengröße der
Gebiete abgeschätzt, die von Evakuierungs- und Umsiedlungsmaßnahmen betroffen werden können. Das Gebiet für die Evakuierung
in unmittelbarer Nähe der Anlage ist aufgrund behördlicher
Richtlinien mit etwa 30 km^2 festgelegt, /4/. Für etwa notwendige Umsiedlungsmaßnahmen ergeben sich je nach Unfallablauf
und Wetterbedingungen stark unterschiedliche Flächengrößen.
Die betroffenen Flächen können zum Teil erhebliche Ausmaße
annehmen. Die für diese Rechnungen in der Studie verwendeten
Modelle sind allerdings noch sehr vereinfacht und allgemein.
Die bislang ermittelten Ergebnisse können daher vorerst auch
nur Anhaltspunkte für genauere Untersuchungen geben.

6. Begrenzungen und Schlußfolgerungen

Die Studie weist eine Reihe von Begrenzungen auf, die bei einer
zusammenfassenden Wertung der Ergebnisse nicht außer acht gelassen werden dürfen. Begrenzungen ergeben sich einmal aus den
Zielsetzungen des Auftrags, zum anderen aber auch durch die
Grenzen der fachlichen Kenntnisse und der für die Analyse verfügbaren Methoden.

Die Studie befaßt sich nur mit dem durch Störfälle in Kernkraftwerken verursachten Risiko. Risiken durch den bestimmungsgemäßen Betrieb wurden nicht behandelt. Ebenso wurden Risiko-
beiträge aus Einwirkungen durch Krieg und Sabotage nicht untersucht.

Eingriffe des Betriebspersonals in Störfallabläufe wurden berücksichtigt, soweit wie sie für bestimmte Situationen geplant und in Betriebsvorschriften vorgesehen und festgelegt
sind. Der Einfluß nichtgeplanter Eingriffe wurde nicht untersucht. Solche Eingriffe können sich sowohl positiv als auch
negativ auswirken. Grundsätzlich neuartige Störfallabläufe
sollten dabei allerdings nicht zu erwarten sein. Genauere

Untersuchungen zum Einfluß des Menschen auf die technische Sicherheit werden sicherlich sowohl zu einer weiteren Sicher-
heitserhöhung als auch zu einer verbesserten Risikobeurteilung
beitragen.

Auf dem gegenwärtigen Stand der Kenntnisse und verfügbaren Methoden sind Risikoanalysen noch mit erheblichen Unsicherheiten
behaftet. Soweit möglich, z.B. für die aus Betriebserfahrungen
ermittelten Zuverlässigkeitsdaten, wurde versucht, diese Unsicherheiten auch zahlenmäßig anzugeben. Daneben verbleiben aber
weitere, unter Umständen erhebliche Aussageunsicherheiten, die
nicht ohne weiteres quantifiziert werden können. Die Studie
liefert daher keine exakte Risikoberechnung, sondern lediglich
eine Risikoabschätzung.

Welche Schlußfolgerungen lassen sich trotzdem aus der Studie
und ihren Ergebnissen ziehen?
Risikoanalysen geben ein wertvolles Instrumentarium zur quantitativen Sicherheitsbeurteilung an die Hand. Insbesondere die
anlagentechnischen Untersuchungen erlauben eine weitgehende
Analyse von Schwachstellen und eine vergleichende Bewertung
verschiedener Unfallabläufe. Die Erfahrungen zeigen, daß hier
Probleme vor allem an Schnittstellen zwischen verschiedenen
Systemen und Fachdisziplinen auftreten. In Risikountersuchungen werden solche Punkte mit größerer Sicherheit identifiziert
als in der herkömmlichen Sicherheitsbeurteilung.

Im weiteren ermöglichen die in der Studie vorgenommenen Unfall-
folgerechnungen eine differenzierte Beurteilung verschiedener
Unfallparameter und Einflußgrößen, die maßgeblich die Schadens-
ausmaße von Unfällen bestimmen können. So können aus den Rechnungen gewonnene Kenntnisse z.B. für die weitere Planung von
Notfallschutzmaßnahmen herangezogen werden. Allgemein können
Ergebnisse von Risikoanalysen dazu genutzt werden, Ansatzpunkte
und Maßstäbe für die weitere Entwicklung der Sicherheitsfor-
schung zu setzen.
Risikostudien können keine Aussage darüber machen, ob das mit
Kernkraftwerken verbundene Risiko von der Gesellschaft akzeptiert werden kann. Sie können aber wesentlich dazu beitragen,
die Diskussion um die Frage, wie sicher sind Kernkraftwerke,
zu versachlichen.

7. Literaturangaben

/1/ Reactor Safety Study - An Assessment of Accident Risks
    in US Commercial Nuclear Power Plants, United States
    Nuclear Regulatory Commission, WASH 1400 (NUREG-75/0147),
    October 1975.
/2/ Deutsche Risikostudie Kernkraftwerke - Eine Untersuchung
    zu dem durch Störfälle in Kernkraftwerken verursachten
    Risiko. Eine Studie der Gesellschaft für Reaktorsicher-
    heit, Verlag TÜV Rheinland, 1979.
/3/ Recommendation of the International Commission on Radiol-
    ogical Protection, ICRP Publication No. 26, 1977.
/4/ Rahmenempfehlungen für den Katastrophenschutz in der Umge-
    bung kerntechnischer Anlagen, GMBL Nr. 31, S. 638 ff.

Analyse des Störfalls von Harrisburg
Dr. Ing. W. BELDA
KWU Erlangen

1 Einleitung

Seit dem Störfall in der Anlage Three Mile Island II in
Harrisburg am 28./29. März 1979 ist inzwischen mehr als
1 Jahr vergangen. Die Fakten des Störfallablaufes sind
weitgehend geklärt. Von der amerikanischen Genehmigungsbehörde, der Industrie sowie der vom US-Präsidenten eingesetzten Untersuchungskommission - der Kemeny-Commission -
wurden alle Fakten über die aufgetretenen Störungen sowie die automatisch bzw. durch das Bedienungspersonal ausgelösten Maßnahmen zusammengetragen. Der Zustand des Reaktors läßt die noch erforderliche Abfuhr der im Uranbrenn-
stoff erzeugte Nachwärme ohne weitere aktive Maßnahmen
langfristig zu. Die Konzentration von Aktivitätsprodukten
in der Atmosphäre des Sicherheitsbehälters läßt eine Be-
gehung des Reaktorgebäudes in Kürze zu.

Letztlich unbekannt ist dagegen bis heute der Zerstörungs-
grad des Reaktorkerns, vor allem der Zustand der Uran-
Brennstäbe. Erst mit Kenntnis dieses Zustandes können die
technischen Möglichkeiten zur Schadensbeseitigung festgelegt und ein Zeitplan für die Instandsetzungsarbeiten erstellt werden. Über die Möglichkeit einer Wiederinbetriebnahme dieser Anlage herrscht zum jetzigen Zeitpunkt verständlicherweise Unklarheit. Erste Schätzungen sprachen
von einer Wiederinbetriebnahme des Reaktors in ca. 5 Jahren.
Angesichts der zu erwartenden politischen Schwierigkeiten
und der verständlichen Furcht in der Bevölkerung gerade
vor dieser Anlage sind derartige Schätzungen aber als
äußerst optimistisch anzusehen.

Die Ablehnung in der Bevölkerung wird verstärkt durch
Äußerungen und Veröffentlichungen von Kernenergiekritikern
wie z. B. Dr. Ernest Sternglass, der in einer Untersuchung
festgestellt hatte, daß nach vorliegendem statistischem
Material die Kindersterblichkeit in Pennsylvania nach dem
Störfall in Three Mile Island sich drastisch erhöht habe.
Zwar mag die Arbeit von wissenschaftlich nicht haltbaren
Methoden ausgegangen sein - wie verschiedene Kommentare,
z. B. von Paschke dargelegt haben -, jedoch wird das Un-
behagen der betroffenen Bevölkerung durch solche Artikel
sicher gefördert.

Was sind nun tatsächlich die wesentlichen Auswirkungen
aus den Ereignissen des 28./29. März 1979, was ist in der
Anlage geschehen und welche Auswirkungen auf die Umgebung
und die Bevölkerung sind tatsächlich eingetreten?

2 Verhalten eines Druckwasserreaktors bei Störungen

Zur Erläuterung des Störfallablaufes in der Anlage Three
Mile Island ist eine kurze Darstellung des Grundprinzips
dieses Reaktortyps notwendig.

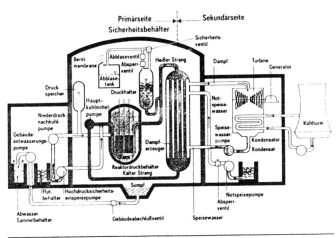

Störfall Harrisburg
Schema des Kernkraftwerkes Three Mile Island 2

Sinn des Reaktors ist die Energieerzeugung, d. h., die
Umsetzung von thermischer Energie in elektrische Energie.
Zu diesem Zweck benötigt man einen technischen Apparat
zur Wärmegewinnung. In der Anlagenkonstruktion des Druck-
wasserreaktors erfolgt die Umsetzung der produzierten
Wärme in einen zweiten Kreislauf und innerhalb des zweiten Kreislaufes eine Umsetzung der Wärme durch Turbine
und angeschlossenen Generator in elektrische Energie.
Im normalen Betriebszustand wird im Kern des Reaktors eine
entsprechende Wärmemenge produziert, die im Dampferzeuger
in den Sekundärkreis transferiert wird. Der primäre Wärme-
kreislauf mit Reaktordruckbehälter, Hauptkühlmittelpumpe
und Dampferzeuger benötigt zusätzlich noch einen Druckhalter, durch den ein konstanter Systemdruck im Primärkreis aufgeprägt wird. Bei Three Mile Island sind bei
einem Reaktordruckbehälter zwei Kreisläufe vorhanden, in
deutschen Anlagen im Regelfall vier.

Bei Auftreten einer bemerkenswerten Störung innerhalb des
Energietransportes zur Turbine muß die Wärmeproduktion
im Core des Reaktors reduziert werden, z. B. durch Einfall
von Steuerstäben oder durch Borierung des Primärkühlmittels.
Der Zerfallsprozeß wird dadurch allerdings nicht vollständig
unterbunden, es wird auch nach Abschaltung eine sog. Nachwärmeleistung von ca. 1 % der Nennleistung erzeugt, die
noch abgeführt werden muß. Für diesen Energietransport
muß auch nach Eintreten eines Störfalles somit Sorge getragen werden, was bei intaktem Primärkreis durch reduzierte
Wärmeübertragung über den Dampferzeuger möglich ist. Hierzu reicht ein volumenmäßig kleineres System als das für

volle Leistung ausgelegte betrieblich Sekundärsystem aus,
das jedoch aufgrund der Notwendigkeit dieser Wärmeübertragung mit höherem Sicherheitsniveau ausgeführt werden muß.
Steht bei diesen Störfällen der Sekundärkreis mit der betrieblichen Wärmesenke nicht mehr zur Verfügung, kann die
Wärme an die Umgebung abgegeben werden durch in den Dampferzeugern verdampfendes inaktives Wasser über die Abblasestation.

Steht dieser sekundärseitige Wärmeaustragmechanismus nicht
zur Verfügung, ist im Primärkreis selbst ein Hilfsmechanismus gegeben, um die Wärme aus dem Reaktorcore abzuleiten.
Durch Abblasen des verdampfenden Primärkreismediums über
die am Druckhalter vorhandene Abblaseeinrichtung in den
Sicherheitsbehälter sinkt allerdings der Wasserspiegel
im Primärkreis ab, so daß zur notwendigen Wasserbedeckung
des Reaktorkerns Notkühlwasser nachgespeist werden muß,
was über das vorhandene Not- und Nachkühlsystem erfolgt.
Diesen Hilfsmechanismus des Wärmeaustrages über das Druckhalter-Abblasesystem schafft sich die Anlage selbständig,
da mit Ausbleiben der sekundärseitigen Kühlung aufgrund
des weiteren Energieeintrages der Druck im Primärkreissystem ansteigt und somit automatisch ein Abblasen von
Dampf einsetzen muß, um den Primärkreis gegen Zerstörungen
zu schützen.

Im Fall des Abblasens über den Druckhalter sammelt sich
der Dampf in dem dafür vorgesehenen Druckhalter-Abblasetank, in dem allerdings bei entsprechender Dampfmenge ebenfalls ein Druckaufbau auftritt. Dieser Abblasetank ist
durch eine Berstscheibe gesichert, die bei Erreichen eines
definierten Druckniveaus platzt. Damit ist ein direkter
Weg für das Primärkühlmittel in den sog. Reaktorgebäudesumpf gegeben, wo es bei Abschluß des Reaktorgebäudes verbleibt. Mit kleineren Leckagen ist allerdings auch betrieblich mit einem Wasseranfall zu rechnen, so daß bereits
dafür eine Vorrichtung vorhanden sein muß, die Wasseransammlung im Reaktorgebäudesumpf definiert abzupumpen und u. U.
kontaminiertes Wasser in Abwasserspeichern zu sammeln.

Diese beiden Wärmeübertragungsmechanismen sind die entscheidenden Vorgänge bei dem Störfall in Three Mile Island
gewesen, so daß bei der weiteren Betrachtung vor allen
Dingen die Systemtechnik zur sekundärseitigen Wärmeabfuhr
und zum Abblasen über den Druckhalter zu betrachten ist.

Bild 2 zeigt ein Schema des sekundärseitigen Hilfssystems
zur Wärmeabfuhr aus den bei Three Mile Island vorhandenen
zwei Dampferzeugern. Man erkennt drei Notspeisepumpen,
zwei elektrisch angetriebene Pumpen und eine dampfbetriebene
Pumpe. Die Förderleistung aller Pumpen wird auf eine Sammelschiene gegeben, von der über Regeleinrichtungen eine Verteilung der Einspeisekapazität auf die beiden Dampferzeuger
vorgenommen wird. Die dampfbetriebene Pumpe kann dabei
jeweils auf den linken oder rechten Dampferzeuger zugeschaltet werden. Im Systemschaltbild ist in dem Bereich
um die fünf Absperrarmaturen ein Abschnitt erkennbar, in
dem für durchzuführende Reparaturen tatsächlich alle Re-

paraturventile sinn-
vollerweise zu
schließen sind, um
entsprechende Ar-
beiten ausführen zu
können. Dieser Um-
stand der notwendi-
gen Absperrung aller
Notspeisesträngen im
Hinblick auf eine
Reparatur ist für den
Störfallablauf von
entscheidender Be-
deutung gewesen.

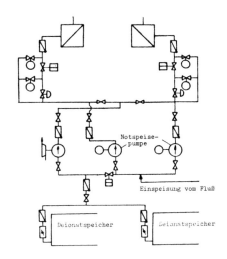

Notspeisewassersystem Three Mile Island Plant 2

Bild 3 zeigt die
Abblaseeinrich-
tung am oberen
Teil des Druck-
halters. Abge-
sehen von den im
linken Teil dar-
gestellten Sicher-
heitsventilen be-
findet sich im
rechten Strang
ein elektromag-
netisch betätig-
tes Abblaseventil,
das über die An-
lagensteuerein-
richtung aufge-
fahren werden
kann. Entspre-
chend dem not-
wendigen Schutz
des Primärkreises
wird das Abblase-

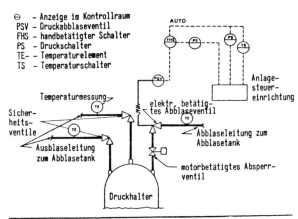

Typische Anordnung von Druckhalter-Abblase- und Sicher-
heitsventilen

ventil mediumgesteuert automatisch bei zu hohem Druck auf-
gefahren. Für den Fall, daß das elektromagnetische Abblaseventil nach erfolgter Druckreduzierung nicht mehr ordnungs-
gemäß schließen sollte, befindet sich vor dem Abblaseventil
ein motorbetätigtes Absperrventil, das von Hand von der

Warte aus zugefahren werden kann. Den Hinweis auf ein sol-
chermaßen hängengebliebenes Abblaseventil kann die Bedienungsmannschaft aus der Temperaturanzeige in der Abblaseleitung entnehmen, wobei selbstverständlich eine gegenüber
dem Normalbetriebszustand erhöhte Temperatur vorliegen
muß, wenn bei offener Leitung heißes Primärkühlmittel über
die Abblaseleitung zum Abblasetank abgeblasen wird.

Diese Teile der Anlage genügen zum Verständnis des Störfallablaufes, so daß an dieser Stelle die Beschreibung
der Ereignisse vom 28./29. März 1979 erfolgen sollte.

3 Störfallablauf vom 28./29. März 1979

Der Anlagenzustand vor Beginn des Störfalles ist in Bild 4
wiedergegeben.

Der Primär-
kreis ist
unterkühlt,
d. h. im Pri-
märkühlmittel
befindet sich
praktisch
kein Dampf.
Auf der Se-
kundärseite
der Dampfer-
zeuger wird
Speisewasser
zugeführt und
auf Sättigung
erhitzt und
verdampft.
Der nach oben
geförderte
Dampf wird
über die
Frischdampfleitung der Turbine zugeführt. Wie schon erwähnt,
ist primärseitig über eine Stichleitung der Druckhalter
an den Primärkreis angeschlossen. Im Druckhalter herrscht
Sättigungszustand, Druck im Druckhalter und Primärkreis
sind gleich.

Der Störfall wurde eingeleitet durch den Ausfall von Kon-
densatpumpen im Sekundärkreis, wodurch beide betrieblich
zur Verfügung stehenden Hauptspeisepumpen abgeschaltet
und die Zufuhr von Speisewasser zu den Dampferzeugern unterbunden wurde. Die Abschaltung der Turbine und damit die
Abkoppelung der sekundärseitigen Wärmesenke waren die
Folge.

Als Reaktion des Primärkreises erkennt man aus Bild 5,
daß sich - solange noch keine primärseitige Abschaltung
der Energiezufuhr im Reaktorcore ausgelöst war - das Volumen im Primärkreis ausdehnt, bis hin zur Dampfbildung
im Strömungstotraum des oberen Teils des Reaktordruckbehälters. Das im Druckhalter befindliche Gasvolumen wird
zusammengedrückt, der Druck im Primärkreis steigt schlag-

artig an. Ist
das Druckhalter-
volumen sehr
klein ausgelegt
- wie es für
die Anlage Three
Mile Island II
der Fall ist -
führt dieser
Vorgang not-
wendigerweise
zum Öffnen der
auf dem Druck-
halter befind-
lichen Abblase-
ventile. Mit
der Druckerhö-
hung wird gleich-
zeitig primär-
seitig die
Schnellabschal-

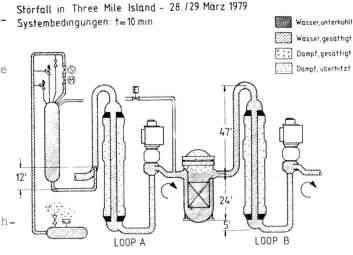

Störfall in Three Mile Island - 28./29. März 1979
Systembedingungen: t≈10 min

▨ Wasser, unterkühlt
▨ Wasser, gesättigt
▨ Dampf, gesättigt
▨ Dampf, überhitzt

LOOP A   LOOP B

tung des Reaktors ausgelöst, so daß der primärseitige Wärme-
eintrag rasch abnimmt.

Sekundärseitig entleerten sich die beiden Dampferzeuger
durch Verdampfen des Sekundärmediums, wodurch dem Primärkreis Wärme entzogen wird. Die Anregung der sekundärseitigen
Hilfsspeisung (Notspeisung) erfolgte bei der Anlage Three
Mile Island über den Grenzwert "Wasserstand tief". Aufgrund
der geringen Wärmekapazität des in der Anlage eingesetzten
Geradrohrwärmetauschers beträgt die Zeit bis zur Anregung
der Notspeisung lediglich ca. 30 sek. Zu diesem Zeitpunkt
hätte eine sekundärseitige Einspeisung erfolgen müssen,
was jedoch - vom Betriebspersonal nicht bemerkt - nicht
geschah. Das Bedienungspersonal richtete sein Hauptaugen-
merk nämlich auf das Primärkreisverhalten, wo nach ca.
30 sek. zwar der Druckhalter-Wasserstand wieder ordnungs-
gemäß anstieg, jedoch der Kühlmitteldruck weiter abfiel,
was bei geschlossenem Kreislauf eigentlich nicht sein darf.
Hier war das erste Indiz für die Betriebsmannschaft, daß
ein weiterer Fehler in der Anlage vorgelegen hat.

Die Bedingungen im Abblasetank allerdings entsprachen weitgehend den normal zu erwartenden Verhältnissen, so daß
die Bedienungsmannschaft diese nicht klaren Bedingungen
nicht mit dem Offenbleiben eines Abblaseventils verband.
Die Verhältnisse im Abblasetank werden später noch dargestellt.

Nach ca. 4 Min. erreichte der im Normalbetrieb auf mittlere
Höhe eingestellte Druckhalter-Wasserstand den oberen Grenzwert der Anzeige, d. h., der Druckhalter wurde als voll
angesehen. Da aufgrund der Auslegung der Hochdruck-Einspeisepumpen ein Überspeisen des Primärkreises im Prinzip möglich
ist, wurde die Hochdruck-Einspeisung vom Bedienungspersonal
überbrückt, d. h. ausgeschaltet, um ein Aufdrücken der
Abblaseventile und damit einen vermeintlich unnötigen Wasser-

verlust aus dem Primärkreis zu vermeiden. Die Regelung
der Hochdruck-Einspeisepumpen wurde vom Betriebspersonal
von Hand vorgenommen für den weiteren Störfallablauf.

Innerhalb dieser Zeit hatte auch am Druckhalter-Abblasetank
das dort befindliche Sicherheitsventil geöffnet, und Primärkühlmittel in den Gebäudesumpf abgeblasen. Diese Aktion
wurde vom Betriebspersonal allerdings so gedeutet, daß
der aufgrund einer ursprünglichen Leckage des Sicherheitsventils ohnehin volle Abblasetank durch das vermeintlich
kurzfristige Öffnen des Abblaseventils überlastet wurde.
Die Aktion wurde jedenfalls nicht als Folge des Offenbleibens des Abblaseventils gewertet, zumal an der Warte
ein Anzeigesignal in Form einer roten Lampe tatsächlich
das Schließen dieses Abblaseventils vortäuschte. Das Signal wird bei Three Mile Island allerdings nicht vom Ventil
selbst abgenommen, sondern lediglich von dem elektrischen
Steuerbefehl. Das Ansteuersignal war zwar erfolgt, die
Aktion war jedoch tatsächlich nicht ausgeführt worden.

Nach 8 Min. entdeckte die Betriebsmannschaft, daß die automatisch angeregte Einspeisung von Notspeisewasser nicht
ausgeführt wurde. Der Anlaß des Erkennungsprozesses ist
bis heute unklar. Die Einspeisemengen werden entsprechend
der notwendigen Sprührate geregelt. Zurückzuführen war
die Nichteinspeisung auf geschlossene Reparaturschieber
innerhalb des in Abschn. 2 geschilderten neuralgischen
Bereiches der fünf Handarmaturen im Sammelstrang des Not-
speisesystems. Diese Handarmaturen waren offensichtlich
vorschriftswidrig nicht wieder nach der Reparatur geöffnet
worden, jedoch war die Anzeige, daß sie geschlossen waren,
tatsächlich auf der Warte vorhanden.

Aus dem Abfall der Temperaturen am Core-Austritt und am
Core-Eintritt nach 8 Min. wird deutlich, daß innerhalb
dieser Zeit die sekundärseitige Wärmeabfuhr tatsächlich
erfolgte. Auch das Druckhalterniveau kam nach kurzer Zeit
wieder herab, so daß das Bedienungspersonal zu diesem Zeitpunkt davon ausgehen konnte, daß die Störung beherrscht
wurde. Mit geschlossenem Abblaseventil auf dem Druckhalter
wäre der Störfall tatsächlich nach 10 Min. zu Ende gewesen.

Nach der damit abgeschlossenen Kurzzeitphase kann man bis
zu 17 Std. von der Langzeitphase des Störfalles sprechen.
Eingeleitet wurde diese Phase durch ein Alarmsignal, das
einen hohen Wasserspiegel im Reaktorgebäudesumpf anzeigte.
4 Min. später brachen die Berstscheiben im Druckhalter-Ab-
blasebehälter, so daß das Bedienungspersonal zu diesem
Zeitpunkt tatsächlich feststellen mußte, daß neben der
ursprünglichen Leckage des Sicherheitsventils noch ein
weiterer Fehler vorliegen mußte. Nach 25 Min. wurde vom
Bedienungspersonal die Temperatur im Abblasestrang hinter
dem Abblaseventil abgefragt, ein Wert von 140 ° wurde angezeigt. Das Bedienungspersonal schrieb dieses Temperatur-
niveau allerdings der normalen Abkühlung nach dem ersten
Öffnen des Abblaseventils zu und vermutete - bestärkt durch
die entsprechende Anzeige auf der Warte -, daß das Abblaseventil tatsächlich geschlossen war.

Nach etwa 70 Min. wurde die Absenkung des Kühlmittelmassen-
stromes in Hinblick auf die Pumpenintegrität bedeutungsvoll,
da die Hauptkühlmittelpumpen Gefahr liefen, durch Ansaugen
von Dampf zu versagen. Infolgedessen entschloß sich das
Bedienungspersonal zur Abschaltung der Hauptkühlmittelpumpen, nach ca. 73 Min. im Loop B, nach ca. 100 Min. auch
im Loop A.

Nach dem Ab-
schalten aller
Hauptkühlmittel-
pumpen nach
1 Std. 40 Min.
begannen die
Temperaturen
am Core-Aus-
tritt (heißer
Strang) und
Core-Eintritt
(kalter Strang)
rasch zu diver-
gieren. Die
Temperaturen am
Core-Austritt-
liefen aus dem
Meßbereich von
max. 320 ° hin-
aus.

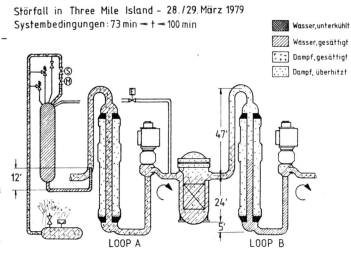

Störfall in Three Mile Island - 28./29. März 1979

Systembedingungen: 73 min ⤚ t ⤙ 100 min

Wasser, unterkühlt
Wasser, gesättigt
Dampf, gesättigt
Dampf, überhitzt

LOOP A   LOOP B

Nach 2 Std. 17 Min. fragte das Bedienungspersonal zum
wiederholten Male die Temperatur hinter dem Druckhalter-
Abblaseventil ab, wobei nahezu unverändert eine geringfügig
gestiegene Temperatur von ca. 145 ° angegeben wurde. An
dieser Stelle entschloß sich das Bedienungspersonal zum
Schließen des vorgeschalteten Absperrventils, so daß der
Wasserverlust gestoppt wurde. Unmittelbar danach begann
der Reaktorkühlmitteldruck rasch anzusteigen, ein Indiz
dafür, daß der bisherige Abfall des Systemdruckes im wesentlichen durch das offengebliebene Abblaseventil bedingt war.

In der anschließenden Phase zwischen 3 und etwa 8 Std.
wurden vom Bedienungspersonal mehrere Versuche unternommen, das Druckhalterniveau wieder auf den normalen
Stand zurückzubringen, indem verschiedene Male das Abblaseventil am Druckhalter geöffnet und geschlossen wurde und
zusätzlich die Pumpen des Hochdruck-Einspeisesystems verschiedene Male zu- und abgeschaltet wurden. Aus dem Signal für den Druckhalter-Wasserstand ist erkenntlich, daß
diese Maßnahmen keinerlei Erfolg zeigten. Diese Maßnahmen
waren vor allen Dingen im Hinblick auf die Temperaturver-
läufe im Primärkreis absolut widersinnig, da das eigentliche Gefahrenpotential selbstverständlich durch den Anstieg der Core-Austrittstemperaturen gegeben war. Zu diesem
Zeitpunkt mußte bereits angenommen werden, daß innerhalb
des Cores eine Schädigung der Brennstäbe eingetreten war,
so daß sich die eigentlich notwendigen Maßnahmen primär
auf die Verhältnisse im Reaktorcore hätten erstrecken müssen.

62

Nach ca.
9 1/2 Std. er-
eignete sich im
Reaktorgebäude
- wie sich erst
nachher heraus-
stellte - eine
Wasserstoffver-
puffung, offen-
sichtlich auf-
grund örtlicher
Erhöhung der
Wasserstoffkon-
zentration.
Diese Erhöhung
der Wasserstoff-
konzentration
ist zurückzu-
führen auf die
bei hohen Tempe-
raturen im Re-
aktor-Core ein-
setzende Re-

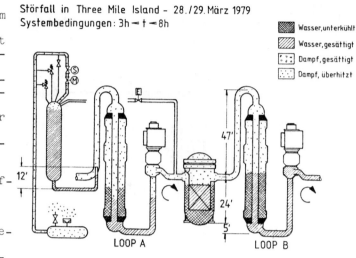

Störfall in Three Mile Island - 28./29. März 1979
Systembedingungen: 3h ⤙ t ⤙ 8h

Wasser, unterkühlt
Wasser, gesättigt
Dampf, gesättigt
Dampf, überhitzt

47'

12'

24'

5'

LOOP A   LOOP B

aktion des Materials der Brennelementhüllen mit dem Reaktorkühlmittel, wobei das verwendete Zirkon oxydiert und dabei
Wasserstoff freigesetzt wird. Dieser Wasserstoff wurde
offensichtlich über das geöffnete Druckhalter-Abblaseventil
in die Containment-Atmosphäre zum Teil abgeblasen, so daß
sich eine Anreicherung im Containment ergab. Bei einer
Konzentration von 4 % wird die Zündgrenze des Wasserstoffes
erreicht, was offensichtlich örtlich vorgelegen haben muß.
Die Verpuffung dieses Wasserstoffanteiles bedingte eine
kurzfristige Druckspitze des Containmentdruckes auf etwa
0,3 bar.

Nach ca. 11 Std. war der Primärkreis wieder gefüllt, das
vorher gebildete Dampf/Gasgemisch war durch die Flutbe-
hältereinspeisung kondensiert, so daß sich in dieser Zeit-
periode kurzfristig eine Art Naturumlauf im Primärkreis
einstellte.

Dies wird ange-
zeigt durch den
wiederkehrenden
Kühlmittelmas-
senstrom, die
Reduzierung der
Austrittstempe-
raturen am
Core-Austritt
und den Tempe-
raturanstieg
der Core-Ein-
trittstempera-
tur.

In Bild 9 ist
das Verhalten
des Druckes im
Druckhalter-Ab-
blasetank wieder-
gegeben, wobei
zu entnehmen
ist, daß mit
Störfallbeginn
doch ein be-
trächtlicher
Druckanstieg
im Druckhalter-
Abblasetank zu
verzeichnen war,
was dem Be-
dienungsperso-
nal eigentlich
hätte anzeigen
müssen, daß
gegenüber der
im Betrieb
vorhandenen
Leckage des
Sicherheits-
ventils ein
zusätzlicher
Fehler vor-
haben war.

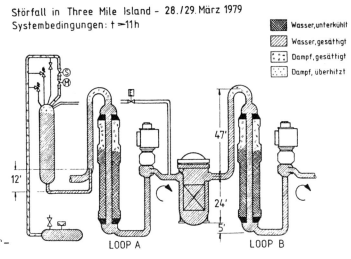

Störfall in Three Mile Island - 28./29. März 1979
Systembedingungen: t ≈11h

Wasser, unterkühlt
Wasser, gesättigt
Dampf, gesättigt
Dampf, überhitzt

LOOP A   LOOP B

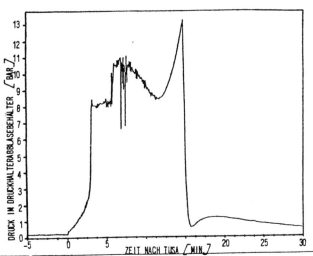

DRUCK IM DRUCKHALTERABBLASEBEHALTER

Allerdings muß man zugestehen, daß die Betriebsmannschaft
innerhalb der ersten Minuten mit einer Vielzahl von Aktionen
beschäftigt war, die offensichtlich die Überprüfung aller
Informationen nicht zuließ. Zwischen ca. 2,5 und 15 Min.
öffnete das Sicherheitsventil im Druckhalterabblasetank,
so daß entsprechend der Einströmrate über das offene Druckhalter-Abblaseventil Schwankungen im Druckniveau des Druck-
halter-Abblasetankes auftraten. Nach 15 Min. war der An-
sprechdruck der Berstscheibe erreicht, diese öffnete, der
Druck im Druckhalter-Abblasetank sank folglicherweise ab.

Die dritte Phase des Störfalles besteht im wesentlichen
aus der Problembewältigung im Hinblick auf die im Reaktor-

druckbehälter aufgetretene Gasblase sowie der Sicherstellung der notwendigen Langzeitkühlung.

Durch die hohen Temperaturen im Core des Reaktors fingen die aus dem Werkstoff Zirkaloy gefertigten Brennstäbe an zu oxidieren. Diese Reaktion ist stark exotherm, erhält sich also nahezu selbst, wenn eine ausreichend hohe Initialtemperatur gegeben ist. Der notwendige Sauerstoff resultierte aus der Radiolyse des Wassers im Primärkreis, wobei freier Wasserstoff entstand. Dieser sammelte sich in den Strömungstoträumen des Primärkreises.

Man sprach in der Berichterstattung von der Möglichkeit der Explosion dieser Gasblase. Jeder Fachmann vor Ort wußte, daß dies technisch unmöglich war. Woher sollte der zur Explosion notwendige Sauerstoff kommen, dieser war ja gerade im Zirkonoxyd gebunden. Die Gefahr, die bestand, war nur, daß sich die Gasblase bei Druckreduktion im Primärkreis in den Corebereich ausdehnte und dort die Kühlung der Brennstäbe behindern würde. Deshalb mußte die Gasblase abgebaut werden. Zu diesem Zweck wurde ein Rekombinator an das Containment angeschlossen, in dem der Wasserstoff aus der Containment-Atmosphäre rekombiniert wurde. Dies erfolgte selbstverständlich über eine Aktivitätsfilteranlage.

4 Analysen zum Störfallablauf

Die Darstellung der Verhältnisse beim Störfallablauf sowie der Aktionen des Betriebspersonals lassen im wesentlichen 6 Faktoren erkennen, die entscheidend sind für die Störfallauswirkungen:

1. Der erste Fehler bestand darin, daß nach Wartungsarbeiten die druckseitigen Ventile der Hilfspumpen im Sekundärkreis geschlossen blieben und die Anzeige dieser falschen Stellung der Ventile vom Schichtpersonal übersehen wurde. Dadurch wurde die Abfuhr der Nachwärme verzögert, Dampfblasenbildung und überproportionaler Anstieg des Wasserspiegels im Druckhalter waren die Folge. Die auslegungsgemäße Einspeisung von Notspeisewasser hätte die Kühlmitteltemperatur im Reaktor früher stabilisiert und für den Operateur die Erschwerung der Beurteilung des weiteren Störfallablaufes verhindert.

2. Aufgrund des Druckanstieges im Primärkreissystem öffnete das Eigenmedium-gesteuerte Abblaseventil auslegungsgemäß korrekt. Der zweite Fehler lag im Nichterkennen des Offenbleibens des Ventils zur Regulierung des Druckes im Primärkreis. Von Bedeutung ist hier vor allem die Zeitspanne, die zwischen dem Offenbleiben und dem Erkennen dieses Sachverhaltes verstrich.

3. Das Hochdruck-Sicherheitseinspeisesystem, das wie vorgesehen automatisch bei niedrigem Hauptkühlmitteldruck in Betrieb gesetzt wurde, wurde zu frühzeitig ausgeschaltet, obwohl Anzeigen für ein Leck im Primärkreissystem vorhanden waren, wie z. B. ansteigender Druck

im Abblasebehälter und sinkender Hauptkühlmitteldruck.
Trotzdem scheint die Beurteilung des Wartenpersonals
insofern schlüssig, als im Unterschied zur Auslegung
deutscher Notkühlsysteme das amerikanische den Öffnungs-
druck der Entlastungsventile "überpumpen" kann.

4. Das Containment wurde nicht zu dem Zeitpunkt isoliert,
   als die Hochdruck-Sicherheitseinspeisesysteme angeregt
   wurden. Dies entsprach der von der NRC genehmigten Auslegung. Die Konsequenz war das Abpumpen radioaktiven
   Kühlmittels aus dem Sumpf des Containments in das Hilfsanlagengebäude, wo eine Freisetzung radioaktiver Stoffe
   in die Umgebung ermöglicht wurde.

5. Das Hochdruck-Sicherheitseinspeisesystem wurde offensichtlich manuell betrieben auf der Basis der Anzeige
   des hohen Druckhalter-Wasserstandes. Der Druckhalter-
   Wasserstand war zwar korrekt, gab jedoch für diesen
   Störfall keinen Aufschluß über die Verhältnisse im
   Primärkreis. Diese Verhältnisse waren von der NRC bereits 1977 in einem Schreiben an die Betreiber erkannt,
   eine Berücksichtigung bei der Ausbildung des Betriebspersonals erfolgte jedoch nicht.

6. Der entscheidende Fehler lag vermutlich in der Abschaltung der Kühlmittelpumpen des Primärkreises, wodurch
   die Freilegung des Reaktorkernes verursacht wurde. Die
   Abschaltung bedeutete einen Ausgleich der Flüssigkeits-
   säulen im Primärkreis, gegenüber dem ursprünglichen
   Zustand somit einen Anstieg des Wasserspiegels im
   Dampferzeuger und ein Absinken im Reaktordruckbehälter.
   Die vorher bedeckten und damit an der Hüllrohr-Ober-
   fläche kalten Stäbe wurden im oberen Teil freigesetzt,
   die Temperatur stieg schlagartig an, ohne daß von unten
   wesentliche Dampfmengen gebildet wurden, die zur Kühlung im oberen Bereich beitragen konnten. Langfristig
   war dies wohl die Ursache für die Brennstabschädigungen.

Die Summe dieser Fehler führte sowohl zu anlagentechnischen
Konsequenzen als auch Auswirkungen des Störfalls in die
Umgebung. Im Hinblick auf das Anlagenverhalten wurde im
Verlaufe des Störfalls das Reaktorcore soweit freigelegt,
daß wesentliche Zerstörungen durch Änderung der Wärmeab-
fuhrbedingungen ermöglicht wurden. Aufgrund der geringen
Massenanteile des Dampfes kann bei Dampfkühlung nur ein
geringerer Wärmeanteil aus den Brennstäben entnommen werden,
im Gegensatz zur Wasserkühlung. Mit abnehmendem Wasserspiegel verschlechtern sich somit die Wärmeübertragungs-
eigenschaften, wodurch die Temperaturen der Brennstäbe
bei weiterhin produzierter Nachwärme ansteigen.

Bild 10 zeigt den aufgrund der auftretenden Fehler nach-
träglich ermittelten Verlauf des Wasserspiegels über die
ersten 3 Stunden des Störfallverlaufes. Man erkennt, daß
nach ca. 2 1/4 Stunden soviel Primärkühlmittel durch das
Druckhalter-Abblaseventil verdampft war, daß lediglich
noch eine 25 %ige Bedeckung des Reaktorcores gegeben war.

Das Core stand
daraufhin über
mehr als 1 Stunde
im Bereich des
maximalen Wärme-
eintrages - im
Bereich der Brenn-
stabmitte - trocken,
so daß in diesem
Bereich hohe Tempe-
raturen erreicht
wurden. Der an-
schließende Ver-
lauf des Wasser-
standes nach 200 Mi-
nuten ist noch nicht
endgültig analysiert,
man kann jedoch an-
nehmen, daß aufgrund
der Wasserzufuhr
über die Notkühl-
systeme von dieser

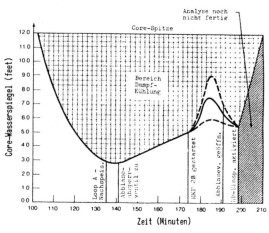

Abschätzung für Nichtbedeckung des Reaktorcores

Zeit an ein kontinuierlicherer Anstieg stattgefunden hat.
Die wesentlichen Zerstörungen des Reaktorcores sind somit
auf den Zeitbereich zwischen 2 und 3 Stunden nach Störfallbeginn zurückzuführen.

Bedingt durch die damit verbundene mögliche Zerstörung
von Brennstäben und durch den während des gesamten Ausström-
vorganges über das Druckhalterabblaseventil gegebenen Austrag von Primärkühlmittel in die Reaktorgebäudeatmosphäre
gelangte Aktivität in das Reaktorgebäude. Der Ansprechgrenz-
wert für den Reaktorgebäudeabschluß lag nun relativ hoch,
so daß diese Aktivität über zwei Wege aus dem Reaktorgebäude heraustransportiert wurde, sowohl über den Austrag
vom Sumpfwasser in das Hilfsanlagengebäude als auch den
Austrag von kontaminierter Luft aus Reaktorgebäude und
Hilfsanlagengebäude über den Kamin. Das Überpumpen des

Wassers in das Hilfsanlagengebäude und auch das Überlaufen
der Auffangbehälter im Hilfsanlagengebäude selbst verursachten nur eine geringe Übertragung von Radioaktivität,
da es weitgehend vor dem Versagen der Brennelemente be-
endet war. Allerdings verteilte sich das stark radioaktive
Reaktorkühlmittel teils knietief im Hilfsanlagengebäude
(siehe Bild 1).

Die Reinigungsanlage im Hilfsanlagengebäude mußte in Be-
trieb bleiben, um die noch laufenden Hauptkühlmittelpumpen
mit Sperrwasser zu versorgen. Damit gelangte mehr und mehr
Gas in die Auffangbehälter der Reinigungsanlage, diese
mußten am Morgen des 29.03 für etwa 2 Stunden über den
Kamin entlastet werden. Etwa 50 Minuten nach Öffnen des
Entlastungsventils wurde von einem Helikopter eine Dosis-
leistung von 1,2 R/h in einer Höhe von etwa 40 m über dem
Reaktorgebäude gemessen. Um 14.10 Uhr wurden 3 m über dem
Reaktorgebäude 3,0 R/h gemessen. Innerhalb der Anlage wurden

am Morgen des 29.03 Dosisraten für verschiedene Räume des Hilfsanlagengebäudes zwischen 50 und 1000 R/h gemessen. Die Umgebungsbelastung wurde erstmals am 28.03.79 um 7.10 Uhr in Windrichtung am westlichen Flußufer festgestellt. Nach Korrektur ergab sich eine Ganzkörperbelastung durch Edelgase von 2,2 mrem/h. Außerhalb des Geländes blieb die Strahlung mit Ausnahme einer Messung um 15.48 Uhr am Ostufer des Susquehannaflusses, die 50 mrem/h anzeigte, auf dem normalen Niveau. Erst am Morgen des 29.03. um 6.00 Uhr wurde in Goldsboro ein Wert von 30 mrem/h gemessen. Die maximale Schilddrüsendosis durch Inhalation und Ingestion wurde für die am höchsten belastete Person zu 5 mrem berechnet.

Die aus diesen Werten ermittelte höchstmögliche Belastung durch Edelgase wurde für einen Punkt 800 m in ONO-Richtung zu 83 mrem und als mögliches Maximum zu 100 mrem berechnet. Es gilt als sicher, daß niemand aus der Bevölkerung eine Dosis über 100 mrem erhalten hat.

Eine Untersuchungskommission des amerikanischen Gesundheitsministeriums hat daraufhin eine Abschätzung der Gesamtdosisbelastung der betroffenen Gesamtbevölkerung von etwa 2 Mill. innerhalb eines Umkreises von 50 Meilen von der Reaktoranlage durchgeführt. Die prinzipielle Dosisabschätzung basiert auf einer Bodenaktivitätsmessung aus Thermolumineszenz-Dosimetern, die im Umkreis von 15 Meilen von der Anlage positioniert waren. Je nach entsprechender Rechnung wurde eine mittlere Dosisbelastung von 3300 Personen-rem ermittelt. Die mittlere Dosis für die Gesamtbevölkerung beträgt daraufhin 1,5 mrem. Aus dieser Belastung wird unter der Voraussetzung einer linearen Dosis-Risikobeziehung - extrapoliert aus bekannten Belastungswerten im Bereich höherer Dosiswerte - auf eine zusätzliche Totesfallrate aufgrund von Krebs in der betroffenen Bevölkerung von zwei Fällen auf 2 Mill. geschlossen. Das natürliche Krebsrisiko beträgt ca. 300 000 Krebstote auf 2 Mill. Menschen. Die gesamte Strahlenbelastung aus dem Unfall verläuft sich auf ca. 1 % der jährlichen Strahlenbelastung der Gesamtbevölkerung aus natürlichen Strahlenquellen.

Hier sollte allerdings noch einmal darauf hingewiesen werden, daß selbst dieses Risiko rein hypothetisch ist, extrapoliert aus Erfahrungsdaten, die bei 10 000 bis 100 000-fach höheren Strahlenexpositionen beobachtet wurden. Weder im Einzelfall noch an Millionen der Bevölkerung lassen sich nach Maßgabe mathematisch-statistischer Gesetze Kausalzusammenhänge zwischen Krebserkrankungen und Strahlendosis dieser Größenordnung nachweisen. Streng mathematisch gesehen ist im Schwankungsbereich von Meßergebnissen eine Tendenz nicht schlüssig nachweisbar und um genau diesen Schwankungsbereich handelt es sich hier. Jeder Mathematiker weiß, daß innerhalb dieses Schwankungsbereiches kausale Zusammenhänge nur mit einem erheblichen Datenumfang mit Hilfe der Statistik nachweisbar sind. Insofern ist diese

Analyse mit einem einzigen Zahlenwert als rein hypothetischer
Analyse zu verstehen.

5 Konsequenzen für die Genehmigungssituation in der Bundesrepublik Deutschland

Die amerikanische Öffentlichkeit und die vom US-Präsidenten eingesetzte Kemeny-Kommission haben sich mit den
für die USA aus dem Störfall resultierenden Konsequenzen
eingehend auseinandergesetzt, wobei sich im wesentlichen
die amerikanische Genehmigungsbehörde, die NRC (Nuclear
Regulatory Commission) härtere Kritik gefallen lassen
mußte.

Gerade aber der Vergleich zu der Anlage Three Mile Island
hat die Effizienz des deutschen Genehmigungsverfahrens
eindeutig bestätigt, was in der Bundesrepublik zu wesentlichen Änderungen gegenüber der amerikanischen Technik
bereits in der Vergangenheit geführt hat. Diese bedeutenden
Faktoren können am einfachsten anhand eines Vergleiches
der im Kapitel 3 dargestellten sechs wesentlichen Fehler-
quellen für den Störfallablauf für eine KWU-Anlage und
Three Mile Island dargestellt werden.

5.1 Verzögerte Zufuhr von Notspeisewasser

In Bild 11 ist das Systemschaltbild des Sekundärkreises
und der Hilfsspeisewasserversorgung (Notspeisesystem) dargestellt.

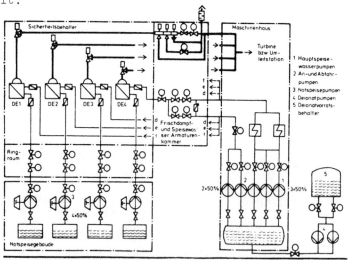

Frischdampfsystem und Dampferzeuger-Bespeisung
Kernkraftwerk Grafenrheinfeld

Man erkennt im Gegensatz zur US-Anlage ein zu jedem einzelnen
Dampferzeuger ohne gegenseitige Verknüpfung zugeordnetes
Hilfsspeisesystem, wobei ein System zur Abfuhr der ge-
samten Nachwärmeleistung ausreichend ist. Diese Anordnung

hat ihre Vorteile vor allem im Hinblick auf eine mögliche
Reparatur, da prinzipiell nur die Reparatur an einem Strang
erlaubt ist und somit zur Ausführung der Reparatur nicht
eine Absperrung aller 4 Teilsysteme erforderlich ist.
Scharfe Prüfungen und administrative Maßnahmen garantieren,
daß nach einer Reparatur die nur im Ansaugbereich der
Pumpe befindlichen Handarmaturen wieder geöffnet werden.

Im Gegensatz zur US-Anlage wird darüberhinaus bei der
KWU-Anlage bei Auslösung einer Transiente im Sekundärkreis
über das Signal "Dampferzeuger-Wasserstand tief" die
Schnellabschaltung des Reaktors durch den Einfall der
Regelstäbe ausgelöst. Diese Maßnahme wurde von der NRC
jetzt für amerikanische Anlagen gefordert.

5.2 Druckhalter-Abblaseventil hat nicht geschlossen und diese Tatsache wurde nicht erkannt

Generell hätte bei der KWU-Auslegung das Druckhalter-Abblaseventil gar nicht geöffnet. Aufgrund des größeren
Sekundärvolumens der KWU-U-Rohr-Dampferzeuger steht eine
größere Ausdampfmenge sekundärseitig zur Verfügung, so
daß der Primärkreis über längere Zeit ausreichend gekühlt
wird. Der Druck steigt primärseitig kaum an. Zusätzlich
ist das Druckhaltervolumen bei KWU-Anlagen im Verhältnis

zum Primärkreisvolumen größer, was zwar betrieblich un-
günstiger, aber im Störfall aufgrund der Abminderung tran-
sienter Vorgänge sehr positiv ist.

Aber auch bei Ansprechen des Ventils ist nicht mit einem
Offenbleiben zu rechnen.

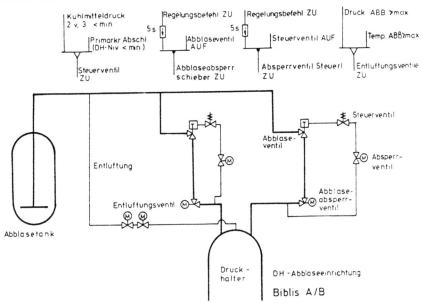

Biblis A/B

In Bild 12 ist die Anordnung der Druckhalter-Abblaseein-
richtung zusammen mit dem Logikschema für die Anlage Bi-
bilis B erkennbar. Bleibt das Abblaseventil offen, so erfolgt entweder über Handauslösung oder über zu hohen Kühlmitteldruck die automatische Absperrung des Druckhalter-
Absperrventils. Diese Logik ist auch noch einmal vorhanden im Hinblick auf das Steuerventil. Das Entlüftungsven-
til zwischen Druckhalter und Druckhalter-Abblasetank wird
über die Kriterien im Druckhalter-Abblasetank mit Sicherheit geschlossen. Insofern ist ein Offenbleiben der Druck-
halter-Abblaseleitung zum Abblasetank bei der KWU-Anlage
kaum denkbar.

5.3 Zu frühes Ausschalten der Hochdruck-Einspeisung

Bei der KWU-Anlage haben die Reaktorschutzsignale Vorrang,
so daß ein Ausschalten der Hochdruck-Einspeisung nur bedingt möglich ist. Prinzipiell ist jedoch ein Abschalten
der Hochdruck-Einspeisung gar nicht notwendig, da mit
unserer Auslegung des Hochdruck-Einspeisesystems die bei
Threee Mile Island befürchtete Überspeisung der Druck-
halter-Abblaseventile nicht auftreten kann. Die Ursache
liegt bei der amerikanischen Anlage darin, daß das zu Be-
triebszwecken verwendete System gleichzeitig als Abdrück-
system für den Primärkreis ausgebildet sein muß, während
bei der KWU-Auslegung eine strenge Trennung zwischen Be-
triebs- und Sicherheitsfunktionen vorhanden ist. Insofern
kann das Sicherheitssystem voll der Aufgabe angepaßt werden, für die es ausgelegt ist.

5.4 Kein Abschluß des Reaktorsicherheitsbehälters

Der Anregegrenzwert für den Containmentabschluß liegt bei
der KWU-Auslegung um den Faktor 10 tiefer als bei der
amerikanischen Auslegung. Die Anregung erfolgt bereits
bei einem Druckanstieg von 30 mbar. Dieser Druckanstieg
wird in jedem Fall erreicht beim Platzen der Berstscheiben
im Druckhalter-Abblasetank.

5.5 Fehleinschätzung der Druckhalter-Wasserstands-Anzeige

Hier ist zu konzidieren, daß bei einem kleinen Leck im
Druckhalter die Anzeige des Druckhalter-Wasserstandes tatsächlich kein geeignetes Indiz für den Füllstand des Primärkreises bietet. Für dieses Leck ist somit das Signal
nicht weiter verwendbar. Hier ist somit auch für die KWU-
Anlage zutreffend ein geändertes Signal im Hinblick auf
ein mögliches kleines Leck in die Auslegung einzubringen,
durch das der Zustand im Reaktordruckbehälter bzw. im
Primärkreis unmittelbar erfaßt wird.

Hier sind von KWU bereits intensive Untersuchungen durchgeführt worden, die ergaben, daß als Grenzwert die Unter-
kühlung im Primärkreis - d. h., der Abstand der tatsäch

lichen Temperatur im Primärkreis zur Sättigungstemperatur, was auch ein Maß für den Dampfgehalt ist - als Anregekriterium für die Notkühlkriterien einzuführen ist. Das bedeutet einen Rechner, der die zum Druck gehörende Sättigungstemperatur jeweils ausweist.

5.6 Ausschaltung der Reaktor-Hauptkühlmittelpumpen

In der deutschen Störfallphilosophie wird ohnehin in vielen Fällen der Notstromfall unterstellt, was für Leckstörfälle bedeutet, daß bei Reaktorschnellabschaltung auch die Hauptkühlmittelpumpe nicht mehr läuft. Damit ist eine Zu- und Abschaltung der Hauptkühlmittelpumpe ohnehin nicht möglich. Diese Verfahrensweise ist nach dem Störfall nochmals intensiv durchdacht worden, wobei sich bestätigte, daß der Vorteil eines definitiven Zustandes für das Betriebspersonal als evident angesehen wird.

Dies wird auch bestätigt durch neue amerikanische Überlegungen, nach denen per Anweisung durch die NRC jetzt auch eine Abschaltung der Pumpen im Leckstörfall vorgenommen wird.

6 Zusammenfassung

Diese Aufstellung zeigt, daß außer den Maßnahmen zum Druckhalter-Wasserstand keine sonstigen Sofortmaßnahmen für die KWU-Anlage aus dem Störfall von Three Mile Island resultieren. Dies wird auch bestätigt durch eine Reihe von RSK-Sitzungen, in denen die Konsequenzen des Störfalles diskutiert worden sind, ohne daß bisher eine wesentliche Hardware-Forderung für die KWU daraus resultieren würde. Die wesentlichen Grundprinzipien unserer Anlage, die einen Störfall dieser Art unwahrscheinlich erscheinen lassen, kann man folgendermaßen zusammenfassen:

1. Die bei KWU verwendeten U-Rohr-Dampferzeuger weisen sekundärseitig ein erheblich größeres Volumen auf, das zu wesentlich längeren Ausdampfzeiten führt, so daß mehr Zeit zur Verfügung steht für die Einleitung notwendiger Maßnahmen im Hinblick auf den Schutz des Primärkreises.

2. In der deutschen Sicherheitsphilosophie liegt eine Strenge Trennung zwischen Betriebs- und Sicherheitssystemen vor, was dazu führt, daß die Sicherheitssysteme alleine für den Zweck ausgelegt werden können, für den sie bestimmt sind.

3. Aufgrund des streng angewendeten Reparaturkriteriums ist bei deutschen Anlagen eine höhere Redundanz im Einsatz von mehrfachen und voneinander unabhängigen Sicherheitssystemen vorhanden. Bei höherer Redundanz und besserer Unabhängigkeit der technischen Sicherheitseinrichtungen wäre der Störfall in Three Mile Island gar nicht erst eingetreten.

4. Deutsche Anlagen weisen einen erheblich größeren Umfang an Automatisierung auf, insbesondere dort, wo
   entweder eine besondere sicherheitstechnische Bedeutung vorliegt oder wo schnelle Reaktionen notwendig
   sind. Mit unserer Automatisierung wäre der Störfall
   bereits im Entstehen abgefangen worden, unabhängig vom
   richtigen oder falschen Verhalten des Betriebspersonals.

5. Auch das System des deutschen Kernkraftwerkbaues, daß
   alles aus der einen Hand eines Generalunternehmers kommt,
   hätte zur Beherrschung des Störfalles beigetragen. Damit
   sind nämlich Schnittflächen zu vermeiden zwischen Reaktoranlage und Dampfkraftanlage wie am Beispiel Three
   Mile Island an dem fehlenden Kriterium für die Reaktorschnellabschaltung auf der Sekundärseite zu erkennen
   ist. In Amerika ist es üblich, daß der Primärkreis
   mit seinen Hilfseinrichtungen vom Reaktorhersteller
   geliefert wird, die übrige Anlage vom Architect Engineer.

Trotz der Vielzahl technischer Vorteile, die bei deutschen
Anlagen im Gegensatz zu der Anlage von Three Mile Island
aufgezeigt werden können, hat gerade in der Bundesrepublik
eine intensive Diskussion über die Gefahren der Kernenergie erneut eingesetzt, wobei insbesondere Vorkehrungen
und Maßnahmen zur weiteren Verminderung des verbleibenden
Risikos von Kernkraftwerken diskutiert wurden. Dabei wurde
gerade durch den Störfall von Three Mile Island der Bevölkerung erneut deutlich gemacht, daß das verbleibende
Risiko im wesentlichen durch ein potentielles Schmelzen
des Reaktorkerns zustande kommt.

Andererseits erscheint es wenig sinnvoll, nachdem die Vorteile der deutschen Anlagen gerade anhand des Störfalles
in Three Mile Island deutlich aufgezeigt werden konnten,
eine Änderung der grundsätzlichen Genehmigungssituation
anzustreben. Allerdings liegt dies nicht alleine in der
Hand der Industrie, sondern im wesentlichen im politischen
Bereich begründet, d. h., in der Hand des Bundesinnenmini-
sters. Hier ist bedauerlicherweise seit dem Störfall außer
einem zusammenfassenden, kommentierenden Bericht keine
weitere eindeutige Position im Hinblick auf den hohen in
Deutschland erzielten Stand von Wissenschaft und Technik
vorhanden, so daß man eigentlich sagen muß, daß durch Three
Mile Island bedingt ein politisches Genehmigungsvakuum
vorliegt, das trotz der vorhandenen guten Technik die Kern-
kraftindustrie in unserem Lande in stärkstem Maße bedroht.
Die Konsequenzen aus Three Mile Island sind in Deutschland
insofern weniger im technischen Bereich als vor allem im
politischen Bereich zu suchen.

Einführung zum Thema "Typische Zwischenfälle, die zu Strahlenexpositionen von Betriebsangehörigen führen können"

H. Jacobs, KFA Jülich

Im Rahmen des Tagungsthemas "Industrielle Störfälle und Strahlenexposition" soll die Sitzung 2 "Typische Zwischenfälle" der Beschreibung einiger Zwischenfallsabläufe und einiger Übersichten und Erfahrungsberichte gewidmet sein. Es waren nicht nur Zeitgründe, die diese Sitzung zur kürzesten der ganzen Tagung werden ließen: Den medizinischen Aspekten von Unfällen sollte bei dieser Veranstaltung der Schwerpunkt eingeräumt werden vor den technischen Fragestellungen. (Zeitgründe sind allerdings dafür ausschlaggebend, daß diese Einführung in der Sitzung sehr kurz gehalten werden muß, damit die Vortragenden nicht noch stärker eingeschränkt werden, als es ohnehin der Fall ist.)

Durch die in der Sitzung 2 vorgesehenen 5 Beiträge kann somit keinesfalls der Anspruch erhoben werden, das Thema "Typische Zwischenfälle" auch nur annähernd erschöpfend zu behandeln. - Allein die Überschrift gäbe Anlaß zu ausführlichen Erörterungen: Was ist ein Zwischenfall? Auf die Vielfalt der möglichen und sich teilweise widersprechenden Begriffsinhalte gemäß Legaldefinition nach StrlSchV, gemäß offizieller (aber nicht definierter!) Verwendung im sonstigen Atom- und Arbeitsschutzrecht und auch gemäß allgemeinem Sprachgebrauch hat W.BISCHOF in seinem einleitenden Vortrag zu dieser Tagung schon hingewiesen. Doch Probleme aus dieser Begriffsvielfalt erwachsen mehr den Behörden und Juristen als den Strahlenschutzpraktikern. Der Strahlenschutzpraktiker kommt mit dem Wort Zwischenfall recht gut zurecht. Er bezeichnet damit ein Vorkommnis, welches einen plötzlichen, zeitlich genau angebbaren Beginn und in der Regel auch ein fixes Ende hat und in dessen Verlauf eine Strahlenquelle oder eine Tätigkeit vorübergehend außer Kontrolle gerät. - Wie die folgenden Vorträge zeigen werden, weiß der Strahlenschutzpraktiker in aller Regel recht gut mit dem Zwischenfall organisatorisch und fachlich fertig zu werden. Sein Problem fängt erst bei der Meldepflicht an! Aufgrund von Gesetzen, Verordnungen und sonstigen Vorschriften muß er das Vorkommnis klassifizieren. Dabei hat er die Auswahl zwischen wenigstens zehn Möglichkeiten (kein Anspruch auf Vollständigkeit!): Sicherheitstechnisch bedeutsame Abweichung vom bestimmungsgemäßen Betrieb, Sicherheitstechnisch bedeutsames Ereignis, Unfall, Strahlenunfall, Störfall, Sonstiger Schadensfall, Zwischenfall, Unglücksfall, Notfall, Katastrophenfall. - Der Organisator dieser Tagung war daher gut beraten, als er das Thema dieser Sitzung schlicht Zwischenfälle nannte.

Nicht ganz so glücklich war er bei der Wahl des Adjektivs "typisch". Was ist ein typischer Zwischenfall? Meint man eine typische Ursache, einen typischen Verlauf oder typische Folgen? Es kann jedes für sich oder auch alles zusammen gemeint sein. Aber auch hier zeigt sich wieder, daß sich die Praktiker untereinander trotz (oder wegen?) fehlender Definitionen problemlos verständigen können.

Typisch für Zwischenfälle in der technischen Radiografie
ist das Lösen des Strahlers von der Halterung und Stecken-
bleiben im Ausfahrschlauch. Bei Material- oder Personen-
bestrahlungseinrichtungen ist es das Nichteinfahren der
Quelle in die Abschirmposition. Darüber werden W.NEUMANN
und Mitarbeiter in ihrem Beitrag zu dieser Tagung berichten. - In radiochemischen Laboratorien können aus unter-
schiedlichsten Anlässen Zwischenfälle auftreten, die dann
meistens Kontaminationen und Inkorporationen bei den Beschäftigten als typische Folgen haben. Weitere Beispiele
werden im Verlauf dieser Sitzung gegeben. Und es wird erneut bestätigt werden, daß als Auslöser für Zwischenfälle
neben dem Versagen der Quelle oder der Technik vor allem
menschliche Fehlhandlungen zu nennen sind. H.BRUNNER gibt
in seinem Beitrag gleich eine ganze Palette solcher Fehlhandlungen an. Hier dürfte auch der Hebel anzusetzen sein,
um die Zahl oder die Folgen von Zwischenfällen zu mini-
mieren.

Auf ein besonderes Problem wird in den folgenden Beiträgen
noch einmal hingewiesen werden: Die Messung der Personendosis und die Abschätzung der Körperdosis bei Unfällen mit
vorwiegend β-strahlenden Radionukliden. Siehe Beiträge von
M.HEINZELMANN und D.PLATTHAUS. Hier zeigt sich ein Mangel
an geeigneten Dosimetern zur Bestimmung der Teilkörperdosis. Dabei ist das Nichtgeeignetsein der vorhandenen
Dosimeter oder Dosimetersysteme weniger durch die Physik
bedingt, als durch die Praktikabilität oder die "Trage-
freundlichkeit". Auch das Fehlen einer Übereinkunft hinsichtlich einer einheitlichen Interpretation von Strahlenexpositionen durch β-Strahlung erschwert die Entscheidung
über zu treffende Maßnahmen nach derartigen Zwischenfällen.
Auch aus diesem Grunde werden große Erwartungen an die sich
beim Bundesminister des Inneren derzeit in Beratung befindliche Richtlinie zur Ermittlung von Körperdosen gesetzt.
Es ist zu hoffen, daß nach Erlaß der Richtlinie adequate
und praktikable Dosimetersysteme zur Messung der Extremi-
tätenbelastung durch β-Strahlung entwickelt und angewendet
werden.

Sollten Sie, verehrte Zuhörer, aus meinen Ausführungen den
Eindruck gewonnen haben, Zwischenfälle beim Umgang mit radioaktiven Stoffen und beim Betrieb von Anlagen zur Erzeugung ionisierender Strahlung seien in der Technik oder Forschung etwas Alltägliches und die Auswirkungen seien immer
bedeutend, so ist dieser Eindruck nicht gewollt. Er wäre
zudem falsch! Würde man eine umfassende Statistik über Zwischenfälle in der BRD haben, so könnte zwar die Anzahl als
nicht unerheblich bezeichnet werden. Das aber ist nur dadurch bedingt, daß in diesem Bereich unserer Arbeitswelt
ganz im Gegensatz zu anderen Bereichen auch schon kleinste
Abweichungen vom Normalen als Störfall, Unfall o.ä. bezeichnet und gemeldet werden müssen. - Stellen wir die Frage nach
der gesundheitlichen Relevanz, so sieht die Statistik ganz
anders aus. Dazu wird F.E.STIEVE heute u.a. noch Stellung
nehmen. Den so oft befürchteten Massenanfall von strahlengeschädigten Personen gibt es nicht. Im letzten Jahrzehnt

wurden in der BRD im nichtmedizinischen Bereich akute Strahleneffekte nur bei 1 Person/Jahr gefunden. Schwere bleibende
Schäden wurden nicht festgestellt.

Trotz dieses positiven Resultates wird jedoch jeder für den
Strahlenschutz Verantwortliche auch weiterhin bestrebt sein,
entsprechend den in § 28 StrlSchV formulierten Grundsätzen,
jede Strahlenexposition auch unterhalb der festgesetzten
Grenzwerte so gering wie möglich zu halten.

Anmerkung:

Die Referate auf den Seiten 76-79 und 129-135 erscheinen als
Kurzfassungen. Sie sind in ausführlicher Form in der Schrif-
tenreihe des Fachverbandes für Strahlenschutz als Bericht
Nr. FS-80-25-T, Juni 1980, über die gemeinsame Strahlenschutz-
tagung, 29.-31. Mai 1980 in Jülich "Industrielle Störfälle und
Strahlenexposition",veröffentlicht.

Technische Möglichkeiten der Kerntechnischen Hilfsdienst GmbH beim Bergen von Strahlenquellen (vorgestellt an zwei Einsatzbeispielen)

W. JERKE, W. KRÜGER, R. MARTIN, V. NACHTIGAL, W. NEUMANN
Kerntechnische Hilfsdienst GmbH, 7514 Eggenstein-Leopolds-
hafen 2

Im September 1977 wurde die Kerntechnische Hilfsdienst GmbH
(KHG) als Gemeinschaftseinrichtung verschiedener Betreiber
kerntechnischer Anlagen zur Notfallvorsorge gemäß § 38
StrlSchV gegründet. 11 Mann Stammpersonal beschaffen und
warten das Gerät und bilden daran weitere 120 Mann aus. Das
gesamte Personal ist in eine Rufbereitschaft eingebunden.

Seit ihrem Bestehen wurde die KHG fünf mal zu Hilfeleistungen
gerufen. In zwei Fällen mußten verunfallte Co 60-Quellen ge-
borgen werden. Für derartige Störfälle hält die KHG fernbe-
diente Kettenfahrzeuge (Kabel und Funk) vor, die mit Manip-
ulatorarmen und Fernsehkameras ausgerüstet sind. Zum Orten
der Strahlenquellen sind Hochdosisleistungssonden mit einem
Meßbereich bis 10 Millionen R/h vorhanden.

Störfall 1: In einer Bestrahlungseinrichtung für biologisches
Material kann eine der 12 Co 60-Quellen (260 Ci pro Quelle)
nicht mehr in die Abschirmposition zurückgefahren werden.
Vermutlich ist der pneumatische Schleppkolben von der Quelle
abgerissen. Der Raum kann wegen der hohen Dosisleistung (100
KR/h in 10 cm Abstand) nicht begangen werden. Bergemaßnahmen:
Nach dem Ausräumen des Bestrahlungsraumes mit dem Manipulatorfahrzeug wird mit der DL-Meßsonde die Position der verunfallten Strahlenquelle ermittelt. Die Strahlenquelle im Bestrah-
lungsrohr wird mit Hilfe des Manipulatorfahrzeuges und einer
Schleifscheibe herausgeschnitten und in einen von außen aufge-
stellten Abschirmbehälter gebracht. Die Arbeitszeit vor Ort
beträgt 18 Stunden. Die empfangene Kollektivdosis der 5-
köpfigen Bergemannschaft 52 mrem.

Störfall 2: Bei einem Austausch einer alten Co 60-Quelle
(2600 Ci) gegen eine neue (4800 Ci) in einem Gammatron ist
ein Beladefehler unterlaufen. Eine der Bestrahlungsquellen
im Quellenträger liegt ungeschützt im Raum. Der Umladebehälter zur Aufnahme des Quellenträgers steht verschlossen im
Raum, der wegen der hohen Dosisleistung (40 KR/h in 10 cm Abstand) nicht begangen werden kann.

Bergemaßnahmen: Der Bestrahlungsraum wird mit einem Manipulatorfahrzeug ausgeräumt. Nach umfangreichen Dosisleistungs-
messungen wird die Quelle mit Hilfe des Manipulatorfahrzeuges
mit Bleisteinen abgeschirmt. Nachdem die Dosisleistung auf
25 mr/h im Raum abgesenkt ist, wird der Umladebehälter von
Hand für die Bergung vorbereitet und anschließend die Quelle
mit dem Manipulatorfahrzeug in den Umladebehälter gebracht.
Die Arbeitszeit von Ort beträgt 42 Stunden. Die empfangene
Kollektivdosis (5 Mann) 104 mrem.
Obwohl in beiden Fällen große Aktivitäten bewegt wurden, kann
die Dosis des Personals durch den Einsatz von Manipulator-
fahrzeugen als gering bezeichnet werden.

Erfahrungen aus Zwischenfällen im E I R Würenlingen

H. BRUNNER
Abt. Strahlenüberwachung (SU) EIR, Eidg. Institut für
Reaktorforschung, CH-5303 Würenlingen

In 23 Betriebsjahren waren Zwischenfälle, von denen Personen betroffen waren, vorwiegend externe Kontaminationen, die zwar oft erhöhten Aufwand zur Dekontamination brauchten, immer aber genügend reduziert werden konnten. Ähnlich häufig und teils damit verbunden waren vorübergehende Inkorporationen, die aber nie die Zufuhrgrenzwerte erreichten, mehrheitlich Jodisotope aus der Isotopenproduktion oder Tritium aus D_2O, seltener flüchtige oder staubförmige Spaltprodukte oder α-Strahler. Ganz- oder Teilkörperexpositionen waren selten und erreichten oder überschritten nur ganz vereinzelt die Grenzwerte. Einziger Strahlenunfall war eine durch unvorsichtige Handhabung aktivierter Proben verursachte hohe Handexposition mit manifester Hautschädigung, deren medizinische Behandlung erfolgreich war. Sonst war ärztliche Hilfe nur für die Excision zweier α-kontaminierter Stichwunden nötig. Spitaleinweisungen gab es keine. In einem unklaren Fall wurde eine Chromosomenaberrationsanalyse vorgenommen, jedoch ohne eindeutiges Ergebnis.

Obwohl selten zwei Zwischenfälle ähnlich ablaufen, lassen sich allgemeine Aussagen über die Ursachen machen: Es braucht meist eine Verkettung mehrerer technischer und/oder menschlicher Ursachen, und menschliches Verhalten ist meist ausschlaggebend, ob eine Ereigniskette rechtzeitig abgestoppt werden kann oder zum vollendeten Zwischenfall führt. Leichtflüchtige radioaktive Stoffe wie J oder T erfordern rigorose technische Rückhaltemaßnahmen und Arbeitsdisziplin. Technische Ursachen sind ungeeignete Konstruktionen oder Hilfsmittel, Defekte, falsche Materialwahl (Aktivierung). Menschliche Fehlleistungen sind Zeitdruck (Feierabend, Wochenende), Mißachtung von Vorschriften, mangelnde Strahlenschutzkenntnisse (Unterschätzung von Kontaktdosen), mangelnde Planung, Nachlässigkeit, Betriebsblindheit, Fehlmanipulationen gefolgt von unüberlegten Reaktionen, Unterlassung der Meldung von Zwischenfällen u.a.. Schlechte Erfahrungen machten wir mit Akademikern, die nur am Erfolg ihrer Versuche interessiert sind und alles besser zu wissen glauben.

Die SU-Betriebsüberwachung trifft am Zwischenfallsort erste Maßnahmen zur Sicherung der Lage, Übergabe betroffener Personen an die Sanität, und erste Abklärungen. In schweren Fällen wird Notfallorganisation aufgeboten, was bisher nur zweimal erfolgte zwecks rascher Eingrenzung ausgedehnter Gebäudekontaminationen. Notfallarzt ist der jeweilige Bereitschaftsarzt des Bezirks, als Spitäler stehen das 10 km entfernte Kantonsspital Baden für leichtere Fälle und die Spezialklinik im Universitätsspital Zürich für schwere Fälle bereit. Die detaillierte Abklärung der Ursachen nimmt eine Arbeitsgruppe mit Vertretern von SU und betroffener Abteilung vor. Ergebnisse, Folgerungen und Maßnahmen werden in einem Bericht festgehalten. Dosimetrische Rekonstruktionen können sehr aufwendig werden. Zu treffende Maßnahmen sollen primär ähnliche Vorkommnisse erschweren oder ausschließen. Neben technischen Verbesserungen sind besonders wichtig: genügende Ausbildung im Selbstschutz, enge Zusammenarbeit Strahlenschutz $\leftrightarrow$ Betrieb, zweckmäßige und intensive Arbeitsplatz- und Inkorporationsüberwachung, Rotation des Überwachungspersonals.

Ein Zwischenfall mit einer Teilkörperdosisüberschreitung
- Probleme und Folgerungen -

M. HEINZELMANN

Kernforschungsanlage Jülich, Abteilung Sicherheit und Strahlenschutz

In der Kernforschungsanlage Jülich wurde im Anschluß an Arbeiten mit im Zyklotron bestrahlten Targets auf einem Fingerdosimeter eine Anzeige von 160 rad festgestellt. Der Zwischenfall, die Ursachen und die Maßnahmen zur Vermeidung ähnlicher Zwischenfälle werden kurz beschrieben. Auf die Bestimmung der Teilkörperdosis wird eingegangen.

Ausgehend von diesem Beispiel wird auf mit der Teilkörperdosisüberwachung und -bestimmung zusammenhängende Probleme hingewiesen: Für welche Gewebetiefe soll bei der β-Strahlung das Dosimeter die Dosis anzeigen? Wie wird die Teilkörperdosis bestimmt? Daß noch kein Dosisleistungsmeßgerät existiert, mit dem an der Oberfläche räumlich kleiner Proben die β-Dosisleistung energieunabhängig bestimmt werden kann, ist ein besonderer Nachteil für die Strahlenschutzüberwachung. Ebenso fehlt ein geeignetes Dosimeter zur Teilkörperdosisbestimmung. Zur Vermeidung ähnlicher Zwischenfälle müssen geeignete Dosimeter entwickelt werden.

Möglichkeiten der Berechnung der Beta-Dosisleistung in Räumen kerntechnischer Anlagen nach Störfällen

D. PLATTHAUS

Rheinisch-Westfälischer Technischer Überwachungsverein,
4300 Essen 1

Im Fall von Aktivitätsfreisetzungen in Räumen kerntechnischer Anlagen kann es zu Kontaminationen der Raumluft und der raumbegrenzenden Flächen und Einbauten kommen. Im allgemeinen wird man versuchen, die Ortsdosisleistungen bei solchen Kontaminationsanlagen mittels Messungen zu bestimmen. Unter Umständen ist es jedoch wünschenswert, Berechnungsmethoden zur Hand zu haben, mit der Ortsdosisleistungen in den betroffenen Räumen ermittelt werden können.

In diesem Vortrag wird über Berechnungsmethoden berichtet, mit der die Beta-Dosisleistung durch die sich in der Raumluft befindenden radioaktiven Stoffe und die Beta-Dosisleistung über glatten gleichmäßig kontaminierten Flächen ermittelt werden kann.

Beide Methoden gehen von den im MIRD-Pamphlet Nr. 7 angegebenen Beta-Dosisleistungsverteilungen um Punktquellen verschiedener Nuklide aus. Die Maße der Räume und Flächen sowie die Nuklide (bzw. Maximalenergien) und Lage des Aufpunkts zu den Flächen werden berücksichtigt. Die Methoden sind dahingehend beschränkt, daß nur Daten für 75 Nuklide zur Verfügung stehen und bei der Berechnung der Beta-Dosisleistung über Flächen nur glatte Flächen berücksichtigt werden können.

Erfahrungen mit bisherigen Strahlenunfällen - Ursachen,
Abläufe, Gegenmaßnahmen

F.-E. Stieve

Nach den vorgelegten Daten im Bericht "Arbeitssicherheit '80"
des Bundesministers für Arbeit und Sozialordnung wurden im
Jahre 1978 bei 25 209 000 Erwerbstätigen 1 817 510 Arbeitsunfälle registriert. Davon waren 2 825 tödlich, d.h. 7,2 % der
Erwerbstätigen erlitten Unfälle und 0,01 % der Erwerbstätigen
starben an den Unfällen bzw. deren Folgen. In diesen Zahlen
sind die Unfälle zum und vom Arbeitsplatz (sog. Wegeunfälle)
nicht enthalten. Im gleichen Zeitraum wurden 40 Fälle von
Berufserkrankungen durch ionisierende Strahlen angezeigt und
3 als Berufserkrankungen entschädigt. In diesen Angaben sind
sowohl akute als auch chronische Strahlenwirkungen aufgeführt.
In diesen Anzeigen sind auch solche Erkrankungen enthalten,
bei denen eine Berufserkrankung nicht ausgeschlossen werden
kann und erst durch Gutachten der Nachweis zu erbringen ist,
daß es sich um eine solche handelt. Gestorben sind von den Beschäftigten, deren Erkrankung bzw. deren Folgeerscheinung als
Berufserkrankung anerkannt wurden, im Berichtsjahr keine.

Bevor hier über Strahlenunfälle berichtet werden soll, ist es
erforderlich zunächst zu definieren, was in dieser Übersicht
unter Unfall verstanden wird. Die Strahlenschutzverordnung vom
13. Oktober 1976 bezeichnet in Anlage I "Begriffsbestimmungen"
als Unfall:

"Einen Ereignisablauf, der für eine oder mehrere Personen eine
die Grenzwerte übersteigende Strahlenexposition oder Inkorporation zur Folge haben kann, soweit er nicht zu den Störfällen
zählt."

Diese Definition des Unfalles weicht damit von denjenigen ab,
die im allgemeinen verwendet werden und die u.a. auch Grundlage des Unfallverhütungsberichtes sind. Im medizinischen
Sprachgebrauch wird nach einer Definition von Zetkin und
Schaldach (87) unter Unfall:

Ein plötzlich von außen auf den menschlichen Körper einwirken-
des Ereignis - verstanden - das zu einer unfreiwillig erlittenen Gesundheitsschädigung führt.

Mit dieser Bedeutung wird dieser Begriff auch in der Unfallme-
dizin und im Unfallbericht verwendet. Da jedoch die Meldungen
über Strahlenunfälle nach § 36 der Strahlenschutzverordnung
und § 47 der Röntgenverordnung nach der zuerst genannten Definition erfolgen, d.h. auch solche Fälle mit erfaßt werden,
bei denen es nach einer endgültigen Beurteilung des Falles zu
keiner erkennbaren unfreiwillig erlittenen Gesundheitsschädigung gekommen ist, sei hier dieser Begriff als Grundlage der
Ausführungen gewählt.

Der in den Rechtsverordnungen verwendete Unfallbegriff schließt
den Störfall aus. Er ist in der erstzitierten Definition jedoch ausdrücklich erwähnt und sei deshalb zur Ergänzung hier
wiedergegeben:

Störfall: Ereignisablauf, bei dessen Eintreten der Betrieb
der Anlage oder die Tätigkeit aus sicherheitstechnischen
Gründen nicht fortgeführt werden kann und für den die Anlage
ausgelegt ist oder für den bei der Tätigkeit vorsorglich
Schutzvorkehrungen vorzusehen sind.

Die hierunter zu verstehenden Störfälle beziehen sich somit vor
allem auf technische Anlagen. In der medizinischen Anwendung,
bei denen ohnehin im Rahmen der Ausübung der Heilkunde bei der
Untersuchung, als auch der Behandlung keine Grenzwerte festgelegt wurden und auch nicht festgelegt werden können, ist diese
Definition nur bedingt anwendbar. Die Festlegung der zu verab-
reichenden Dosis hängt hier von Einzelfällen ab. Somit sind in
diesen Fällen auch sog. Überschreitungen schwer in den Störfällen unterzubringen.

Unter den erwähnten Voraussetzungen sind in der Zeit von 1972,
d.h. etwa zum Zeitpunkt der Erarbeitung der Röntgenverordnung
und den hierin niedergelegten Bestimmungen über Unfallmeldungen
bis 1978 (11 - 17) insgesamt 64 Unfälle gemeldet worden, bei
denen in 29 Fällen 58 Personen betroffen waren, d.h. in diesen
Fällen war mit einer unbeabsichtigten Strahleneinwirkung auf
am Unfall beteiligte Personen zu rechnen. In 11 Fällen mußte
angenommen werden, daß durch die Überschreitung der ermittelten
oder gemessenen Dosis mit klinisch nachweisbaren Schäden zu
rechnen ist. In der Tabelle 1 sind die Unfälle näher analysiert,
bei denen Personen betroffen waren.

Bereiche	Ereignisse	betroffene Personen
Medizin	5	13
Industrie	10	18
Forschung u. Labor	5	7
Sonstiges	9	20
	29	58

Tab. 1: Gemeldete Unfälle und die dabei betroffenen Personen (1972-1980)

Aus dieser Aufstellung geht hervor, daß Unfallereignisse bei
der industriellen Nutzung bzw. Anwendung ionisierender Strahlen
am häufigsten zu Schadensfällen geführt haben. Nahezu in gleichem Umfange sind die unter "Sonstiges" zusammengefaßten Unfälle beteiligt. Hierunter sind u.a. Strahlenexpositionen bei
Beschädigung von Tritiumgaslichtquellen, Verlust von Versand-
stücken und die Kontamination in einem Lagerraum zusammengefaßt.

Eine Zusammenstellung der 29 Fälle nach der Schadensursache
findet sich in Tabelle 2:

Medizin		Forschung und Labor	
Radiumpräparate	3 x	Offene radioaktive Stoffe	5 x
Oberflächentherapiegeräte	1 x	Lagerung	1 x
Industrie und Technik		**Sonstiges**	
Radiographiegeräte:		Transport	2 x
Röntgen	6 x	Abfallbeseitigung	1 x
Radioaktive Stoffe	1 x	Luftfilter	1 x
Fluoreszenzgeräte	2 x	Tritiumgaslichtquellen	4 x
Wartungsarbeiten:			
Röntgenanlagen	1 x		
Kernkraftwerke	1 x		

Tab. 2: Ursache bei den gemeldeten Unfällen

Bei dem Unfall in einem Kernkraftwerk handelt es sich um durch Fahrlässigkeit bedingte Inkorporation von etwa 600 nCi Strontium-90 bei Änderungsarbeiten. Die inkorporierte Aktivität lag deutlich unterhalb des Grenzwertes, deshalb waren keine gesundheitlichen Schäden nachweisbar.

In dieser Aufstellung ist z.B. der erst später bekanntgewordene Betatronzwischenfall in Hamburg (Frühjar 1971) nicht enthalten. Dies deutet darauf hin, daß sicherlich manche Überexpositionen, die in Ausübung der Heilkunde erfolgen, schon deshalb in den Meldungen nicht erfaßt werden, da hier keine eindeutig festzulegende Grenze zwischen dem zu erzielenden therapeutischen Effekt einschließlich einer nicht zu vermeidbaren Nebenwirkung und unbeabsichtigten Überexpositionen besteht. Dies liegt für die Strahlentherapie in der Natur der Strahlenwirkungen und dem beabsichtigten Ziel, vor allem Neubildungen am Wachstum zu hindern oder auszuschalten und der je nach Behandlungsfall festzulegenden Dosierung.

Die Häufigkeit der Schadensursachen sagt noch nichts aus über den Umfang der aufgenommenen Dosis. In Tabelle 3 wurde hier eine Gliederung in Gruppen vorgenommen, um die an sich seltenen Ereignisse übersichtlich zusammenzustellen.

Art der Exposition	Dosisbereich in rem					
	< 5	5 - 10	10 - 100	100 - 500	500 - 1000	> 1000
Ganzkörperexp.	5	1	1	–	–	–
Teilkörperexp.	8	3	–	5	4	2
Kontamination	15	1	–	–	–	–
Inkorporation	13	–	–	–	–	–
Summe	41	5	1	5	4	2

Tab. 3: In Gruppen zusammengefaßte Dosisbereiche bei Strahlenunfällen

Danach wurde nur in einem Falle bei einer Materialuntersuchung
mit ortsveränderlicher Röntgenanlage eine Ganzkörperexposition
mit einer geschätzten Dosis von ca. 100 rem gemeldet. Sie
führte bei der betroffenen Person zu einem leichten Strahlen-
kater. Die restlichen Fälle waren durchweg Teilkörperexpositionen. Davon waren 6 x Teilkörperexpositionen am Körperstamm
(davon 4 x bei Patienten, der Rest bei beruflich strahlenexponierten Personen), 3 x Expositionen der Hände und 2 x Expositionen im Kopfbereich. - In den letzten beiden genannten
Fällen handelt es sich ausschließlich um Unfälle bei beruflich strahlenexponierten Personen.
Über die erforderlichen Maßnahmen zur Versorgung der Personen,
die bei Unfällen erhöhten Strahlenexpositionen ausgesetzt
waren, gibt es ein umfangreiches Schrifttum. In nahezu allen
Nationen, die in größerem Ausmaß ionisierende Strahlen einschließlich radioaktiver Stoffe in Forschung, Medizin und
Technik anwenden, gibt es Anweisungen, Richtlinien oder Empfehlungen über die Maßnahmen, die nach Überexposition durchzuführen sind. Besonders zu erwähnen sind hier die Empfehlungen
der Internationalen Strahlenschutzkommission (ICRP 28) (35),
die auch als deutsche Ausgabe vorliegen, der Internationalen
Atomenergiebehörde (IAEA) (34), der Weltgesundheitsorganisation (85), der Vereinigten Staaten von Amerika (55, 81), der
Sowjetunion (31), Frankreich (25), der Niederlande (33) und
der Bundesrepublik Deutschland (18),um nur die wichtigsten
und ausführlichsten zu nennen. Diese Vielzahl der Veröffentlichungen, die noch durch Spezialschriften ergänzt werden,
geben über die einzuleitenden Maßnahmen am Unfallort, über
die Erste Hilfe, die ärztliche Versorgung und über die em-
pfehlenswerten Maßnahmen in der Klinik Auskunft. In der Bundesrepublik haben die Berufsgenossenschaften zur Durchführung
dieser Empfehlungen Behandlungszentren geschaffen, in denen
schwerere Strahleneinwirkungen einer speziellen Behandlung
unterzogen werden können. Der Hauptverband der gewerblichen
Berufsgenossenschaften (8) hat darüber hinaus ein Versor-
gungssystem mit Ersten Hilfemaßnahmen am Unfallort sowie
regionalen Strahlenschutzzentren und Behandlungsmöglichkeiten
in einer Spezialabteilung zur stationären Behandlung bei
schwereren Strahleneinwirkungen geschaffen und ein Merkblatt
über die Erste Hilfe bei erhöhter Einwirkung ionisierender
Strahlen herausgegeben. Es sollte in allen Strahlenbetrieben
aufliegen. Dieses Merkblatt enthält u.a. auch Strahlenunfall-
erhebungsbögen. Sie sind als Transportbegleitbögen vorgesehen
und sollen den behandelnden Arzt über den Ablauf des Unfalls
unterrichten. Außerdem wurden die ermächtigten Ärzte im
Vollzug der Strahlenschutzverordnung einer Unterrichtung in
speziellen Kursen unterzogen (76). Trotzdem ist das Wissen
über die Behandlung von Strahlenunfällen in der allgemeinen
Ärzteschaft noch lückenhaft.

Das empfehlenswerte Vorgehen zur optimalen Versorgung von
Strahlenunfällen sei an einem Unfallereignis geschildert,
das sich 1972 in Bremen auf einer Schiffswerft ereignete.
Hierüber hat Sagell 1975 nach Abschluß der Behandlung in der
Zeitschrift "Arbeitsmedizin, Sozialmedizin, Präventivmedizin"
berichtet (71) (Tabelle 4)[*].

1. 23./24. 3. 72

   In der Nachtschicht Freiwerden eines ^{192}Ir Strahlers (30 Ci) für die Materialprüfung. Etwa 30 Min. Exposition von 2 Beschäftigten

2. Am Morgen (24. 3.):

   Meldung an den staatlichen Gewerbearzt und Vorstellung beim ermächtigten Arzt.

3. Ermittlung des Gewerbeaufsichtsamtes über die Ganz- und Teilkörperbestrahlung:

Person A:	Ganzkörperdosis	ca.	30 rem
	Teilkörperdosis *(Hände)*	ca.	5000 rem
Person B:	Ganzkörperdosis	ca.	30 rem
	Teilkörperdosis *(Hände)*	ca.	2000 rem

4. Ermittlung der Ausgangsbefunde
   (klinische Untersuchung, Kontrolle des Blutbildes)

5. Tägliche weitere klinische Kontrollen

6. Bei Auftreten der Strahlenreaktionen an den Händen:
   Einweisung zur klinischen Behandlung

7. 197. Tag nach Unfall:
   Entlassung und prognostische Beurteilung.

   Begutachtung hinsichtlich Arbeitsfähigkeit, Tätigkeit im Kontrollbereich und Anerkennung als Berufserkrankung

Tab. 4: Zusammenstellung der Daten über einen Strahlenunfall in Bremen
nach Angaben von *Sagell*

* Die Unterlagen über den Unfall, die über die Angaben in der Veröffentlichung hinausgehen, verdanke ich Herrn Dr. Sagell.

Bei Materialprüfungsarbeiten, die an einem Schiff durchgeführt wurden, fiel ein mit einem 192Iridiumstrahler bestückter Meßkopf von dem zu prüfenden Metallteil ab. Der 30 Ci Strahler wurde frei. In der Annahme, es handele sich um einen Bolzen, hantierten beide Arbeiter (ein Spanier und ein Portugiese) aus Angst das Gerät beschädigt zu haben etwa 30 Minuten mit der ungeschützten Quelle.

Am nächsten Vormittag wurde der dann bekanntgewordene Vorfall dem staatlichen Gewerbearzt gemeldet. Dieser veranlaßte sofort eine Vorstellung bei einem ermächtigten Arzt. Außerdem wurde das Gewerbeaufsichtsamt gebeten, aufgrund der vom Strahlenschutzverantwortlichen übermittelten Angaben die von den beiden Betroffenen aufgenommene Dosis, unterteilt nach Ganzkörper- und Teilkörperdosis, zu berechnen bzw. abzuschätzen. Die ersten Ermittlungen ergaben die in der Tabelle aufgeführten Werte. Zusätzlich wurde veranlaßt, daß zur Ermittlung der Personendosis das amtliche Personendosimeter an die zuständige Meßstelle eingesandt wurde.

Der ermächtigte Arzt erhob den klinischen Ausgangsbefund und veranlaßte die damals für erforderlich gehaltenen Laboruntersuchungen, insbesondere die Kontrolle des Blutbildes. Diese ärztlichen und labormedizinischen Kontrollen wurden an den folgenden Tagen fortgesetzt. Innerhalb der ersten 10 Tage nach dem Unfall waren sowohl klinisch, wie auch bei den Labor-

untersuchungen keine auffälligen Reaktionen zu beobachten.
Die dann bekanntgewordene Auswertung der Personendosimeter
ergaben einen Wert von etwa 120 rem, d.h. die Ganzkörperdosis
war wahrscheinlich höher als zunächst vermutet.

Am 11. Tag nach dem Unfall traten die ersten Reaktionen auf
(Abb. 1 a). Sie veranlaßten den Arzt zu einer sofortigen Einweisung in die Radiologische Klinik Bremen.

Am dritten Tag nach der Einweisung und Behandlung kam es an
beiden Händen zur livid-violetten Verfärbung der Haut. Am
4. Tag zeigten sich die Anfänge eines exsudativen Erythems
mit vereinzelten herdförmigen Nekrosen. Gleichzeitig traten
erhebliche Schmerzen auf. Am 23. Tag (Abb. 1 b) begann sich
unter der Behandlung die Nekrose abzulösen und die nekrotischen
Gewebsreste abzustoßen.

Am 38. Tag wurden beide Daumen- und Zeigefingernägel abgestoßen.

In der Folgezeit heilten unter der intensiven Behandlung die
Erosionen bis auf ein Restulkus am linken Daumen ab. Die
Finger 1 bis 3 beiderseits blieben aber an den Endgliedern
atrophisch (Abb. 1 c). Da weiterhin heftige Schmerzen bestan-
den, die offensichtlich von dem nicht ganz geheilten linken
Zeigefinger ausgingen, und durch das bestehende Ulkus die Gefahr der Entwicklung einer bösartigen Neubildung gegeben war,
wurde dieser am 160. Tag amputiert. Die Schmerzen verschwanden
daraufhin schlagartig.

Nach Entlassung am 197. Tag (Abb. 1 d) wurde unter Abschätzung
des derzeitigen Schadens die Arbeitsfähigkeit beurteilt und
der Schaden als Berufserkrankung anerkannt. Es wurde zusätzlich
ein Verbot einer Weiterbeschäftigung als beruflich strahlenexponierte Person in Kontrollbereichen ausgesprochen.

Als Folgerungen aus dem Unfall ergaben sich aus der zusammenfassenden Beurteilung des staatlichen Gewerbearztes Herrn Dr.
Sagell u.a.

1. Bei Ausländern ist es wegen der Sprachschwierigkeiten frag-
   würdig, ob eine ausreichende Belehrung den erforderlichen
   Schutz gewährleistet.
2. Der ermächtigte Arzt kann sich auf die Aussagen von Betroffenen über Art und Dauer des Unfallereignisses nicht immer
   verlassen.
3. Dosisabschätzungen sind schwierig. Sie sollten ebenfalls
   nur mit Vorsicht für die einzuleitenden Maßnahmen verwendet
   werden. Bei hohen Werten sollten sie den ermächtigten Arzt
   veranlassen, den Unfallverletzten sofort einer Spezialabteilung zur stationären Behandlung zuzuführen.

Die Analyse ähnlich ablaufender Strahlenreaktionen nach Bestrahlung von außen, sei es als Ganzkörperexposition oder
Teilkörperexposition (Andrews (2, 3), Gonzales (30), Hashizume
(32) und Sugiyama (79))ergaben für den Ablauf der Strahlenreaktionen ähnliche Verlaufsformen. Der gleiche Ablauf der
Maßnahmen nach Strahlenunfällen gilt für die Strahlenexposition durch Kontamination mit radioaktiven Stoffen (Andrews (1),
Jammet (39), Pasquier (60), sowie zum Teil auch nach Inkorpo-

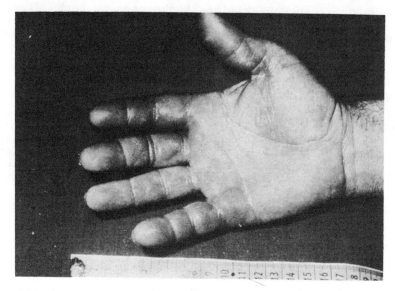

Abb. 1 a - d: Typischer Verlauf der Strahlenreaktionen
an den Händen nach einem Strahlenunfall
a) zu Beginn der Reaktion

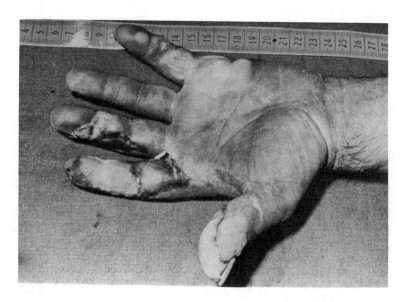

Abb. 1 b: nach 32 Tagen

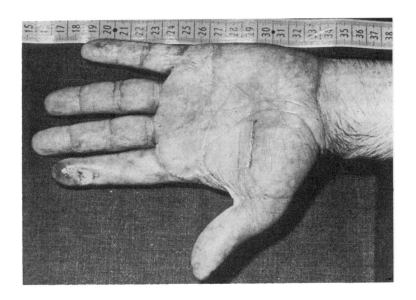

Abb. 1 c: nach 126 Tagen

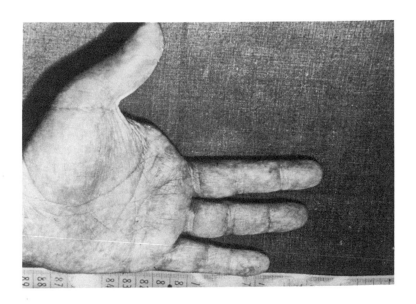

Abb 1 d: nach Abschluß der klinischen Behandlung

88

ration radioaktiver Stoffe (Jammet (39), Bair (5, 6),
Lushbaugh (44), Pasquier (60), Wirth (86), den Veröffentlı-
chungen der IAEA (34) u.a.).

Daraus ergibt sich, daß nach Strahlenunfällen die in <u>Abb. 2</u>
aufgeführten Maßnahmen erforderlich sind.

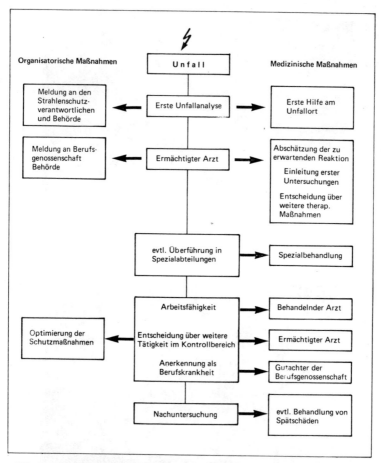

Abb. 2: **Schema der erforderlichen Maßnahmen zur Analyse eines Strahlenunfalles und der einzuleitenden Behandlungen**

Am Unfallort sind zunächst Erste Hilfemaßnahmen erforderlich.
Sie beginnen damit, den bzw. die betroffenen Personen, wenn
erforderlich, aus dem Gebiet der Strahleneinwirkung zu ent-
fernen.

Nach erster Versorgung des Betroffenen ist sobald als möglich
eine erste Analyse des Unfallhergangs vorzunehmen. Sie hat das
Ziel, das wahrscheinliche Ausmaß der Strahlenexposition zu ermitteln. <u>Tabelle 5</u> zählt stichwortartig die dringlichen Maßnahmen auf, die am Unfallort durchzuführen bzw. zu veranlassen

sind.

1.	Die medizinische Versorgung des Unfallpatienten hat insbesondere bei Kombinationswirkungen *(z.B. Verletzungen, Verbrennungen, Verätzungen)* den Vorrang.
2.	Ermittlungen über: — *Strahlenart,* — *Aufgenommene Dosis* — *Bestrahltes Gebiet*
3.	Zusätzlich bei radioaktiven Stoffen: — *Überprüfung auf Kontamination bzw. Inkorporation*
4.	Bei Überschreiten der Grenzwerte: — *Dekontamination bzw. Einleitung einer Dekorportationsbehandlung.*
5.	Erste Laboruntersuchungen zur Erlangung des Ausgangsstatus
6.	ERSTE—HILFE—Maßnahmen
7.	Untersuchung der Unfallumstände zur Veranlassung organisatorischer Maßnahmen

Tab. 5: Allgemeine Maßnahmen, die am Unfallort durchzuführen sind

Dabei ist der unter Nr. 1 aufgeführte Grundsatz Leitgedanke des Handelns für alle, die für die Erstverorsgung zuständig sind. Sie sollten in den halbjährlich durchzuführenden Belehrungen auf Einzelheiten hingewiesen werden. Die unter Punkt 2 aufgeführten Maßnahmen sollten durch den Strahlenschutzverantwortlichen bzw. Strahlenschutzbeauftragten ausgeführt werden, und wenn diese nicht dazu in der Lage sind, durch andere in der Abschätzung von Strahlenexpositionen erfahrene Personen, wie Strahlenschutzphysiker, Personen der Gewerbeaufsicht, Sachverständige u.a.

Die Daten, die ermittelt werden sollen, sind in Tabelle 6 zusammengefaßt.

Die in Punkt 3 der Tabelle 5 aufgeführten Maßnahmen sind möglichst in der Abteilung selbst durchzuführen. Da nach der Strahlenschutzverordnung (§ 64 und § 72) geeignete Meßgeräte vorhanden sein müssen, sollte eine Ermittlung auf Kontamination ebenso wie die anschließend durchzuführende Dekontamination keine Schwierigkeiten bereiten. In welcher Weise Dekontaminationen durchzuführen sind, ist u.a. im Beitrag Möhrle (1979) (50, 51), Dunster (1964) (27) nachzulesen. Sie sind mit den am Ort des Geschehens vorzuhaltenden Behandlungsmöglichkeiten durchzuführen. Nach den bisherigen Erfahrungen sind manche Abteilungen, die mit offenen radioaktiven Stoffen umgehen, hierfür nicht ausreichend eingerichtet. Sie bedürfen einer zweckmäßigen Nachrüstung, auch mit den erforderlichen

Medikamenten.

---

1. **Angaben zur Strahlenquelle:**

    — Strahlenart
    (z.B. Photonen, Korpuskularstrahlung, Neutronen)

    — Strahlenspektrum
    (insbesondere be Photonen)

    — Bestrahlungszeit
    *(Dosisleistung — kontinuierliche oder diskontinuierliche
    Bestrahlung)*

2. **Dosisverteilung im betroffenen Gebiet**

    — Ausdehnung der Strahlenquelle
    — evtl. Größe des Strahlenkegels
    — Absorber zwischen Strahlenquelle und Betroffenen

3. **Von Betroffenen aufgenommene Dosis**

    — Größe des bestrahlten Gebietes mit Angabe des
      Dosismaximus
    — Bestrahltes Volumen
    — Dosisverteilung im Körper
    — Dosis an risikorelevanten Organen *(z.B. Knochenmark)*

Tab. 6: Ermittlung der für die ärztliche Beurteilung wichtigen Daten zur
Abschätzung der Expositionsbedingungen

Eine Duschvorrichtung allein genügt nicht.

Außerdem wird es zweckmäßig sein, wenn nach durchgeführter Dekontamination die Ärzte, die die nachfolgende Versorgung insbesondere in den Krankenhäusern übernehmen, vom Erfolg der Maßnahmen persönlich unterrichtet werden.

Die Ermittlung des Inkorporationsumfanges bedarf spezieller
Verfahren. Sie sollten in speziell hierfür eingerichteten Einrichtungen durchgeführt werden. Ausführliche Hinweise finden
sich u.a. im Kapitel: "Medical First-Aid Treatment and Medical
Care and Supervision of Workers" des IAEA Symposiums (1975),
im Manual of Early Medical Treatment of Possible Radiation
Injury (34) und dem Kurslehrbuch für ermächtigte Ärzte (76).
In Zweifelsfällen geben amtliche Stellen oder die Kernfor-
schungszentren, wie z.B. die medizinische Abteilung des Kern-
forschungszentrums Karlsruhe oder die Strahlenschutzgruppe der
Kernforschungsanlage Jülich, über die durchzuführenden diagnostischen Möglichkeiten und einzuleitenden therapeutischen Maßnahmen Auskunft.

Für die weitere ärztliche Versorgung ist es außerdem wichtig, daß außer der Ermittlung der Körperdosis durch Abschätzung oder Berechnung der Dosis aus den Eigenschaften der Strahlenquelle oder Kontamination bzw. aus der Inkorporation bestimmte biologische Untersuchungsverfahren eingeleitet werden, aus denen das Ausmaß der biologisch zu erfassenden Strahlenwirkungen und bei Inkorporation radioaktiver Stoffe auch die inkorporierten radioaktiven Stoffe bestimmt bzw. ermittelt werden können. Tabelle 7 gibt über die Probeentnahmen in den jeweiligen Fällen Auskunft.

A. Bei externer Strahlenexposition	B. Bei Inkorporation:
Blut:	Blut:
— für hämatologische Untersuchungen (einschließlich Blutausstrich)	ergänzend zu A: — Zur Bestimmung der Radionuklide und der Nuklidkonzentration
— für biochemische Untersuchungen (etwa 5 ml hepariniertes Blut)	(2 Proben: 20 ml reines Blut
— für Chromosomenanalyse (etwa 10 ml hepariniertes Blut)	10 ml hepariniertes Blut)
Urin:	Urin:
— unmittelbar nach der Exposition (zur Ermittlung von Basiswerten)	ergänzend zu A: — Zur Bestimmung der Ausscheidung der Radionuklide
— 24 Stunden-Urin für die ersten Tage	(wie oben)
	Faeces:
	— Sammlung während der ersten 3-4 Tage

Tab. 7: Für erforderlich gehaltene Probeentnahmen am Unfallort nach Strahlenunfällen

Die hier vorgeschlagenen Methoden sind in Übereinstimmung mit den Empfehlungen der Internationalen Atomenergiebehörde (IAEA) (34). Ausführliche Hinweise auf die als zweckmäßig anzusehenden Laboruntersuchungen finden sich u.a. auch bei Stockhausen und Bögl (77) sowie Stieve und Erpelt (75) im Kurslehrbuch für ermächtigte Ärzte sowie bei Streffer (78). Die Erstuntersuchung dient sowohl dazu, die Ausgangsbefunde bestimmter biologischer Parameter, vor allem der Blutbildbefunde, festzulegen, als auch die durch die Strahlenexposition auslösbaren biochemischen Reaktionen zu ermitteln. In verschiedenen Veröffentlichungen wie z.B. denen von Nakamura und Mitarbeitern (54), Jammet (36), Upton u.a. (82) sind Verläufe der biochemischen Kontrollmaßnahmen, insbesondere der Bestimmung von Metaboliten im Blut und Urin enthalten, die erhöhten Strahlenexpositionen ausgesetzt waren. Schließlich sind mit der Chromosomenanalyse in vielen Fällen Aussagen über das Ausmaß der Ganzkörperexposition möglich. Dieses Verfahren ist oft bei Dosiswerten über 10 rem aussagefähiger als die Ergebnisse der Personendosismessung, insbesondere wenn der Meßort des Personendosimeters nicht mit dem Ort für das Maximum der Strahlenexposition übereinstimmt. Die Auswertung der Ergebnisse benötigt jedoch einige Tage.

Weiterhin ist aus der Tabelle 8 zu entnehmen welche Erste Hilfemaßnahmen am Unfallort eingeleitet werden sollen.

Allgemein:

– *Bei Erregungszuständen:* Verabreichung von Sedativa

Bei Bestrahlung von außen:

– *Ganzkörperexposition:* *(über 100 rem)*
  evtl. Infusion zur Beseitigung von Störungen des Elektrolythaushaltes, ggf. Schocktherapie

– *Teilköperexposition:* *(ab 200 – 300* rem*)*
  Vermeidung jeglichen Reizes im exponierten Gebiet, keine Salbenbehandlung; evtl. Puderbehandlung mit Antibiotika

– *in Verbindung mit Verletzungen:*
  Chirurgische Versorgung hat den Vorrang

– *in Verbindung mit Verbrennungen:*
  Schmerzbekämpfung, Abkühlung des betroffenen Gebietes, Kompressen mit sterilen Tüchern

– *in Verbindung mit Verätzungen:*
  Spülung mit Wasser oder physiologischer Kochsalzlösung zur Verdünnung der ätzenden Substanzen

Bei Kontamination:

  Dekontamination unter Vermeidung einer Verbreitung des kontaminierten radioaktiven Stoffes

– *in Verbindung mit Verletzungen:*
  Versuch der Hemmung der Inkorporation (Abbinden, Aussaugen, Gabe von Chelatbildnern)

– *in Verbindung mit Verbrennungen:*
  Sofortige Dekontamination mit kaltem Wasser, Spülung des betroffenen Gebietes mit phys. Kochsalzlösung, Verhütung allgemeiner Hypothermie

Bei Inkorporation: *(über den Grenzwert)*
  Sofortige Einweisung zur Dekorporation. Evtl. Gabe von stabilen Isotopen zur isotopisch. Verdünnung des radioaktiven Stoffes

Tab. 8: Empfehlenswerte Erste-Hilfe-Maßnahmen am Unfallort

Personen, die nicht regelmäßig mit radioaktiven Stoffen umgehen, haben in der Regel Angst vor den damit verbundenen Strahleneinwirkungen. Dies gilt nach den bisherigen Erfahrungen z.T. auch für Ärzte und Pflegepersonal, die für die Behandlung von Strahlenunfällen eingesetzt sind. Angst- und Erregungszustände der Unfallverletzten sollten deshalb grundsätzlich sediert werden. Bei möglichen Reaktionen auf Strahleneffekte durch höhere Dosen kann es ggfs. erforderlich sein, Sedativa und schmerzlindernde Mittel intravenös zu verabreichen. Die Ruhigstellung der Patienten ist deshalb die wichtigste einleitende Maßnahme, auch um die Prodromalsymptome besser erkennen zu können. Diese können, bedingt durch das Unfallereignis, durch psychische Reaktionen maskiert werden.

Die Behandlung typischer Strahlenwirkungen richtet sich anschließend nach der Art der Exposition.

Hierbei ist zu beachten, daß die meisten typischen Strahlenwirkungen oft erst nach einer Latenzeit von Stunden oder Tagen manifest werden. Der Behandlungserfolg hängt dagegen davon ab, daß die Therapie rechtzeitig, also möglichst schon vor Beginn der klinisch erkennbaren Reaktionen eingeleitet wurde.

So ist nach Ganzkörperexposition ab etwa 100 rd eine spezifische Therapie bei Schockzuständen einzuleiten. Bei Expositionen etwa ab 200 rd ist zusätzlich darauf zu achten, daß der Elektrolythaushalt ausgeglichen ist. Als Folge der Strahleneinwirkungen kann es durch Störungen im Gefäßsystem zu Ödemen und damit zu einem intravasalen Volumenmangel im zirkulierenden Blut kommen. Hierzu sind zur Substitution der als Ödem in das Gewebe diffundierenden Flüssigkeit Infusionen mit Kochsalz - oder Blutersatzlösungen - erforderlich. Von Bluttransfusionen sollte im Initialstadium Abstand genommen werden.

Bei Teilkörperexpositionen steht die Schonung des exponierten Gebietes im Vordergrund der therapeutischen Überlegungen. Hier sollten jegliche zusätzliche Reize, z.B. durch Waschen mit Seife, Behandlung mit reizenden oder ätzenden Substanzen einschließlich einer Jodpinselung, durch mechanische Reize wie Heftpflasterverbände u.a. vermieden werden. Nach den Erfahrungen der Dermatologen, Traumatologen und Strahlentherapeuten ist auf jeden Fall, ähnlich wie bei Verbrennungen, von einer Salbenbehandlung abzusehen (z.B. Kärcher (40)). Sind im exponierten Gebiet Verletzungen vorhanden, so steht die chirurgische Versorgung der Wunden möglichst mit primärer Wundtoilette an erster Stelle. Dies bestätigen die bisher vorliegenden Erfahrungen, ergänzt durch Erkenntnisse an Tierversuchen, über die u.a. Brooks (9), Federov (28), Messerschmidt (49), Razgovorov (63), Saenger (70) u.a. berichteten. Messerschmidt hat hierüber zusammenstellend referiert (47, 48) und wird auch in dieser Vortragsserie darüber ausführlich berichten. Es zeigte sich, daß die Wundheilung im Stadium der Manifestation der Strahlenreaktion, d.h. einige Tage nach der Strahleneinwirkung, bei dann erst durchgeführter Wundversorgung negativ beeinflußt wird.

Bei Verbrennungen und Verätzungen besteht am Unfallort nach Müller (52, 53), Rehn (64), Schuster (72) u.a. die Erstversorgung in der sofortigen Abkühlung des betroffenen Körperabschnittes durch Eintauchen und Begießen mit kaltem Wasser, anschließendem Anlegen kalter, möglichst steriler Kompressen und einer intensiven Schmerzbekämpfung. Verbrennungen sind schon zu Beginn der Reaktionen von heftigen Schmerzen begleitet.

Sind Kontaminationen festgestellt worden, die den z.B. in der Richtlinie "Strahlenschutz in der Medizin" (18) festgelegten Grenzwert überschreiten, so steht die Dekontamination des betroffenen Körperabschnittes an erster Stelle der therapeutischen Maßnahmen. Sind im kontaminierten Gebiet Verletzungen oder Verbrennungen vorhanden, so gehört es zu den vordringlichen Erste Hilfe Maßnahmen, die Inkorporation der radioaktiven Stoffe, die durch die verletzte Haut begünstigt wird, zu vermeiden. Hierzu gehören u.a. wundnahe venöse Stauungen, Wundspülungen, Absaugung des Wundsekretes, evtl. Wundexzisionen, lokale Verabreichung von Chelatbildern u.a. (Ohlenschläger (58, 59), Volf (84). Sind im kontaminierten Gebiet Verbrennungen vorhanden, so ist eine möglichst frühzeitige milde Dekontaminationsbehandlung unter Spülung mit kaltem Wasser oder physiologischer Kochsalzlösung angezeigt.

Besteht die Gefahr einer Inkorporation, so ist eine für den

jeweiligen radioaktiven Stoff spezifische Therapie einzuleiten. Hierüber sollte in jedem Fall von erfahrener Seite Rat
eingeholt werden. Entsprechende Hinweise finden sich in den
Monographien von Catsch (23, 24), Volf (84), Dolphin (26), dem
Manual der IAEA (34) und dem Verhandlungsbericht über Diagnosis
and Treatment of Incorporated Radionuclides. Ein Entschei-
dungsschema für den Arzt über die Reihenfolge der einzelnen
therapeutischen Maßnahmen ist in Abb. 3 wiedergegeben.

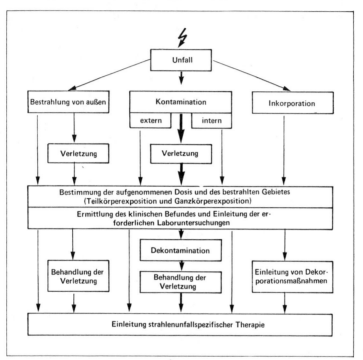

Abb. 3: Rangfolge der durchzuführenden ärztlichen Maßnahmen am Unfallort

Einzelheiten über einzuleitende ärztliche Maßnahmen am Unfall-
ort finden sich u.a. im Anhang C des IAEA Manuals (Safety
Series 47 (34)), in den Empfehlungen der Internationalen
Strahlenschutzkommission (ICRP 28) (35), in den Beiträgen von
Jammet (36, 39), Pilleron (62), dem Kurslehrbuch für ermäch-
tigt Ärzte (76) und dem Bericht der U.S. Atomic Energy
Commission (80). Aus diesen Veröffentlichungen ergibt sich:

1. Personen, die als Ganzkörperexposition eine Dosis von mehr
   als 25 rem erhalten haben, sollten einer Beobachtung unter
   Einleitung klinischer Untersuchungen einschließlich labor-
   medizinischer Verfahren unterzogen werden. Bei Werten von
   mehr als 100 rem sind sie stationär zur klinischen Beobachtung bzw. Behandlung einzuweisen. Bei Exposition bis
   zu 1500 bzw. 2000 rem sind bei rechtzeitiger Einleitung
   therapeutische Maßnahmen aussichtsreich.

2. Bei Teilkörperexpositionen ist eine stationäre Einweisung ab etwa 400 - 800 rem erforderlich.

3. Bei Kontaminationen sollte bei Werten von 10^{-5} μCi/cm^2 für Alphastrahler und von 10^{-4} μCi/cm^2 für Beta- und Gammastrahler dekontaminiert werden.
Bei Kontaminationen, die eine Exposition von mehr als 400 rem bedingen, ist nach Dekontamination eine stationäre Behandlung angezeigt.

4. Bei Inkorporationen von radioaktiven Stoffen oberhalb des Grenzwertes der Jahresaktivitätszufuhr (ALI) sollte der Betroffene so bald als möglich zu einer Dekorporationsbehandlung eingewiesen werden.

5. Strahlenexpositionen in Kombination mit anderen Einwirkungen bedürfen in jedem Falle einer Behandlung in speziell hierfür eingerichteten und in der Behandlung erfahrenen Abteilungen.

In denjenigen Fällen, in denen eine frühzeitige Ermittlung der vom Betroffenen aufgenommenen Dosis nicht möglich ist, bzw. Unsicherheiten in der Dosisabschätzung bestehen, sollten die Ärzte, die für die Erste Hilfe zuständig sind, bzw. die zu entscheiden haben, ob eine Einweisung in stationäre Behandlung zweckmäßig ist, gemeinsam auf sich manifestierende Symptome achten.

Der klinische Verlauf einer Strahlenkrankheit nach intensiver Ganzkörperexposition ist durch drei aufeinanderfolgende Phasen charakterisiert. Die Prodromalphase, die Latenzperiode und schließlich die Manifestation der eigentlichen Strahlenwirkung. Am Auftreten und Ablauf der Prodromalphase ist die Schwere der Strahlenkrankheit abzuschätzen. Grundsätzlich gilt: Je früher die Erscheinungen auftreten und je deutlicher sie sich zeigen, desto schwerer ist die zu erwartende Strahlenreaktion. Langham und Mitarbeiter (42) haben dies in einem Schema zusammengefaßt. Es soll hier als Hinweis für eine klinische Diagnostik wiedergegeben werden (Abb. 4).

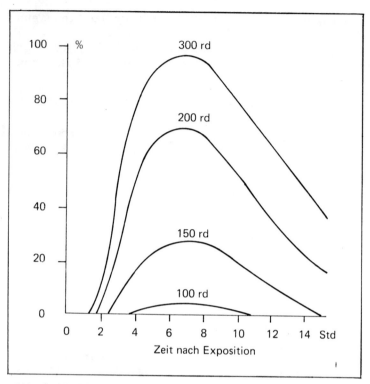

Abb. 4: Häufigkeit und Zeit des Auftretens von Symptomen bei
Ganzkörperexposition in Abhängigkeit von der Dosis
(Langham 1965)

Die Dauer der Latenzperiode hängt dann, abgesehen von den
Schäden am Zentralnervensystem, die sich in kurzer Zeit mani-
festieren, von der Erneuerungsrate des am meisten betroffenen
Zellsystems ab (Bond 1965 (7), Upton, 1969 (82)). Prodromalphase und Latenzperiode sind deshalb wichtige Indikatoren für
die einzuleitende Therapie. Während noch 1962 die mittlere
Letalitätsdosis im Bericht des Wissenschaftlichen Komitees der
Vereinten Nationen über die Wirkungen atomarer Strahlung (80)
mit etwa 400 rd angegeben wurde, liegt sie heute aufgrund der
therapeutischen Erfahrungen, die an Ganzkörperbestrahlten bei
lymphatischer Leukämie und nachfolgender Stammzellentransplan-
tation gesammelt wurden, bei etwa 1500 rd (800 - 2000 rd)
Abb. 5.

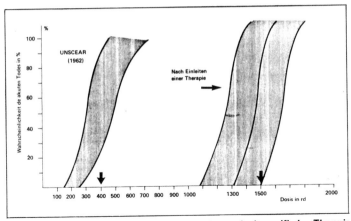

Abb. 5: Wahrscheinlichkeit letaler Reaktionen ohne und mit spezifischer Therapie

Die erfolgreiche Behandlung der 4 Personen innerhalb von 5 Wochen mit Ganzkörperstrahlenexposition von etwa 2300 bis 2800 rd in Algerien, über deren Behandlung Jammet (37, 38) berichtete, zeigen zum Mindesten, daß das akute Stadium jetzt bei diesen Dosiswerten noch behandelbar ist. Solche Expositionen galten vor kurzer Zeit noch als absolut letal.

In diesen Fällen stehen nun die Folgen und Spätschäden im Vordergrund, die sich nach Überwindung des akuten Stadiums entwickeln können. Auch hier wird es möglich sein, aufgrund der Erfahrung bei der Behandlung von Leukämieerkrankungen neue Wege zu beschreiten.

Mit ähnlichen Reaktionsabläufen ist bei Teilkörperexpositionen zu rechnen. Dies sei an einem in ihrem Ursprung auf die bereits 1930 veröffentlichten Untersuchungen von Flaskamp (29) zurückzuführenden Schema veranschaulicht (Abb. 6).

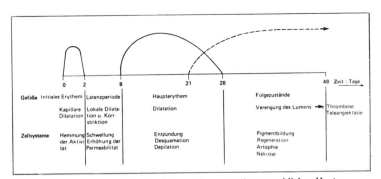

Abb. 6: Typischer Ablauf der Strahlenreaktionen an der menschlichen Haut
(modifiziert nach *Flaskamp*)

Die diesem Schema zugrundeliegenden Mechanismen, die durch umfangreiche neuere Untersuchungen im Einzelnen näher erklärt wurden (Rubin u.a. (66)), sind der Darstellung in Stichworten beigefügt. Danach kommt es in der Phase des initialen Erythems zur Dilatation in dem betroffenen Kapillargebiet. Diese wird durch histaminartige Substanzen ausgelöst. In den Epithelien und Gefäßendothelien ist je nach Höhe der Dosis eine Hemmung bzw. ein Stillstand der Zellaktivität zu beobachten. In der Latenzphase kommt es anschließend wechselseitig zur örtlich begrenzten Dilatation und Kontraktion des Kapillarbettes und gleichzeitig zur Zellschädigung, die sich in Schwellungen der Zellen und einer erhöhten Proliferation der nicht geschädigten Zellen äußert. In dieser Phase ist die Permeabilität des Kapillarsystems erhöht. Diesem Stadium schließen sich typische Entzündungsreaktionen an. Sie sind wieder mit einer Dilatation der Gefäße, obstruktiven Veränderungen in den Arteriolen, einer Diapedese von Zellelementen kombiniert. Der Schweregrad des klinisch erkennbaren Erscheinungsbildes hängt wiederum von der Höhe der Dosis und der Größe des bestrahlten Körperabschnittes ab. Auch dies sei an einem Schema verdeutlicht, das ebenfalls ursprünglich von Flaskamp (29) aufgestellt wurde (Abb. 7).

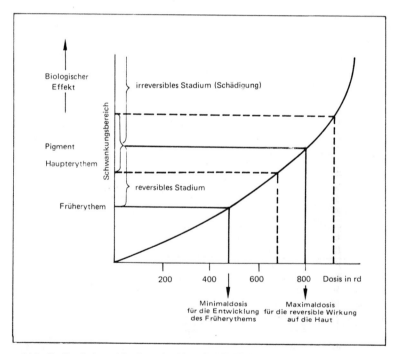

Abb. 7: Reaktionsablauf an der Haut bei Teilkörperexpositionen

Diese stichwortartige zusammenfassende Schilderung möge verdeutlichen, daß die mit subtilen Methoden zu erfassenden Reaktionen wesentlich früher erkennbar sind, als dies der klinische Befund später vermuten läßt. Je früher deshalb gezielte Maßnahmen zur Wirkung kommen, desto geringer wird sich später der Schaden auswirken. Die Kenntnisse über die klinische Strahlenpathologie ermöglichen jedenfalls die rechtzeitige Einleitung einer erfolgversprechenden Therapie.

Woher stammen nun die Erfahrungen über die Beurteilung des zu erwartenden Verlaufs und die möglichen Erfolge der Therapie der Strahlenwirkungen?

Die Tabelle 10 faßt die vielseitige Herkunft der Erfahrungen zusammen.

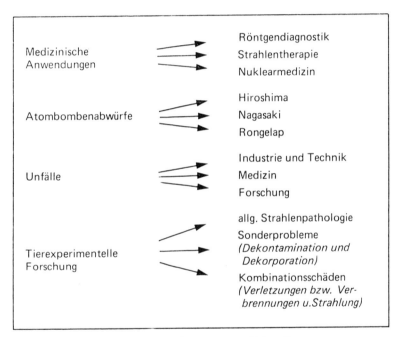

Tab. 10: Grundlagen über die Erfahrungen zur Behandlung von Strahlenunfällen

Sie mag den mannigfaltigen Ursprung verdeutlichen und gleichzeitig dazu anregen über die Erfahrungen in Veröffentlichungen zu berichten. Sie können zu einer weiteren Verbesserung der Therapie führen. Es ist hier nicht der Platz über Einzelheiten therapeutischer Maßnahmen zu berichten. Dies wird zum Teil in den nachfolgenden Beiträgen der Fall sein.

Auf die Beantwortung einer Frage sei jedoch zum Schluß noch hingewiesen. Sie wird dem Bundesgesundheitsamt häufig gestellt und ist deshalb auch Gegenstand entsprechender gutachterlicher

Stellungnahmen. Die Beantwortung sei ebenfalls mit der Schilderung eines Strahlenunfalles verbunden.

Bei einem Strahlenunfall erhielt ein 23-jähriger männlicher Beschäftigter an den Hoden eine Strahlendosis von etwa 25 rd. Der zuständige ermächtigte Arzt fragte deshalb an, welche Maßnahmen zu erwägen seien.

Über die Strahlenwirkung auf die männlichen Keimdrüsen besteht ein umfangreiches Schrifttum (Carlson (22), Mac Lord (45), Mandl (46), Sobels (73), Oakberg (56), Oakes (57), Sandemann (68) und Rowley (65). Auch über die Wirkung auf die weiblichen Keimdrüsen sind einige Bericht vorhanden (z.B. Peck (61). Aus diesen läßt sich entnehmen (Abb. 8):

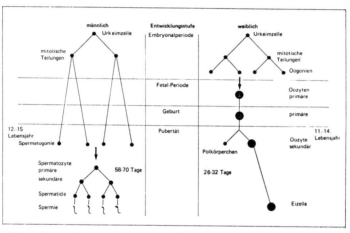

Abb. 8: Entwicklungsstadien der menschlichen Geschlechtszellen

Die Spermiogenese beginnt mit dem Eintritt in die Pubertät. Die Entwicklung der Spermien aus der Spermatogonie dauert etwa 58 - 70 Tage. Untersuchungen mit der Maus - bei Bestrahlung der unterschiedlichen Entwicklungsstadien in der Spermatogenese - haben gezeigt, daß die ausdifferenzierten Stadien - Spermatide, Spermien - im Vergleich zu den Spermatogonien etwa die doppelte Mutationsempfindlichkeit besitzen. Überträgt man diese Befunde auf den Menschen, ist nach einer akuten Strahlenexposition folgende Maßnahme zu ergreifen: Dem Strahlenexponierten muß eine absolute Empfängnisverhütung von mindestens 140 Tagen angeraten werden, weil die Spermatogenese beim Menschen 58 - 70 Tage dauert. Nach dem genannten Zeitintervall von mindestens 140 Tagen gelangen Spermien zur Befruchtung, die aus den weniger mutationsempfindlichen Spermatogonien inzwischen gebildet wurden. Die unterschiedliche Mutationsempfindlichkeit der einzelnen Keimzellstadien ist auf die unterschiedliche Reparaturkapazität zurückzuführen. Durch

diese Maßnahme wäre das Risiko ein Kind mit einem genetischen
Defekt zu zeugen, um den Faktor 2 reduziert.

Einer Frau, die einer akuten Exposition ausgesetzt war, kann
man nicht den gleichen Rat erteilen, weil bei der Oogense,
die zwar prinzipiell wie die Spermatogenese verläuft,
die Vermehrungsphase der Keimzellen bereits nach der Embryonal-
periode abgeschlossen ist. - Beim männlichen Geschlecht beginnt die Vermehrungsphase erst mit Eintritt in die Pubertät
(Stephan (74). Die Frau muß mit dem Bestand leben, den sie
bis zur Geburt entwickelt hat. Aus Tierversuchen ist bekannt,
daß die primären Oozyten über ein ausgeprägtes Repairsystem
verfügen, das offenbar effektiver ist als dasjenige bei
Spermiozyten. Diejenigen Zellen, die noch lebensfähig sind,
können sich in der Reifungsperiode in etwa 24 - 32 Tage zur
befruchtungsfähigen Eizelle entwickeln. Auch in diesem Falle
ist es ratsam, die strahlensensible Phase der Oogenese von der
primären Oozyte bis zum Ei abzuwarten und zusätzlich den nachfolgenden Eizellen die Möglichkeit zu geben Schäden zu repa-
rieren. Hier sollte nach Möglichkeit von einer Befruchtung
in den ersten 60 Tagen nach der Exposition Abstand genommen
werden. Begründet wird diese Maßnahme mit Ergebnissen aus dem
Mäuseexperiment: Die Bestrahlung von weiblichen Mäusen und
Verpaarung mit unbestrahlten Männchen in verschiedenen Zeitab-
ständen nach der Bestrahlung hat ergeben, daß bei Verpaarung
sieben Wochen und später nach der Bestrahlung unter den Nach-
kommen keine Mutanten gefunden wurden (Russel (67).

Diese Empfehlung gilt nicht nur für unfallbedingte Strahlenexpositionen sondern in gleichem Maße für diagnostische und
therapeutische Maßnahmen, bei denen mit etwa gleich großen
Werten gerechnet werden muß, wie z.B. bei Kontrasteinläufen.

Faßt man die hier vorgetragenen Erkenntnisse noch einmal zusammen, so kann abschließend festgestellt werden:

1. Strahlenunfälle treten im Vergleich zu anderen Unfällen
   selten auf.
2. Der klinische Verlauf hängt u.a. von der Art der Strahlung,
   der Größe des bestrahlten Gebietes und des bestrahlten
   Volumens und der vom Betroffenen aufgenommenen Dosis ab.
3. Eine Therapie kann das Ausmaß des Schadens mindern, bzw.
   akut auftretende Schäden verhüten. Der Behandlungserfolg
   hängt davon ab, ob die erforderlichen Maßnahmen rechtzeitig
   eingeleitet werden.
4. Ein umfangreiches Schrifttum unterrichtet über Erste Hilfe
   Maßnahmen und die Behandlung von Strahlenunfällen.
5. Bei Strahlenunfällen, bei denen mit akuten Schäden zu rechnen ist, sollte immer ein erfahrener Therapeut zur Beratung hinzugezogen werden.

Literatur

(1) Andrews, G.A. et al.:
Possibilities for improved treatment of persons exposed
in radiation accident
In: Handling Radiation Accidents: 119 (1969)

(2) Andrews, G.A.:
Radiation Accidents and Their Management
Radiation Res. Supplement 7
390 - 397 (1967)

(3) Andrews, G.A.; B.W. Sitteron and A.L.K. Kretschmar:
Critically accident at the Y-12 Plants in Diagnosis
and Treatment of acute Radiation Injury
World Health Organisation, Genf 27 - 48 (1961)

(4) Andrews, G.A.:
Mexican Co60 Radiation Accident Isotopes
Radiat. Technol. 1 (1963)

(5) Bair, W.J.; Smith, V.M.:
Radionuclide contamination and removal. in Duhamel:
Health Physics: 2, Pergamon Press, Oxford (1969)

(6) Bair, W.J.; Ballou, J.F.; Park and C.L. Sanders:
Plutonium in soft tissues with emphasis on the respira-
tory tract
In: H.C. Hodge, et al.: Uranium, Plutonium, Transplutonic
Elements, Springer Verlag, Berlin - Heidelberg -
New York (1973)

(7) Bond, V.P.; T.M. Fliedner and J.O. Archambeau:
Mamalian Radiation Lethality:
A. Disturbance in Cellular Kinetics
Academic Press New York (1965)

(8) Hauptverband der gewerblichen Berufsgenossenschaften:
Merkblatt: Erste Hilfe bei erhöhter Einwirkung ionisie-
render Strahlen
Carl Heymanns Verlag, Köln (1979)

(9) Brooks, J.W.; E.I. Evans; W. Ham and R.D. Reid:
The Influence of External Body radiation:
On Mortality from Thermal Burns
Ann.Surg. 136; 533 (1953)

(10) Der Bundesminister für Arbeit und Sozialordnung:
Arbeitssicherheit '80
Unfallverhütungsbericht
Referat Presse- und Öffentlichkeitsarbeit des
Bundesministeriums für Arbeit und Sozialordnung, Bonn
(1980)

(11) Der Bundesminister des Innern:
Umweltradioaktivität und Strahlenbelastung:
Jahresbericht 1972

(12) Jahresbericht 1973

(13) Jahresbericht 1974

(14) Jahresbericht 1975

(15) Jahresbericht 1976

(16) Jahresbericht 1977

(17) Jahresbericht 1978
Der Bundesminister des Innern, Referat Öffentlichkeitsarbeit, Bonn (1973, 1974, 1975, 1976, 1977, 1978, 1979)

(18) Der Bundesminister des Innern:
Richtlinie für den Strahlenschutz bei Verwendung radioaktiver Stoffe und beim Betrieb von Anlagen zur Erzeugung
ionisierender Strahlen und Bestrahlungseinrichtungen mit
radioaktiven Quellen in der Medizin (Richtlinie Strahlenschutz in der Medizin) - Heft 9 der Schriftenreihe
Gem.Min.Blatt 30: 638 - 662 (1979)

(19) Der Bundesminister des Innern:
Grundsätze für die ärztliche Überwachung von beruflich
strahlenexponierten Personen.
W. Kohlhammer, Stuttgart (1978)

(20) Bundesregierung:
Verordnung über den Schutz vor Schäden durch Röntgenstrah-
len (Röntgenverordnung) vom 1. März 1973
BGBl. I, S. 173 (1973)

(21) Bundesregierung:
Verordnung über den Schutz vor Schäden durch ionisierende
Strahlen (Strahlenschutzverordnung) vom 13. Oktober 1976
BGBl. I, S. 2905 (1973)

(22) Carlson, W.D. and F.X. Gassner:
Proceedings of the International Symposium on Effects
of Ionizing Radiation on the Reproductive System
Pergamon Press, Oxford (1964)

(23) Catsch, A.:
Radioactive Metal Mobilisation in Medicine
Thomas, Springfield Ill. (1964)

(24) Catsch, A.:
Dekorporierung radioaktiver und stabiler Metallionen -
Therapeutische Grundlagen
Thiemig-Verlag, München (1968)

(25) Commissariat á l'Energie Atomique
Department de Protection:
Accidents Radiologiques von H. Jammet, R. Le Go
und J. Lafuma
Centre d'Etudes Nucléaires de Fontenay-aux-Roses, Frank-
reich, CEA N-1365 (1976)

(26) Dolphin, G.W.:
Review of some problems and recent research work
associated with the use of chelating agents for the
removal of incorporated radionuclides from humans
In: Diagnosis and Treatment of Incorporated Radionuclides.
Proc. IAEA/WHO Seminar, Wien: 403 (1976)

(27) Dunster, H.J.:
Maximum Permissible Levels of Surface Contamination
In: Radioactive Contamination of Workers
EUR 2210, S. 135 (1964)

(28) Federov, N.A.; S.V. Skurkovic; E.V. Samsina und M.P.
Chochlova:
Zur Frage der Pathogenese und Behandlung des Bestrahlungs-
Verbrennungs-Trauma.
Wiss.Allunionskonferenz für kombinierte Strahlenschäden
Moskau (1958)

(29) Flaskamp, W.:
Über Röntgenschäden und Schäden durch radioaktive Substan-
zen
Urban und Schwarzenberg, Berlin und Wien (1930)

(30) Gonzales, R. et L. Berumen:
Etude de cing sujets soumis a'une irradiation totale
subaigue accidentelle
Rev.Franc.Etudes Clin.Biol. 8:1009 (1963)

(31) Guskova, A.K.:
Organisation of Medical Supervision of Persons Working
with Ionizing Radiation Sources
Atomizdat, Moskau (1975)

(32) Hashizume, T.Y.; Kato; T. Nakajima; H. Yamaguchi and
K. Fujimoto:
Dose Estimation of Non-occupational
Persons Accidentally Exposed to ^{192}Ir Gamma-Rays
J. Radiat. Res. 14: 320 - 327 (1973)

(33) Health Protection Department
Occupational Medicine Group
Energieonderzoek Centrum
Niederlande:
The care of Radiation Casualties
Physicians Manual
Fünfte Ausgabe
Netherlands Energy Research Foundation
(ECN) (1976)

(34) International Atomic Energy Agency:
Safety Series No. 47:
Manual on Early Medical Treatment of Possible Radiation
Injury.
International Atomic Energy Agency, Wien (1978)

(35) Internationale Strahlenschutzkommission:
Grundsätze und allgemeine Verfahren bei Strahlenexpositionen in beruflichen Notfall- und Unfallsituationen (ICRP Heft
28), Gustav Fischer-Verlag, Stuttgart (1980)

(36) Jammet, H.; R. Le Go et J. Lafuma:
Accidents radiologiques. Conduite   tenir en cas
d'irradiation externe accidentelle ou de contamination
radioactive accidentelle Note. CEA-N-1365 (1970)

(37) Jammet, H.-P.:
Problèmes posés par les irradiations accidentelles
prolongées.
Bull.Acad.Nat.Med. 163: 148, Paris (1979)

(38) Jammet, H.; R. Gongora; P. Pouillart; R. Le Go et
N. Parmentier:
Four Cases of Protacted Whole Body irradiation.
Als Manuskript veröffentlichter Bericht,
Fontenay-aux-Roses, Frankreich (1979)

(39) Jammet, H.; J.C. Nenot:
Principes régisant l'assistance médicale d'urgence
en cas de contamination interne des travailleurs
IAEA/WHO Seminar, Wien (1975)

(40) Kärcher, K.H.:
Akute lokale Veränderungen nach Teilkörperbestrahlung.
In: F.-E. Stieve und G. Möhrle: Strahlenschutzkurs für
ermächtigte Ärzte.
H. Hoffmann, Berlin: Teil 2, 278 - 286 (1979)

(41) Labenau et al.:
Analytical X-ray Hazards: A Continuing Problem
Health Physics 16: 739 - 746 (1969)

(42) Langham, W.H.; P.M. Brooks; D. Grahn; D.A. Adams;
F.E. Holly; H.J. Curtis; C.J. Lambertsen; D.P. Cambell;
T.C. Gabaith et al.:
Radiation biology and space environmental parameters in
manned spacecraft design and operations
Aerospace Med. 36: 1 - 55 (1965)

(43) Lanzl, L.H.:
Radiation Accidents and Emergencies in Medicine,
Research and Industrie.
C.C. Thomas, Springfield Ill. (1965)

(44) Lushbaugh, C.C.:
Human radiation tolerance in C.A. Tobias
Radiation Biology and Related Topics
Academics Press, New York 475 (1974)

(45) Mac Leod, J.; R.S. Hotchkiss and B.W. Sitterson:
Recovery of male fertility after sterilization by
nuclear radiation
Am.-J. Med. ass. 187: 637 - 641 (1964)

(46) Mandl, A.M.:
The radiosensitivity of germ cells
Biol.Rev. Cambridge Phil. Soc. 39: 288 - 371 (1964)

(47) Messerschmidt, O.:
Akute lokale Veränderungen bei Teilkörperbestrahlung
und deren Behandlung.
In: F.-E.Stieve und G. Möhrle: Strahlenschutzkurs
für ermächtigte Ärzte, Teil 2: 287, H. Hoffmann,
Berlin (1979)

(48) Messerschmidt, O.:
Kombinationsschäden als Folge nuklearer Explosionen.
In: Chirurgie der Gegenwart, Band IV:
Urban und Schwarzenberg, München (1975)

(49) Messerschmidt, O.; H. Langendorff, E. Birkmayer und
L. Koslowski:
Untersuchungen über Kombinationsschäden, über Lebenserwartung an Mäusen, die zu verschiedenen Zeiten vor und
nach einer Ganzkörperbestrahlung mit Hautverbrennungen
belastet wurden.
Strahlentherapie 138: 619 (1969)

(50) Möhrle, G.:
Kontamination der Haut und Maßnahmen zur Dekontamination
In: G. Möhrle: Erste Hilfe bei Strahlenunfällen: 83
Genter, Stuttgart (1972)

(51) Möhrle, G.:
Kontamination und Dekontamination
In: F.-E.Stieve und G. Möhrle: Strahlenschutzkurs für
ermächtigte Ärzte, Band 2: 243, H. Hoffmann, Berlin (1979)

(52) Müller, F.-E.:
Notfallmedizin bei Verbrennungen
Diagnostik 3: 145 (1977)

(53) Müller, F.-E.:
Verbrennungskrankheiten
Schattauer, Stuttgart (1969)

(54) Nakamura, W.; K. Mizobuchi; F. Sawada et al.:
Biochemical Analyses of some Metabolites in Urine and
Blood in Persons
Exposed Accidentally to a Source of ^{192}Ir.
J.Radiat.Res. 14: 304 (1973)

(55) National Council on Radiation Protection and Measurements
(NCRP): Exposure to Radiation in an Emergency, NCRP No. 29
Washington (1962)

(56) Oakberg, E.F. and E. Clark:
Species differences in radiation response of gonads.
In: W.D. Carlson and F.X. Glasser: Proceedings of the
International Symposium on Effects of Ionizing Radiation
on the Productive System
Pergamon Press, Oxford: 11 (1964)

(57) Oakes, W.R. and C.C. Lushbaugh:
Course of testicular Injury following accidental exposure
to nuclear radiation
Radiology 59: 737 (1952)

(58) Ohlenschläger, L.:
Diagnostik und Therapie der kontaminierten Wunde
In: F.-E.Stieve und G. Möhrle: Strahlenschutzkurs für ermächtigte Ärzte, Teil 2: 254 - 263, H. Hoffmann, Berlin
(1979)

(59) Ohlenschläger, L. und O. Frohnheim:
Aufbau und Funktion eines medizinischen Wundmeßplatzes.
Strahlentherapie 146: 422 (1973)

(60) Pasquier, C. et R. Ducousso:
Traitment d'urgence des radiocontaminations internes:
Principe et réalisation practique.
Proc. IAEA/WHO Seminar, Wien (1975)
IAEA: 553, Wien (1976)

(61) Peck, W.S.; J.T. Mc Greer; M.R. Kretschmer and W.W. Bown:
Castration of the female by irradiation
Radiology 34: 176 (1940)

(62) Pilleron, J.P.; H. Jammet; J. Lafuma; J. Manquene et
R. Gomgora:
Converning a case of a penetrating wound made by a
foreign body highly contaminated with plutonium-239
In: Dekontamination Surgery with Nuclear Detector
Monitoring, Mem.Acad.Chir., Paris 90: 323 (1964)

(63) Razgovorov, B.L.:
Primäre Wundnaht bei Strahlenkrankheit
Exper.Chir. 2: 47 (1957)

(64) Rehn, J. und F.E. Müller:
Die Therapie des Verbrennungsschocks
Praxis der Schockbehandlung
Thieme-Verlag, Stuttgart (1971)

(65) Rowley, M.J.; D.R. Leach; G.A. Warner and C. Heller:
Effect of graded Dosis of Ionizing
Radiation on the Human Testis
Radiation Res. 59, 665 (1974)

(66) Rubin, Ph. and G.W. Casarett:
Clinical Radiation Pathology
W.B. Sounders Philadelphia, London and Toronto (1968)

(67) Russel, W.L.:
Studies in mammalian genetics
Nucleonics 23, 53 - 56 (1965)
(68) Sandemann, T.F.:
The effects of X-irradiation on male human fertility
Brit.J.Radiolog. 39, 901 - 907 (1966)
(69) Saenger, E.L.:
Radiation Accidents
Amer.J.Roentgenolog. 84: 715 (1960)
(70) Saenger, E.L.:
Medical Aspects of Radiation Accidents,
A handbook for physicians, health physicists and
industrial hygienists
U.S. Atomic Energy Commission. Superintendent Documents
U.S. Government Office, Washington DC 20402 (1963)
(71) Sagell, H.:
Ein lehrreicher Strahlenunfall
Arbeitsmedizin, Sozialmedizin, Präventivmedizin 24 (1975)
(72) Schuster, P.H.:
Notfallmedizin, 2. Auflage
Ferdinand Enke, Stuttgart (1979)
(73) Sobels, F.H.:
Repair from Genetic Damage
Pergamon Press, Oxford (1963)
(74) Stephan, G.:
Die mutagene Wirkung der Röntgenstrahlen
III. Strahlengenetisches Risiko
Röntgenblätter 29, 253 - 257 (1976)
(75) Stieve, F.-E. und R.W. Erpelt:
Ärztliche Überwachung der beruflich strahlenexponierten
Personen - Erforderliche Zusatzuntersuchungen.
In: F.-E.Stieve und G. Möhrle: Strahlenschutzkurs für
ermächtigte Ärzte, 392 - 407, H. Hoffmann, Berlin (1979)
(76) Stieve, F.-E. und G. Möhrle:
Kurslehrbuch für ermächtigte Ärzte, Teil I und II
H. Hoffmann, Berlin (1979)
(77) Stockhausen, K. und W. Bögl:
Biochemische und biophysikalische Indikatorsysteme und
deren Aussagekraft
In: F.-E.Stieve und G. Möhrle: Strahlenschutzkurs für
ermächtigte Ärzte, H. Hoffmann, Berlin: 138 (1979)
(78) Streffer, C.:
Biochemische Untersuchungen nach Strahlenunfällen
In: T.H. Fliedner und W. Hauger: Ärztliche Maßnahmen bei
außergewöhnlicher Strahlenbelastung, Gg. Thieme, Stutt-
gart (1967)
(79) Sugiyama, H.; A. Kurisu; K. Hirashima and T. Kumatori:
Clinical Studies on Radiation Injuries Resulting from
Accidental Exposure to an Iridium-192 Radiographic Source
J. Radiat.Res. 14, 275 (1974)
(80) United Nations:
Report of the United Nations Scientific Committee on the
Effects of Atomic Radiation
Official records of the General Assembly,
Seventeenth Session Supplement No. 16A/5216 United Nations
New York (1962)

(81) United States Atomic Energy Commission:
Operational Accidents and Radiation Exposure
Experience (AEC Report WASH, 1192)
U.S. Printing Office
Washington, D.C. (1975)

(82) Upton, A.C.:
Radiation Injury
The University of Chicago Press
Chicago and London (1969)

(83) U.S. Radiation Emergency Assistance Centre:
Radiation Emergency Assistance Centre and Training Site:
Procedures Manual (1978)

(84) V. Volf und G. Möhrle:
Möglichkeiten der Behandlung nach Inkorporation von
Radionukliden
In: Kurslehrbuch für ermächtigte Ärzte (Stieve - Möhrle)
H. Hoffmann, Berlin (1979)

(85) Weltgesundheitsorganisation (WHO):
Diagnosis and Treatment of Acute Radiation Injury
World Health Organisation, Genf (1961)

(86) Wirth, J.E.:
Management and treatment of exposed Personell
In: Stone, R.S.: Industrial Medicine on the Plutonium
Project, Mc Graw Hill, New York 246 (1951)

(87) Zetkin und H. Schaldach:
Wörterbuch der Medizin, 6. Auflage
Georg Thieme, Stuttgart (1978)

II. INKORPORATION UND DEKORPORATION VON RADIONUKLIDEN

Inkorporationsgrenzwerte nach ICRP-3o [+)]

Alexander Kaul, Klinikum Steglitz der Freien Universität Berlin,
Physik und Strahlenschutz (Biophysik)

EINLEITUNG

Während der vergangenen 2o Jahre stützten sich die Strahlenschutzgesetzgebung und praktischen Strahlenschutzmaßnahmen beim beruflichen Umgang mit offenen radioaktiven Stoffen auf Grenzwerte der Aktivitätskonzentration in Luft und Wasser sowie Werte der höchstzulässigen Körperbelastung, die 1959 als Empfehlungen in der Veröffentlichung 2 der Internationalen Strahlenschutzkommission für etwa 24o Radionuklide erschienen waren und 1964 in der Veröffentlichung 6 geringfügig (3o Radionuklide) ergänzt wurden. Neue Erkenntnisse über die biologische Strahlenwirkung, die Aufnahme, Verteilung und Ablagerung von radioaktiven Stoffen im Körper und über die physikalischen Zerfallseigenschaften der Radionuklide sowie die geänderten grundlegenden Empfehlungen der Internationalen Strahlenschutzkommission in der Veröffentlichung 26 machten es erforderlich, einen neuen Bericht mit Grenzwerten für die beruflich bedingte Aufnahme von radioaktiven Stoffen herauszugeben. Es handelt sich hierbei um sog. sekundäre Grenzwerte, durch die die Zufuhr von Radionukliden für Beschäftigte nach dem Grundsatz beschränkt wird, daß die Äquivalentdosis von Einzelpersonen die von der Internationalen Strahlenschutzkommission für die jeweiligen Bedingungen in ihrer Veröffentlichung 26 empfohlenen Dosisgrenzwerte nicht überschreiten darf.
Im folgenden werden die allgemeinen Grundsätze für die Berechnung der 5o-Jahre-Folgeäquivalentdosis als Voraussetzung zur Ermittlung der sekundären und abgeleiteten Grenzwerte der Jahresaktivitätszufuhr und Aktivitätskonzentration in Luft skizziert und die den Berechnungen zugrundeliegenden dosimetrischen Modelle beschrieben. Darüber hinaus werden bisherige, aus den maximal zulässigen Aktivitätskonzentrationen in ICRP-2 berechnete Grenzwerte für die Zufuhr von Radionukliden durch Ingestion und Inhalation mit entsprechenden Grenzwerten der Jahresaktivitätszufuhr nach ICRP-3o, Teil 1, verglichen. Zum Schluß werden Wege aufgezeigt, die geeignet sein können, aus den Grenzwerten der Jahresaktivitätszufuhr für beruflich Strahlenexponierte Grenzwerte der Jahresaktivitätszufuhr von Radionukliden für Einzelne der allgemeinen Bevölkerung abzuleiten.

SEKUNDÄRE UND ABGELEITETE GRENZWERTE ZUR ÜBERWACHUNG DER DOSIS DURCH INTERNE STRAHLENEXPOSITION

Im Jahre 1959, als der letzte Bericht des Komitees II der ICRP veröffentlicht wurde, wurden die damaligen Empfehlungen der Kommission für berufliche Strahlenexposition als Grenzwerte der Äquivalentdosis ausgedrückt, die von Körperorganen und -geweben in einem Zeitraum von 13 Wochen aufgenommen wurden. Sie wurden zusätzlich bezüglich der Verteilung der Dosisakkumulation mit dem Alter für die Keimdrüsen, die blutbildenden Organe und die Augenlinsen eingeschränkt. Die Strahlenexposition einer einzelnen Person wurde durch die Äquivalentdosis im kritischen Organ begrenzt, für das das Verhältnis der aufgenommenen Dosis zum Dosisgrenzwert am größten war. Die auf die Basis dieses Konzeptes abgeleiteten Werte der höchstzulässigen Konzentration an radioaktiven Stoffen in Luft und Wasser führten bei kontinuierlicher Exposition des Standardmenschen während der gesamten Lebensarbeitszeit von 5o Jahren dazu, daß er die höchste Körperbelastung für dieses Radionuklid am Ende dieses Zeitraumes entsprechend einer solchen Äquivalentdosisleistung im kritischen Organ erreicht, die die von der Kommission empfohlenen Grenzwerte der Äquivalentdosis für keinen gegebenen Zeitraum bedeutend überschritt.
Der Grenzwert der Jahresaktivitätszufuhr ALI eines Radionuklids nach den

+) Herrn Prof. Dr. F.-E. Stieve zum 65. Geburtstag gewidmet

neuen Empfehlungen der ICRP in ihrer Veröffentlichung 3o ist ein sekundärer Grenzwert, mit dessen Hilfe für berufliche Strahlenexposition die von der Kommission empfohlenen Basisgrenzwerte eingehalten werden können. Diese sind für sog. stochastische Wirkungen, d. h. für maligne und vererbbare Erkrankungen, bei denen die Wahrscheinlichkeit, daß sie auftreten, jedoch nicht ihr Schweregrad, als eine Funktion der Dosis ohne Schwellenwert betrachtet wird, 5o mSv (5 rem)pro Jahr, für sog. nichtstochastische Wirkungen wie Linsentrübung und kosmetisch unannehmbare Veränderungen der Haut mit einem Schwellenwert oder Pseudoschwellenwert der Dosis o,5 Sv (5o rem) bzw. o,3 Sv (3o rem) pro Jahr für die Augenlinsen. Für stochastische Wirkungen beruht das von der Kommission empfohlene System der Dosisbegrenzung außerdem auf dem Grundsatz, daß die Begrenzung des Risikos die gleiche sein sollte, unabhängig davon, ob der Ganzkörper gleichförmig bestrahlt wird oder ob eine ungleichförmige Bestrahlung vorliegt. Darüber hinaus ist nach Ansicht der Kommission die Zeit, über die die Äquivalentdosis zu integrieren ist, wie bisher die Lebensarbeitszeit von 5o Jahren. Auf der Grundlage dieses Konzeptes ist der Grenzwert der Jahresaktivitätszufuhr ALI der größte Werte der Jahresaktivitätszufuhr I, der die beiden folgenden Ungleichungen erfüllt:

für stochastische Wirkungen

$$I \times \sum_{T} w_T \times (H_{5o,T} \text{ pro Aktivitätszufuhr}) \leqslant o.o5 \text{ Sv} \tag{1}$$

für nichtstochastische Wirkungen

$$I \times (H_{5o,T} \text{ pro Aktivitätszufuhr}) \leqslant o.5 \text{ Sv} \tag{2}$$

Hierbei ist:
I(in Bq) die Jahresaktivitätszufuhr des jeweiligen Radionuklids durch Ingestion oder Inhalation,
w_T die von der Kommission in ICRP-26 empfohlenen Wichtungsfaktoren für stochastische Risiken,
$H_{5o,T}$ pro Aktivitätszufuhr (in Sv Bq^{-1}) die 5o-Jahre-Folgeäquivalentdosis im Targetgewebe T aufgrund der Aktivitätszufuhr des Radionuklids auf dem angegebenen Inkorporationsweg.
Für die praktische Anwendung empfiehlt die Kommission Werte für die abgeleitete Aktivitätskonzentration in Luft DAC als diejenige Aktivitätskonzentration (in Bq m^{-3}), die bei Inhalation durch den Referenzmenschen in einem Beschäftigungsjahr von 2ooo Stunden unter den Bedingungen leichter Tätigkeit zum Grenzwert der Jahresaktivitätszufuhr für Inhalation führen würde:

$$DAC = ALI / (2ooo \times 6o \times 0.o2)$$
$$= ALI / 2.4 \times 1o^3 \quad Bq \ m^{-3} \tag{3}$$

Hierbei ist:
o.o2 m^3 das Luftvolumen, das der Referenzmensch bei leichter Tätigkeit pro Minute einatmet (ICRP-23).
Bei Arbeitsvorgängen, die mit einer Exposition durch radioaktive Edelgase und elementares Tritium verbunden sein können, werden Werte für die abgeleitete Aktivitätskonzentration in Luft für Submersion eines Referenzmenschen in einer Wolke des jeweiligen Gases angegeben.
Die Exposition mit elementarem Tritium in Luft in jedem Jahr wird unter Berücksichtigung der stochastischen Wirkungen der Lunge (w_{Lung}= Wichtungsfaktor für die Lunge) wie folgt begrenzt:

$$w_{Lung} \times \dot{H}_{Lung} \times \int c(t)dt \leqslant o.o5 \text{ Sv} \tag{4}$$

Die Exposition mit einem radioaktiven Edelgas mit Ausnahme von Radon und Thoron in jedem Jahr wird unter Berücksichtigung der externen Strahlenexposition des Körpers wie folgt begrenzt:

stochastische Wirkungen:

$$\sum_T w_T \times \overset{\bullet}{H_T} \times \int c\,(t)\,dt \leqslant 0.05\ \mathrm{Sv} \tag{5}$$

nichtstochastische Wirkungen:

Augenlinse (Lens):

$$\overset{\bullet}{H}_{Lens} \times \int c\,(t)\,dt \leqslant 0.3\ \mathrm{Sv} \tag{6}$$

andere Organe (T):

$$\overset{\bullet}{H_T} \times \int c\,(t)\,dt \leqslant 0.5\ \mathrm{Sv} \tag{7}$$

Hierbei bedeuten:

$\overset{\bullet}{H}$ (in $\mathrm{Sv\ m^3 \cdot Bq^{-1}h^{-1}}$) die Äquivalentdosisleistung in einem Organ durch Exposition in elementarem Tritium oder einem radioaktiven Edelgas mit der Aktivitätskonzentration von 1 Bq m^{-3}

$C(t)$ (in Bq m^{-3}) die Aktivitätskonzentration elementaren Tritiums oder eines radioaktiven Edelgases in Luft zur Zeit t.

Die allgemeinen Grundsätze der Ermittlung der 5o-Jahre-Folgeäquivalentdosis $H_{5o,T}$ in einem (Target)Organ pro Aktivitätszufuhr eines Radionuklids umfassen die Berechnung der Dosis in dem betreffenden Organ durch Photonen, die vom Radionuklid in anderen, sog. Quellenorganen, emittiert werden, sowie derjenigen Dosis, die aus der Absorption von Strahlungen des Radionuklids durch Zerfall im bestrahlten Organ selbst resultiert. Mit der spezifischen effektiven Energie, d. h. der gesamten, pro Masseneinheit des Targetorgans für jede Umwandlung des Radionuklids in einem Quellenorgan absorbierten und mit einem Qualitätsfaktor gewichteten Energie, hängt damit die 5o-Jahre-Folgeäquivalentdosis in einem bestrahlten Organ unmittelbar von der Gesamtzahl der Umwandlungen eines Radionuklids einschließlich seiner Tochterprodukte in einem Quellenorgan während 5o Jahre nach der Zufuhr des Radionuklids ab.
Die Werte der 5o-Jahre-Folgeäquivalentdosis beziehen sich auf die mittlere 5o-Jahre-Folgeäquivalentdosis mit Ausnahme von Teilen des Gastrointestinal-Traktes, der Knochen und der Haut, für die die Schleimhaut bzw. diejenigen Zellen betrachtet werden, die sich innerhalb von 1o µm von den Knochenoberflächen befinden, sowie die Basalzellschicht der Epidermis in einer Tiefe von 7o µm.

DOSIMETRISCHE MODELLE

Die den Berechnungen der Grenzwerte zugrundeliegenden neuen Stoffwechselmodelle sind im wesentlichen dadurch gekennzeichnet, daß nicht mehr nur zwischen "löslichen" und "unlöslichen" Verbindungen von Elementen unterschieden wird, sondern daß die Resorption der Element-Verbindungen aus dem Darm nach Ingestion bzw. deren Retention im pulmonalen Abschnitt des Respirationstraktes nach Inhalation zeitabhängig und individuell berücksichtigt werden. Es muß allerdings eingeräumt werden, daß jedes Modell zur Beschreibung der Kinetik eines Radionuklids und seiner Folgeprodukte eine grobe Vereinfachung der tatsächlichen Vorgänge im Körper ist und nur für die Zwecke der Ableitung von Grenzwerten für die Exposition von Beschäftigten mit radioaktiven Stoffen geeignet sein kann.

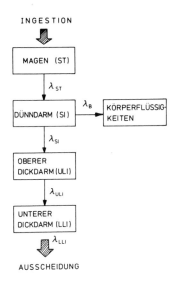

INGESTION

MAGEN (ST)

λ_{ST}

DÜNNDARM (SI) $\xrightarrow{\lambda_B}$ KÖRPERFLÜSSIG-KEITEN

λ_{SI}

OBERER DICKDARM (ULI)

λ_{ULI}

UNTERER DICKDARM (LLI)

λ_{LLI}

AUSSCHEIDUNG

Abb. 1 MATHEMATISCHES MODELL ZUR BERECHNUNG DER KINETIK VON RADIONUKLIDEN IM GASTROINTESTINAL-TRAKT

Abschnitt des Gastrointestinal-Traktes	Masse der Wände * (g)	Masse des Inhalts * (g)	Mittlere Verweilzeit (Tage)	λ Tag^{-1}
Magen (ST)	150	250	1 / 24	24
Dünndarm (SI)	640	400	4 / 24	6
Oberer Dickdarm (ULI)	210	220	13 / 24	1,8
Unterer Dickdarm (LLI)	160	135	24 / 24	1

* Aus ICRP-Veröffentlichung 23 (1975)

Tab. 1 Zahlenwerte des mathematischen Modells zur Berechnung der Kinetik von Radionukliden im Gastrointestinal-Trakt

Dosimetrisches Modell für den Gastrointestinal-Trakt

Das dosimetrische Modell für den Gastrointestinal-Trakt besteht wie früher aus den Abschnitten Magen, Dünndarm, oberer und unterer Dickdarm mit geringfügigen Änderungen hinsichtlich der Masse des jeweiligen Inhalts und dessen mittlerer Aufenthaltsdauer (s. Abb. 1 und Tab. 1). Die Resorption von radioaktiven Stoffen erfolgt aus dem Dünndarm in die Körperflüssigkeiten, die das sog. Transferkompartiment darstellen und in das der radioaktive Stoff wie bereits früher nach einer Kinetik 1. Grades ausgeschieden wird. Die Übergangsrate λ_B für den Stofftransport in die Körperflüssigkeiten errechnet sich aus den Konstanten λ_{si} für die Ausscheidung aus dem Dünndarm in den oberen Dickdarm und demjenigen Anteil f_1 des stabilen Isotops, der nach Ingestion die Körperflüssigkeiten erreicht:

$$\lambda_B = \frac{f_1 \times \lambda_{si}}{1 - f_1} \tag{8}$$

Werte für f_1 sind in dem Kapitel Stoffwechseldaten der ICRP-Veröffentlichung 3o für eine Reihe von Verbindungen eines jeden Elements angegeben. Ein Wert $f_1 = 1$ bedeutet, daß das Radionuklid direkt vom Magen in die Körperflüssigkeiten übergeht.

Dosimetrisches Modell für den Respirationstrakt

Im Gegensatz zum früheren Modell in der Veröffentlichung 2 von 1959 besteht das dosimetrische Modell für den Respirationstrakt in der ICRP-Veröffentlichung 3o aus den drei deutlich abgegrenzten Bereichen Nasen-Rachenraum, Tracheo-Bronchialraum und Lungenparenchym, die ihrerseits in zwei oder mehr Kompartimente unterteilt sind (s. Abb. 2) und aus denen das größenabhängig abgelagerte radioaktive Aerosol (s. Abb. 3) nach einer Kinetik 1. Grades in die Körperflüssigkeiten (Transferkompartiment) direkt oder über die Lymphknoten indirekt bzw. in den Gastrointestinal-Trakt ausgeschieden wird. Zur Beschreibung dieses Übertritts der inhalierten radioaktiven Stoffe aus der Lunge werden die Stoffe als D(Halbwertszeit weniger als 1o Tage), W(Halbwertszeit 1o - 1oo Tage) oder Y(Halbwertszeit mehr als 1oo Tage) klassifiziert, die sich auf ihre Retention im Bereich des Lungenparenchyms einschließlich der broncho-pulmonalen Lymphknoten beziehen. Jeder der drei oben angegebenen Bereiche und seiner Kompartimente ist mit einem besonderen Weg für den Übertritt verbunden, wobei T die Halbwertszeit des Übertritts und F den Anteil beschreibt, der mit der entsprechenden Halbwertszeit aus diesem Bereich in die Körperflüssigkeiten (Transferkompartiment) bzw. in den Gastrointestinal-Trakt übertritt (s. Tab. 2).
Die Grenzwerte der Jahresaktivitätszufuhr ALI und die Werte der abgeleiteten Aktivitätskonzentration in Luft DAC, die im Anhang der ICRP-Veröffentlichung 3o zusammengestellt sind, gelten für Radionuklide mit einem Aktivitäts-Medianwert des aerodynamischen Durchmessers von 1 /um, können jedoch mit Hilfe der im Anhang zu Teil 1 der Veröffentlichung angegebenen Anteile der 5o-Jahre-Folgeäquivalentdosis im Referenzgewebe auf beliebige Aerosoldurchmesser zwischen o,2 und 1o /um umgerechnet werden.

Kinetische Modelle für den Stofftransport im Organismus

Nach der Inhalation oder Ingestion eines Radionuklids gelangt dieses in die Körperflüssigkeiten als sog. Transferkompartiment, und zwar in einem zeitlichen Ablauf, der durch die Übertrittskonstanten im Gastrointestinal-Trakt und im Respirationstrakt sowie durch die physikalische Zerfallskonstante des Radionuklids bestimmt wird. Der sich daran anschließende Übertritt in die verschiedenen Organe und Gewebe wird schematisch in Abb. 4

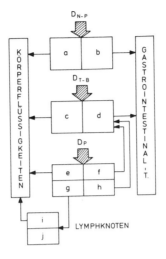

Abb. 2   MATHEMATISCHES MODELL ZUR BERECHNUNG DER KINETIK
VON RADIONUKLIDEN IM RESPIRATIONSTRAKT

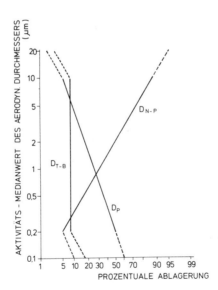

Abb. 3   ABLAGERUNG VON AEROSOLEN IM NASEN-RACHEN-
RAUM (N-P), TRACHEO-BRONCHIALRAUM (T-B)
UND IM LUNGENPARENCHYM (P) DES RESPIRATIONS-
TRAKTES ALS FUNKTION DES AKTIVITÄTS-MEDIAN-
WERTES DES AERODYNAMISCHEN DURCHMESSERS

Bereich	Komparti- ment	Lungenretentionsklasse					
		D		W		Y	
		T Tag	F	T Tag	F	T Tag	F
N – P	a	0,01	0,5	0,01	0,1	0,01	0,01
	b	0,01	0,5	0,40	0,9	0,40	0,99
T – B	c	0,01	0,95	0,01	0,5	0,01	0,01
	d	0,2	0,05	0,2	0,5	0,2	0,99
P	e	0,5	0,8	50	0,15	500	0,05
	f	n.a.	n.a.	1,0	0,4	1,0	0,4
	g	n.a.	n.a.	50	0,4	500	0,4
	h	0,5	0,2	50	0,05	500	0,15
L	i	0,5	1,0	50	1,0	1000	0,9
	j	n.a.	n.a.	n.a.	n.a.	∞	0,1

n.a.: nicht anwendbar

Tab. 2   Zahlenwerte des mathematischen Modells zur Berechnung der Kinetik von Radionukliden im Respirationstrakt

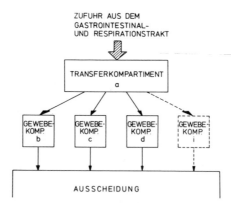

Abb. 4 MATHEMATISCHES MODELL ZUR BERECHNUNG DER KINETIK VON RADIO-NUKLIDEN IM KÖRPER NACH ZUFUHR AUS DEM GASTROINTESTINAL-UND RESPIRATIONSTRAKT

dargestellt, wobei angenommen wird, daß die Elimination aus dem Transferkompartiment nach einer Kinetik erster Ordnung und, sofern nichts anderes angegeben wird, mit einer Halbwertszeit von o,25 Tagen erfolgt. Außerdem wird zur Vereinfachung ein Rückfluss von den Ausscheidungswegen in die Organkompartimente bzw. von dort in das Transferkompartiment ausgeschlossen.

Dosimetrisches Modell für den Knochen

Das dosimetrische Modell für den Knochen betrachtet als risikorelevantes Gewebe die blutbildenden Stammzellen des Knochenmarks sowie eine lo μm dicke Zellschicht auf den Knochenoberflächen insbesondere des Endost und unterscheidet zwischen radioaktiven Stoffen, die oberflächlich auf dem Knochen oder gleichmäßig über das Knochenvolumen verteilt vorliegen. Es ist damit wesentlich von dem alten Modell verschieden, in dem sich die Grenzwerte für die Zufuhr eines Radionuklids aus dem Vergleich der Dosen mit der durch o,1 μg ^{226}Ra entsprechend o,3 Sv (3o rem) - ggf. mit einem relativen Schädigungsfaktor gewichtet - errechneten.
Ob von einem Radionuklid angenommen wird, daß es auf den Knochenoberflächen oder im Knochenvolumen gleichmäßig verteilt vorliegt, wird in dem Kapitel Stoffwechseldaten der ICRP-Veröffentlichung 3o für die verschiedenen Elemente angegeben. Es können jedoch zwei grobe Kriterien für das Verteilungsmuster aufgestellt werden:

- Bei Radionukliden mit physikalischen Halbwertszeiten von weniger als 15 Tagen nimmt man eine Verteilung auf den Knochenoberflächen an, da es unwahrscheinlich ist, daß sie vor dem Zerfall in das Knochenvolumen hineingelangen.
- Bei Radioisotopen der Erdalkalimetalle mit physikalischen Halbwertszeiten von mehr als 15 Tagen nimmt man an, daß sie gleichmäßig über das Knochenvolumen verteilt sind.

Die gesamte endosteale Fläche des Skeletts wurde zu 12 m^2 angenommen, wobei die eine Hälfte auf den kortikalen Knochen(Masse 4ooo g), die andere Hälfte auf den trabekulären Knochen(Masse 1ooo g) entfällt. Daher hat die 1o μm dicke Zellschicht auf den Knochenoberflächen, über die die 5o-Jahre-Folgeäquivalentdosis gemittelt wird, eine Masse von 12o g; die Masse des aktiven roten Knochenmarks in den Hohlräumen des trabekulären Knochens wurde mit 15oo g angenommen.

In dem Modell zur Beschreibung des Stoffwechsels der Erdalkalimetalle nach der ICRP-Veröffentlichung 2o gelangen die in das Transferkompartiment aufgenommenen Stoffe in die drei Kompartimente kortikaler Knochen, trabekulärer Knochen und Weichteilgewebe.

Dosimetrisches Modell für Submersion in einer radioaktiven Wolke

In Erweiterung der Empfehlung von 1959 wird in der ICRP-Veröffentlichung 3o ein Modell zur Berechnung der Äquivalentdosis für Submersion einer Einzelperson in einem radioaktiven Edelgas oder in elementarem Tritium beschrieben, das die ursprüngliche Annahme der gleichmäßigen Bestrahlung des Körpers durch alle korpuskulären Strahlungsarten mit Reichweiten größer als die von o,1 MeV Betateilchen aufgibt und der Absorption in den Hautschichten Rechnung trägt.
Zur Berechnung der Äquivalentdosisleistungen aus externer und interner Bestrahlung wird angenommen, eine Person befände sich in einer radioaktiven Wolke unendlicher Ausdehnung und bekannter Aktivitätskonzentration. Bei Submersion in radioaktiven Edelgasen konnten die Äquivalentdosen durch absorbiertes Gas sowie durch in der Lunge enthaltenes Gas unberücksichtigt bleiben, so daß die Äquivalentdosis in den Körperorganen und -geweben ausschließlich durch externe Einwirkung von Photonenquellen in der Wolke sowie

in der Haut in einer Tiefe von 7o µm bzw. in den Augenlinsen in einer Tiefe
von 3 mm aufgrund der externen Einwirkung einer halb-unendlich ausgedehnten
Wolke von Elektronenquellen berechnet werden konnte. Demgegenüber sind die
externe Strahlenexposition durch Alphastrahler und elementares Tritium zu
vernachlässigen bzw. immer gleich Null und nur der Gleichgewichtszustand
zwischen den Gaskonzentrationen in Luft und Gewebe abhängig vom jeweiligen
Löslichkeitskoeffizienten,von Einfluß auf die Größe der Äquivalentdosisleistungen in der Lunge und in den übrigen Geweben.

GRENZWERTE DER JAHRESAKTIVITÄTSZUFUHR ALI, ABGELEITETEN AKTIVITÄTSKONZEN-
TRATION DAC UND VERGLEICH MIT DEN BISHERIGEN GRENZWERTEN

Für jede angegebene chemische Form und für jedes Radionuklid - in der ICRP-
Veröffentlichung 3o, Teil 1 zunächst für 187 Radioisotope von 21 Elementen-
sind die entsprechenden Stoffwechseldaten sowie der sekundäre Grenzwert
"Grenzwert der Jahresaktivitätszufuhr ALI" durch Ingestion und Inhalation
sowie der Wert der "Abgeleiteten Aktivitätskonzentration in Luft DAC" an-
gegeben. Die Veröffentlichung 3o enthält außerdem abgeleitete Werte der
Aktivitätskonzentration in Luft für Submersion des Referenzmenschen in
einer Wolke radioaktiven Edelgases und elementaren Tritiums.
Obwohl nur bedingt möglich, lassen sich die neuen Grenzwerte der Jahresaktivitätszufuhr ALI mit den alten Werten der maximal zulässigen jährlichen
Zufuhr MPAI eines Radionuklids unter folgenden Voraussetzungen vergleichen
(Pochin, 198o):
- Bei Ingestion wird der Grenzwert der Jahresaktivitätszufuhr ALI mit dem
alten Wert für den MPAI eines Radionuklids in löslicher Form direkt verglichen, wenn nur ein Wert für den ALI angegeben ist. Sind zwei Werte für
den ALI vorhanden, wird derjenige mit dem größeren f_1-Wert für die gastrointestinale Resorption mit dem alten Wert für den MPAI eines Radionuklids
in löslicher Form verglichen, der ALI-Wert mit dem kleineren f_1-Wert wird
mit dem MPAI-Wert "unlöslich" verglichen.
- Bei Inhalation werden die Grenzwerte für die Lungenretentionsklassen D
bzw. W mit denen für lösliche Verbindungen, diejenigen für die Lungenretentionsklasse Y mit denen für unlösliche Verbindungen verglichen.

Die Werte für die maximal zulässige jährliche Zufuhr MPAI eines Radionuklids wurden aus den Werten für die maximal zulässige Konzentration MPC
eines Radionuklids in Wasser (w, Ingestion) und Luft (a, Inhalation) wie
folgt ermittelt:

$$\text{MPAI (Ingestion)} = \text{MPC}_w \times 11oo \times 5 \times 5o \times 3,7 \times 1o^4$$

$$= \text{MPC}_w \times 1 \times 1o^{10} \text{ Bq} \qquad (9)$$

$$\text{MPAI (Inhalation)} = \text{MPC}_a \times 1o^7 \times 5 \times 5o \times 3,7 \times 1o^4$$

$$= \text{MPC}_a \times 9 \times 1o^{13} \text{ Bq} \qquad (1o)$$

Hierbei bedeuten:

11oo = Wasseraufnahme während eines Arbeitstages (in cm^3)

  5 = Anzahl Arbeitstage pro Woche
 5o = Anzahl Arbeitswochen pro Jahr

$1o^7$ = während eines Arbeitstages eingeatmetes Luftvolumen (in cm^3)

$3,7 \times 1o^4$ Bequerel pro Mikro-Curie.

Die Ergebnisse sind in Abbildung 5 als Häufigkeitsverteilung des Verhältnisses ALI/MPAI für Ingestion und Inhalation dargestellt und machen deutlich, daß 51 % der Werte innerhalb eines durch den Faktor 3 gegebenen

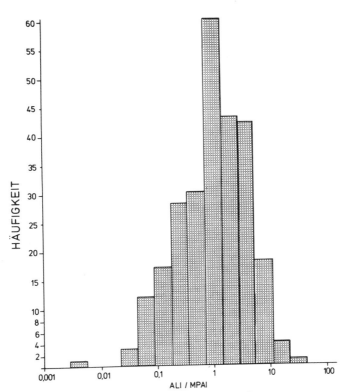

Abb. 5 HÄUFIGKEITSVERTEILUNG DES VERHÄLTNISSES
ALI / MPAI (n = 261)

ALI / MPAI (INHALATION)

$2^{4.5}-2^{5.5}$ (22.6–45.3)	$2^{3.5}-2^{4.5}$ (11.3–22.6)	$2^{2.5}-2^{3.5}$ (5.7–11.3)	$2^{1.5}-2^{2.5}$ (2.8–5.7)	$2^{0.5}-2^{1.5}$ (1.4–2.8)	$2^{-0.5}-2^{0.5}$ (0.71–1.4)	$2^{-1.5}-2^{-0.5}$ (0.35–0.71)	$2^{-2.5}-2^{-1.5}$ (0.18–0.35)	$2^{-3.5}-2^{-2.5}$ (0.088–0.18)	$2^{-4.5}-2^{-3.5}$ (0.044–0.088)	$2^{-5.5}-2^{-4.5}$ (0.022–0.044)	$2^{-6.5}-2^{-5.5}$ (0.011–0.022)	$2^{-7.5}-2^{-6.5}$ (0.0055–0.011)	$2^{-8.5}-2^{-7.5}$ (0.0028–0.0055)
J 134 (D)	J 132 (D)	H 3 (D)	Sr 85m (D)	Co 58m (W)	Co 57 (Y)	Co 58 (W)	Co 57 (W)	Th 232 (Y)	Cf 249 (Y)		Am 244 (W)		Pu 241 (Y)
		Co 58 (Y)	Sr 85 (D)	Co 58m (Y)	Cs 131 (D)	Cs 136 (D)	Co 60 (W)	Pu 239 (Y)	Cf 251 (Y)				
		Co 60 (Y)	Sr 89 (D)	Sr 89 (Y)	Cs 134m (D)	Th 227 (W)	Sr 90 (Y)	Pu 240					
		Sr 90 (D)	Sr 91 (D)	J 126 (D)	Cs 134 (D)	Th 228 (W)	Th 232 (W)	Pu 242 (Y)					
		Sr 92 (Y)	Sr 91 (Y)	J 129 (D)	Cs 135 (D)	Th 227 (Y)	Pu 238 (Y)						
		Sr 85m (Y)	J 133 (D)	J 131 (D)	Cs 137 (D)	Th 231 (Y)	Pu 244 (Y)						
		Sr 85 (Y)	Ce 143 (Y)	Ce 143 (W)	Ce 141 (W)		Am 241 (W)						
		Sr 92 (Y)	Pu 243 (W)	Th 231 (W)	Ce 141 (Y)		Am 242m (W)						
		J 135 (D)	Pu 243 (Y)	Th 231 (Y)	Ce 144 (W)		Am 243 (W)						
				Th 234 (Y)	Ce 144 (Y)		Cf 250 (Y)						
				Cf 252 (W)	Th 230 (W)		Cf 252 (Y)						
				Cf 254 (W)	Th 234 (W)								
					Th 228 (Y)								
					Pu 238 (W)								
					Pu 239 (W)								
					Pu 240 (W)								
					Pu 241 (W)								
					Pu 242 (W)								
					Pu 244 (W)								
					Am 242 (W)								
					Cf 249 (W)								
					Cf 250 (W)								
					Cf 251 (W)								
					Cf 253 (W)								
					Cf 253 (Y)								
					Cf 254 (Y)								

Tab. 3 VERHÄLTNIS ALI / MPAI (INHALATION) FÜR EINIGE RADIONUKLIDE DER LUNGENRETENTIONSKLASSEN D, W, Y.

Bereichs übereinstimmen, 25 % der neuen Werte größer und 24 % kleiner sind
als die alten. Darüber hinaus liegt das geometrische Mittel aller Verhältnisse neue/alte Werte nahe bei 1 (1.o2). Bezogen auf Inhalation sind die
Werte des ALI für nur 19 von insgesamt 83 in Tab. 3 ausgewählten Radionukliden des Wasserstoffs, Kobalt, Strontium, Jod, Cäsium, Cer, Thorium,
Plutonium, Americium und Californium um mehr als den Faktor 3 restriktiver,
im wesentlichen Plutonium- und Californiumisotope der Lungenretentionsklasse Y und Americiumisotope der Klasse W. Allerdings dürften die Werte
des ALI für radioaktive Stoffe wie ^{239}Pu unterschätzt sein, da im dosimetrischen Modell für den Knochen keine Umverteilung des auf Knochenoberflächen abgelagerten Materials auf das gesamte Knochenvolumen durch ossäre
Umbauprozesse berücksichtigt wurden (Priest et al., 1979).

GRENZWERTE DER JAHRESAKTIVITÄTSZUFUHR FÜR DIE ALLGEMEINE BEVÖLKERUNG

Die Kommission empfiehlt nicht, die in der ICRP-Veröffentlichung 3o beschriebenen Modelle und Daten zur Berechnung der Folgeäquivalentdosis für
Einzelpersonen der Bevölkerung - z. B. für Radionuklide in der Umwelt -
ausschließlich durch Korrektur der Organmassen oder der Zufuhr anzuwenden.
Dennoch wird. z. Z. vom Komitee II der ICRP nach Wegen gesucht, einfache
Reduktionsfaktoren zu erhalten, um aus den Grenzwerten der Jahresaktivitätszufuhr für beruflich Strahlenexponierte Werte für Einzelne der allgemeinen Bevölkerung abzuleiten.

Ein Lösungsweg sieht vor, den Grenzwert (ALI)p für die Bevölkerung aus den
Grenzwerten für beruflich Strahlenexponierte ALI durch Multiplikation mit
allgemeinen (F_p) und radionuklidspezifischen (F_j) Reduktionsfaktoren zu ermitteln (Thompson, 198o):

$$(ALI)_p = F_p \times F_j \times ALI \tag{11}$$

Der radionuklidspezifische Reduktionsfaktor ergibt sich seinerseits aus dem
Produkt altersabhängiger Faktoren $F_{j,n}$ wie relative Strahlenempfindlichkeit, Morphologie, Resorption aus dem Gastrointestinal-Trakt oder Respirationstrakt, Metabolismus und Nahrung:

$$F_j = \prod_1^n F_{j,n} \tag{12}$$

Auf die Ingestion von ^{239}Pu angewandt, wird ein radionuklidspezifischer Reduktionsfaktor von o,12 bzw. o,14 für Jugendliche bzw. gemittelt über die
gesamte Lebenszeit angegeben, so daß mit dem allgemeinen Reduktionsfaktor
von F_p = o,1 für die Bevölkerung der Grenzwert der Jahresaktivitätszufuhr
von ^{239}Pu mit der Nahrung für die Bevölkerung etwa o,o1 des entsprechenden
Wertes für den beruflich Strahlenexponierten sein sollte.

Ein zweiter Lösungsweg (Adams, 198o) geht von den in der ICRP-Veröffentlichung 3o beschriebenen dosimetrischen Modellen zur Ermittlung der
5o-Jahre-Folgeäquivalentdosis für beruflich Strahlenexponierte aus und berechnet unter Verwendung altersabhängiger Parameter (Körpermasse, Grundum-
satz, Inhalations- und Ingestionsrate, Masse des Körperwassers und Halbwertszeit der Retention) Korrekturfaktoren, mit deren Hilfe aus den Werten
der 5o-Jahre-Folgeäquivalentdosis altersabhängige Werte der Folgeäquivalentdosis für ein Lebensalter von 7o Jahren unmittelbar abgeleitet werden
können. Nach diesen Ergebnissen beträgt die Relative Altersabhängige Dosis
RAD, d. h. die 7o-Jahre-Folgeäquivalentdosis multipliziert mit dem Wert
des relativen Grundumsatzes oder Atemminutenvolumens im Alter der Radio-
nuklidzufuhr, im ungünstigsten Fall (Teilchenstrahler, Neugeborene, kurze
physikalische Halbwertszeit des Radionuklids) 3, vorausgesetzt, die Stoff-

122

wechselmodelle und -Daten aus ICRP-3o können unverändert übernommen werden. Dies bedeutet, daß die Grenzwerte der Jahresaktivitätszufuhr durch Ingestion und Inhalation für die allgemeine Bevölkerung einschließlich Kinder, abgesehen von einem allgemeinen Reduktionsfaktor, zu etwa 1/3 derjenigen für beruflich Strahlenexponierte anzusetzen sind.

SCHRIFTTUM

Adams, N.: "Intakes of radionuclides by young persons - derivation of committed dose equivalent, committed effective dose equivalent and derived limits in air and food as a function of age"; ICRP 8o/C2-11, 198o

ICRP-2: International Commission on Radiological Protection, Publication 2 (angenommen 1959), Pergamon Press, Oxford 196o

ICRP-6: International Commission on Radiological Protection, Publication 6, Pergamon Press, Oxford 1964

ICRP-2o: International Commission on Radiological Protection, Publication 2o, Pergamon Press, Oxford 1973

ICRP-23: International Commission on Radiological Protection, Publication 23, Pergamon Press, Oxford 1975

ICRP-26: International Commission on Radiological Protection, Publication 26, Pergamon Press, Oxford 1977

ICRP-3o: International Commission on Radiological Protection, Publication 3o, Pergamon Press, Oxford 1979

Pochin, E.: ICRP-Information ICRP/79/Mc-15, 1979

Priest, N.D.; Hunt, B. W.: "The calculation of annual limits on intake for plutonium in man using a bone model which allows for plutonium burial and recycling"; Phys. Med. Biol. 24, 525, 1979

Thompson, R.C.: "An approach to the derivation of radionuclide intake limits for members of the public"; 5th International Congress of IRPA, Proceedings, Vol. II, p.247 , 198o

Inkorporationsüberwachung

H.Schieferdecker

Kernforschungszentrum Karlsruhe
Medizinische Abteilung/Toxikologisches Labor

Die nach Inkorporation von radioaktiven Stoffen auftretenden Körperdosen werden in der Strahlenschutzverordnung (StrlSchV) /1/ für verschiedene Personengruppen begrenzt, wodurch zwangsläufig auch eine Überwachung notwendig ist.

1. Personenkreis und Überwachungsmaßnahmen

Patienten, Probanden, beruflich strahlenexponierte Personen beim Umgang mit offenen radioaktiven Stoffen und auch Einzelpersonen der Bevölkerung können unter bestimmten Umständen Radionuklide inkorporieren, wobei die zugeführte Aktivität durch Grenzwerte beschränkt ist /1/. Die zur Einhaltung dieser Grenzwerte anzuwendenden Überwachungsmaßnahmen sind unterschiedlich und sollen hier nur tabellarisch dargestellt werden (nähere Angaben in /2/).

Personenkreis	einzuhaltende Grenzwerte der StrlSchV	Zitat in der StrlSchV	Inkorporationsüberwachungsmaßnahmen
Patient	kein Grenzwert	§§43,42	Dokumentation
Proband	Anlage X (10%)	§41	Genehmigungsantrag
beruflich strahlenexponierte Person	Anlage X/Anlage IV	§§52,53	Inkorporationsüberwachung der Person
Einzelperson der Bevölkerung	Anlage IV Tab.IV	§§44,45	Emissionsmessung beim Immittenten

Eine Begrenzung der Anwendung radioaktiver Stoffe in der Medizin ist nicht vorgesehen. Dies ist selbstverständlich für die Therapie, gilt aber in gleicher Weise auch für die Diagnostik.

Probanden dürfen nur 1/10 der Körperdosis, Einzelpersonen der Bevölkerung nur 3/5oo der Körperdosis erhalten, die für beruflich strahlenexponierte Personen gelten, die Einhaltung dieser Werte wird im Genehmigungsantrag gefordert.

Die Überwachungsmethoden sind gleichsam vorgegeben, da eine Überwachung von Einzelpersonen der Bevölkerung sinnvoll nur durch Messungen am Abluftkamin des Immittenten möglich ist, während beruflich strahlenexponierte Personen durch personenbezogene Einzelüberwachung erfaßt werden können. Dabei ist jedoch nicht jede Person überwachungspflichtig, die mit mehr Aktivität umgeht, als der Freigrenze entspricht. Erst bei Überschreiten einer bestimmten Aktivität ist eine Überwachung notwendig.

2. Notwendigkeit der Überwachung

In der "Richtlinie für die physikalische Strahlenschutzkontrolle" /3/ wird als sogenannte "Aktivitätsschwelle" das 10fache der in StrlSchV Anlage IV Tab.IV für beruflich strahlenexponierte Personen aufgeführten Grenzwerte der Jahresaktivitätszufuhr (Zahlenwerte multipliziert mit dem Faktor 5oo/3) angesehen, oberhalb derer beim Umgang eine Inkorporationsüberwachung erforderlich wird.

In der Regel kann jedoch auch beim Umgang mit höheren Aktivitäten auf eine regelmäßige Inkorporationsüberwachung verzichtet werden, wenn nach Abschätzung eines nur geringen Inkorporationsrisikos durch einen Antrag an die zuständige Behörde eine Befreiung von der Überwachungspflicht erreicht werden kann. Dazu sind Angaben über die Arbeitsvorgänge bei der Handhabung der radioaktiven Stoffe, der Art, der spezifischen Aktivität, der physikalisch-chemischen Beschaffenheit der verwendeten Radionuklide zu machen, sowie geeignete Schutz- und Überwachungsmaßnahmen vorzuschlagen. Dadurch können aufwendige Inkorporationsmessungen durch sinnvolle und wirkungsvolle andere Maßnahmen ersetzt werden, z.B. Luftmessungen, Arbeitsplatzüberwachung oder Anwendung von Atemschutzmaßnahmen /2/. Weitere Ausführungen über die Anwendung eines Auswahlkriteriums sind auf dieser Jahrestagung /4/ von Beyer /5/ und in /7/ gemacht worden.

3. Überwachungsmethoden

Die anzuwendenden Überwachungsmethoden bestehen darin, entweder eine

- Messung der Körperaktivität

- Messung der Aktivität in den Ausscheidungen

- Messung der Konzentration radioaktiver Stoffe in der Luft

vorzunehmen und die Meßwerte mit denen der Grenzwerte der Strahlenschutzverordnung /1/ zu vergleichen. Unterschieden werden kann zwischen den Methoden der regelmäßigen Inkorporationsüberwachung und den Methoden der Überwachung aus besonderem Anlaß.

3.1. Regelmäßige Inkorporationsüberwachung

Eine vorsorgliche Überwachung kann durch regelmäßige Messungen

- der Aktivität des Arbeitsplatzes und der Hände

- der Raumluftaktivität

- der Körperaktivität (Ganzkörperzähler)

- der Aktivität in den Ausscheidungen (Urin)

vorgenommen werden. Die Häufigkeit dieser Messungen sind bestimmt durch die effektive Halbwertszeit des Radionuklids /3/ und wird durch Auflagen der Behörden vorgegeben, wenn nicht ein eigener Vorschlag für einen sinnvollen Überwachungsmodus vorliegt. In der Regel sind die letzten beiden erwähnten Überwachungsmethoden nur zur Kontrolle der ersten beiden Methoden anzuwenden. Eine besondere Form der Überwachung kann darin bestehen, daß bei einem größeren Personenkreis jeweils monatlich abwechselnd nur eine repräsentative Personengruppe überwacht wird /8/.

3.2. Inkorporationsüberwachung aus besonderem Anlaß

Zeigt sich bei der regelmäßigen Überwachung der Hinweis auf eine unzulässig hohe Aktivitätszufuhr oder tritt durch besondere Vorkommnisse der Verdacht einer Inkorporation durch Inhalation auf, sind besondere Überwachungsmaßnahmen anzuwenden. Zusätzlich zu den Messungen der Aktivität des Arbeitsplatzes und der Hände sind noch zu ermitteln:

- die Aktivitätskonzentration der Raumluft und deren Einwirkungsdauer
- die physikalisch-chemischen Eigenschaften des inhalierten Aerosols (Korngrößenverteilung, Lungenretentionsklasse der Verbindung und Isotopenzusammensetzung der Radionuklide)
- die Meßergebnisse eines sofort genommenen Nasenabstrichs oder von Schneuzproben
- die Körperaktivität durch Messungen mit einem Ganzkörperzähler, gegebenenfalls einem speziellen Lungenzähler oder Schilddrüsenzähler
- die Messung der Aktivität in den Ausscheidungen der ersten 3-6 Tage (Urin und Stuhl).

In der Regel ist eine Inkorporationsüberwachung ohne größere Fehler nur dann möglich, wenn nachfolgende störende Einflüsse ausgeschaltet oder beachtet werden: Eine zusätzliche Inkorporation ist durch Sperrung für weitere Arbeiten in Kontrollbereichen auszuschließen, Veränderungen des Ausscheidungsverhaltens durch eventuelle therapeutische Anwendung von ausscheidungsintensivierenden Medikamenten müssen berücksichtigt werden.

Bei Verletzungen in Verbindung mit offenen radioaktiven Stoffen sind nach der notwendigen Erstversorgung der Wunde zu bestimmen:

- die Aktivität der Wunde mit geeigneten Meßgeräten (Kollimatorzähler, spezieller Wundzähler zur Lokalisationsbestimmung)
- gegebenenfalls Aktivitätsbestimmung im Gewebeexcidat bei hochradiotoxischen Radionukliden (z.B.Plutonium) und/oder in einem Aliquot des strömenden Blutes (ca.100 ml)
- die Verlaufskontrolle der Aktivitätsmessungen im Urin über einige Tage.

Wichtig für die anschließende Ermittlung der inkorporierten Aktivität ist die möglichst lückenlose Dokumentation der oben angegebenen Meßwerte. Sinnvoll dafür erscheint der Entwurf eines Erhebungsbogens, der im Arbeitsausschuß "Strahlenschutzmedizin" beim Hauptverband der gewerblichen Berufsgenossenschaften (Vorsitzender Dr.K.Renz, Köln) für die Regionalen Strahlenschutzzentren zur Zeit erarbeitet wird. Ähnlich wie das vom gleichen Verband herausgegebene "Merkblatt Erste Hilfe bei erhöhter Einwirkung ionisierender Strahlen (Ausgabe Okt.79)" mit beigefügtem Strahlenunfallerhebungsbogen wird dann eine Dokumentationshilfe zur Verfügung stehen, die auch bei der Inkorporationsüberwachung aus besonderen Anlässen benutzt werden kann.

Beispiele für die Anwendung der Inkorporationsüberwachung in der Praxis sind auf dieser Tagung vorgetragen /4/.

4. Probleme der Inkorporationsüberwachung

Bei der Überwachung ergibt sich das Problem, daß festgestellte Meßwerte auf den Zeitpunkt der Aktivitätszufuhr extrapoliert werden müssen. Wenn Meßzeitpunkt und Inkorporation nicht übereinstimmen, kann die Extrapolation auf den Zeitpunkt der Zufuhr mit zunehmendem Abstand zwischen Zufuhrzeitpunkt und Meßzeit zu größeren Fehlern der Inkorporationsüberwachung führen /9/.

Zusätzlich ist zu beachten, daß die in Anlage X StrlSchV angegebene Körperdosis durch Inkorporationsmessungen nicht direkt erhalten werden kann. Stattdessen sind die Grenzwerte der Jahres-Aktivitätszufuhr (JAZ) in

Anlage IV Tab.IV heranzuziehen.

Diese JAZ-Werte sind aus den Grenzwerten der Körperdosis unter der Annahme berechnet worden, daß das jeweilige Radionuklid eine bestimmte Verweildauer (lange oder kurze biologische Halbwertszeit) im Körper hat und
unter Umständen auch längere Zeit als ein Kalenderjahr im Körper wirksam
sein kann.

Übereinkommend wird diejenige Körperdosis als verbindlich betrachtet, die
innerhalb eines Zeitraumes von 50 Jahren absorbiert wird und als Folge-
dosis bezeichnet wird.

Dabei ergeben sich zwischen den "Jahresdosen" der Anlage X und den davon
abgeleiteten "Jahres-Aktivitätszufuhren" der Anlage IV Diskrepanzen sowohl
bei besonders kurzlebigen als auch bei besonders lanlebigen Radionukliden.
Im Folgenden ist der Versuch gemacht, die Konsequenzen daraus darzustellen.

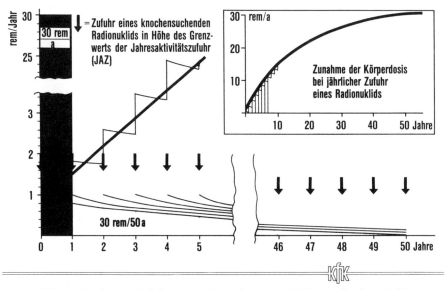

Abb.1 **Körperdosis nach Inkorporation eines langlebigen Radionuklids**

In Abb.1 ist die Jahresaktivitätszufuhr JAZ angegeben, die nach dem oben
angegebenen Konzept bei langlebigen knochensuchenden Radionukliden eine
zulässige Knochendosis von 30 rem in 50 Jahren ergibt. Dargestellt ist
die Abnahme der tatsächlichen Jahresdosis mit der Zeit auf Grund der Ausscheidung und des radioaktiven Zerfalls. Übereinkommend wird diese in
50 Jahren akkumulierte Dosis vorwegnehmend dem Kalenderjahr zugeordnet,
in dem die Zufuhr erfolgt. Damit kann in den folgenden Jahren jeweils
wieder eine Zufuhr in gleicher Höhe erfolgen. Die Zunahme der Körperdosis
auf Grund der weiteren jährlichen Zufuhren folgt dann dem Verlauf in Abb.1,
wobei zu ersehen ist, daß der Grenzwert von 30 rem/a erst nach dem 50.Jahr
(und somit erst nach Beendigung der Beschäftigungszeit) erreicht werden
kann.

Die tatsächlichen Jahresdosen sind in jedem Fall niedriger als die nach
Anlage X zulässigen. Somit sind für langlebige Radionuklide die Grenzwerte

der Jahresaktivitätszufuhr restriktiver als die Grenzwerte der Körperdosis nach Anlage X der gleichen Strahlenschutzverordnung. Diesem Umstand ist bei einmaligem Überschreiten der JAZ-Werte dahingehend Rechnung zu tragen, daß in solchen Fällen die tatsächliche Jahresdosis ermittelt und mit den Grenzwerten der Körperdosis der Anlage X verglichen wird. Dadurch wird leicht ersichtlich, daß eine einmalige Überschreitung um den Faktor 2 der JAZ-Werte in diesen Fällen noch keine Überschreitung der Körperdosis nach Anlage X zur Folge hat /10/.

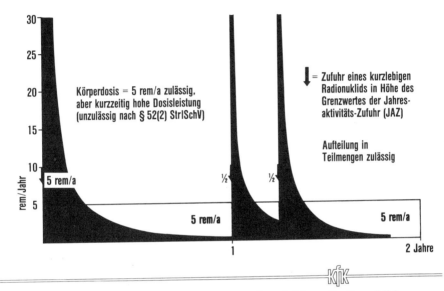

Abb.2 **Körperdosis nach Inkorporation eines kurzlebigen Radionuklids**

In umgekehrter Weise darf bei kurzlebigen Radionukliden die Körperdosisleistung kurzzeitig größer sein als z.B. 5 rem/a, da sie bei sehr kurzlebigen Radionukliden durch die Ausscheidung schnell abnimmt. Die daraus resultierenden Werte für die Jahresaktivitätszufuhr sind dadurch höher als Grenzwerte für eine gleichmäßige Dauerexposition, sie gelten jedoch auch für eine einmalige Zufuhr. In der Abb.2 wird versucht darzustellen, wie die Körperdosisleistung eines kurzlebigen Radionuklids sich zeitlich verändert. Es ist dadurch verständlich, daß eine Zufuhr innerhalb eines Quartals nur zur Hälfte der Jahres-Aktivitätszufuhr zulässig ist, um kurzzeitige unzulässig hohe Körperdosisleistungen zu vermeiden. Diese Regelung nach §52 StrlSchV gilt insbesondere für kurzlebige Radionuklide. Langlebige Radionuklide sind durch die oben angegbene Restriktion durch die 50-Jahre-Folgedosis beschränkt.

5. Abschätzung der Körperdosis

Die Abschätzung der Körperdosis aus den Ergebnissen der Inkorporationsüberwachung ist unter Beachtung des Einzelfalles und seiner Besonderheiten möglich unter Verwendung der Grundsätze, die von Kaul auf dieser Tagung vorgetragen wurden.

Eine Anleitung zur Bestimmung der Körperdosis aus Ergebnissen der Inkorporationsüberwachung bei Inhalation und Inkorporation über Wunden ist zur Zeit für die Strahlenschutzkommission des BMI in Arbeit und als Entwurf verabschiedet /10/. Angaben zur Körperdosismessung sind auf dieser Tagung auch von Beyer /5/ gemacht worden. Eine Anleitung zur Bestimmung der Körperdosis nach Tritiuminkorporation ist vom Fachverband für Strahlenschutz publiziert /11/.

6. Literatur

/1/ Verordnung über den Schutz von Schäden durch ionisierende Strahlen (Strahlenschutzverordnung - StrlSchV) vom 13.10.1976, Bundesgesetzblatt Teil 1, Nr. 125, ausgegeben am 20.10.1976, Seiten 2905 - 2995

mit Berichtigung vom 21.1.1977, Bundesgesetzblatt Teil 1, Nr.6, ausgegeben am 26.1.1977, Seiten 184 - 195

und Berichtigung vom 1.2.1977, Bundesgesetzblatt Teil 1, Nr.9, ausgegeben am 9.2.1977, Seite 269

/2/ H.Schieferdecker in H.Reich (Hrsg) Medizinische Physik 1979
10. Wissenschaftliche Tagung der Deutschen Gesellschaft für Medizinische Physik e.V.
Braunschweig, 16. - 18. Mai 1979, Dr. A.Hütig Verlag, Heidelberg

/3/ Richtlinie für die physikalische Strahlenschutzkontrolle
(§§ 62 und 63 StrlSchV)
verabschiedet vom Länderausschuß Atomenergie am 22.2.78 -
Bek. d. BMI v. 5.6.1978 - RS II 2 - 515503/1;
Gemeinsames Ministerialblatt 29 (1978) S. 348-354

/4/ H.Jacobs (Hrsg) Industrielle Störfälle und Strahlenexposition
Gemeinsame Strahlenschutztagung Kernforschungsanlage Jülich
29. - 31. Mai 1980
FS-80-25-T Juni 80

/5/ D.Beyer in /4/ Seite 42 - 68

/6/ F.E.Stieve, G.Möhrle (Hrsg) Strahlenschutz für ermächtigte Ärzte
Kurslehrbuch - Spezialkurs,
Verlag Hildegard Hoffmann Berlin 1979

/7/ H.Schieferdecker in /6/ Seite 126 - 131

/8/ H.Dilger, H.Schieferdecker in /4/ Seite 80 - 88

/9/ H.Schieferdecker, H.D.Roedler in /6/ Seite 144 - 151

/10/ Anleitung zur Bestimmung der Körperdosis bei innerer Exposition
(§63 (2) StrlSchV)
Entwurf der Strahlenschutzkommission des BMI
SSK/S-30/E 82 Juni 80

/11/ Inkorporationsüberwachung auf Tritium
Loseblattsammlung des Arbeitskreises AKI im Fachverband für Strahlenschutz e.V.
FS-77-14-AKI (Okt.77)

Siehe Anmerkung auf Seite 75

Planung und Durchführung der Inkorporationsüberwachung bei möglicher und tatsächlicher Strahlenexposition

D. BEYER

Kernforschungsanlage Jülich, Abteilung Sicherheit und Strahlenschutz

Aufgabe der Inkorporationsüberwachung im Strahlenschutz ist die Bestimmung der durch Zufuhr radioaktiver Stoffe verursachten Teil- oder Ganzkörperdosis. Dazu muß der Zusammenhang zwischen der Dosis und den Ergebnissen der Inkorporationsüberwachung, und zwar der Ganzkörpermessung und der Messung der Aktivität der Ausscheidungen, bekannt sein. Dieser Zusammenhang wird unter Berücksichtigung der in den ICRP-Empfehlungen vorgeschlagenen Modelle einleitend erläutert.

Bei der praktischen Durchführung der Inkorporationsüberwachung wird im allgemeinen zwischen der regelmäßigen Überwachung und der Überwachung aus besonderem Anlaß unterschieden. Während die Überwachung aus besonderem Anlaß von einem aktuellen, nicht unmittelbar vorhersehbaren Ereignis ausgelöst wird, erfolgt die regelmäßige Überwachung in vorsorglicher Absicht, um unerkannt gebliebene Inkorporationen zu erfassen.

Für die Konzeption beider Überwachungsarten ergeben sich daraus charakteristische Unterschiede. Diese betreffen 1.die organisatorischen Voraussetzungen, den zu überwachenden Personenkreis und die anzuwendenden Meßmethoden und 2. die Durchführung der Überwachung (Überwachungsart, -häufigkeit, Interpretation der Ergebnisse). Basis dieser Betrachtungen sind die quantitativen Beziehungen, die zwischen der Aktivitätszufuhr (in Abhängigkeit vom Zufuhrpfad und der Nuklidverbindung) und dem Retentions- bzw. dem Ausscheidungsverhalten bestehen.

Die allgemeine Darstellung wird durch Beispiele der in der Kernforschungsanlage Jülich durchgeführten Überwachung ergänzt.

In einer abschließenden Bemerkung wird auf die Schwierigkeiten bei der Ermittlung der Aktivitätszufuhr hingewiesen, wenn neben der Inkorporationsüberwachung eine Dekorporationstherapie erfolgt.

Inkorporationsüberwachung bei der Verwendung von radioaktiven Stoffen in der Medizin

K. D. FRANK, R. KUNKEL, H. MUTH, B. GLÖBEL

Institut für Biophysik der Universität des Saarlandes
D-6650 Homburg (Saar)

Die zunehmende Verwendung radioaktiver Stoffe in der medizinischen Forschung, Diagnostik und Therapie hat es erforderlich gemacht, eine Überwachung auf Inkorporation bei den beruflich strahlenexponierten Mitarbeitern durchzuführen. Wir führen an der Universitätsklinik in Homburg die Überwachung anhand von Ausscheidungsanalysen und der Ganzkörpermessung durch. Um den Arbeitsaufwand bei der Auswertung der Messungen zu verringern, wurden Rechenprogramme erarbeitet, die es gestatten, die Gammaspektrometer im on-line-Betrieb zu verwenden. Aus den gemessenen inkorporierten Aktivitäten einiger Radionuklide (J-123, J-124, J-125, J-131, Cr-51, Na-22, Tc-99m, Se-75, Fe-59, H-3, In-113) wird, unter Annahme einer Dauerbelastung, die Jahresdosis abgeschätzt.

Die Meßmethoden werden kurz erläutert, die Meßergebnisse aus den Bereichen Therapie, in vitro-Diagnostik, in vivo-Diagnostik und Forschung werden mitgeteilt und diskutiert.

Inkorporationsmessungen bei Beschäftigten der Radiopharmazeutischen Industrie

E. WERNER und P. ROTH

Gesellschaft für Strahlen- und Umweltforschung, Abteilung für Biophysikalische Strahlenforschung, 6ooo Frankfurt/Main

In der radiopharmazeutischen Industrie werden Synthesen mit Ci-Mengen von radioaktiven Substanzen in offener Form durchgeführt. Das Spektrum der verwandten Nuklide, insbesondere aber die Verbindungen, in denen diese vorliegen, unterscheidet sich von dem in der Kernforschung bzw. Kernkraftwerksindustrie.

In dieser Arbeit soll über Erfahrungen aus etwa 15oo Inkorporationsmessungen mit dem Ganzkörperzähler berichtet werden, die in den vergangenen 1o Jahren bei Beschäftigten der radiopharmazeutischen Industrie durchgeführt wurden. Trotz der hohen gehandhabten Aktivitäten traten bei normalem Arbeitsablauf in den letzten Jahren keine oder nur geringe Inkorporationen auf. Über die gesamte Zeitspanne zeigt sich bei zunehmender Produktion eine deutlich abnehmende Tendenz der inkorporierten Aktivitäten. Dies läßt sich auf Verbesserung der Arbeitsbedingungen und Schutzvorschriften zurückführen. Bei außergewöhnlichen Vorfällen kann es jedoch auch zu höheren Inkorporationen kommen, allerdings wurden Überschreitungen der Grenzwerte praktisch nicht beobachtet. Für eine ganze Reihe von produzierten Nukliden wurden niemals Inkorporationen festgestellt, dagegen gehören die Isotope von Quecksilber, Jod sowie Sn-113 und Tc-99m zu den am häufigsten im Körper nachgewiesenen Nukliden. Während Quecksilber-Inkorporationen heute infolge weitergehender Produktionseinstellung nicht mehr vorkommen und auch J-131-Inkorporationen seltener geworden sind, ergibt sich bei J-125 wegen der starken Ausweitung der Anwendungen eine zunehmende Tendenz. Zwischen der durchschnittlichen Raumluftaktivität und der gemessenen Schilddrüseninkorporation von J-125 besteht kein eindeutiger Zusammenhang. Daraus ist zu schließen, daß zwar aus dem Nachweis von Jodisotopen in der Raumluft auf eine Inkorporation geschlossen werden kann; bei Beschäftigten der radiopharmazeutischen Industrie kann es aber auch durch Ingestion bzw. Aufnahme durch die Haut zu Inkorporationen kommen.

Inkorporationsüberwachung mittels Ausscheidungsanalyse in einer Entsorgungsanlage

H. DILGER u. H. SCHIEFERDECKER

Kernforschungszentrum Karlsruhe GmbH

Die Kernforschungszentrum Karlsruhe GmbH betreibt auf ihrem
Gelände eine Anlage zur Dekontamination und Abfallbehandlung
aller Stoffe aus den Forschungseinrichtungen und Betriebs-
anlagen. Zu den Großanlagen, deren radioaktive Abfälle end-
lagerungsfähig konditioniert werden müssen, gehören ein
Forschungsreaktor (D_2O, 44 MW_{th}), zwei Prototyp-Kernkraft-
werke (D_2O, 5o MW_{el}; Na, 2o MW_{el}) und eine Wiederaufbereitungsanlage (4o t/a). Außerdem ist diese Anlage die be-
hördlich zugelassene Einrichtung zur Beseitigung der radioaktiven Abfälle der Landessammelstelle von Baden-Württemberg.

Es wird über ein Versuchsprogramm berichtet, bei dem alle
Mitarbeiter dieser Anlage im Laufe eines Jahres durch Urin-
und Stuhlanalyse auf Inkorporation von Pu überwacht wurden.
Damit soll die routinemäßige Methode der Raumluftüberwachung
auf ihre Brauchbarkeit untersucht werden.
Die Daten werden hinsichtlich Anlagenbereiche und Sammeltage
diskutiert. Die Aktivitätswerte der Stuhlproben werden in
Beziehung gesetzt zu den Grenzwerten der Jahresaktivitätszufuhr und den Aktivitätskonzentrationen in der Atemluft der
Arbeitsräume. Außer anlagenspezifischen Unterschieden zeigen
die Meßwerte vor allem eine Abhängigkeit vom Wochentag, an
dem die Proben gesammelt werden.

Die häufigsten Meßwerte oberhalb der Nachweisgrenze liegen
zwischen o.4 und o.6 pCi Pu/Tagesstuhl. Als Grenzwert für
weitergehende Untersuchungen wird 2 pCi Pu/Tagesstuhl abgeleitet.

Die bisherigen Untersuchungen bestätigen, daß die Raumluftüberwachung der Inkorporation ausreichend ist.

Inkorporationsmessungen im E I R -Überblick und Erfahrungen

W. GÖRLICH

Eidgenössisches Institut für Reaktorforschung, Abteilung
Strahlenüberwachung, Analytischer Dienst, CH-5303 Würenlingen

Die Abteilung Strahlenüberwachung des Eidgenössischen Insti-
tutes für Reaktorforschung führt Inkorporationsmessungen
für Institutsangehörige sowie externe Auftraggeber durch.
Die Analysen umfassen den gesamten Bereich der in der Forschung, Medizin und Technik verwendeten Radionuklide.

Verschärfte Strahlenschutzbestimmungen und kürzere Überwachungsintervalle erfordern einen umfangreichen appara-
tiven Ausbau des Messlabors und eine empfindliche und zeit-
aufwendige chemische Analytik.

Für die Inkorporationsmessungen sind zur Zeit acht γ-Mess-
plätze, neun α-Messplätze und zwei β- Messplätze notwendig.

Obwohl die Zahl der zu überwachenden Personen in der Industrie, den Hochschulen und den Spitälern in den letzten
Jahren stark angestiegen ist, waren Inkorporationen, die zu
einer nennenswerten Dosis führten, eine Seltenheit. Nur der
Umgang mit Tritium und Jodisotopen ergab regelmäßige Inkorporationen.

Die Bestimmung von α-Strahlern in biologischem Material
hat sich zu einer speziellen Analytik entwickelt, die an
das Können und die Zuverlässigkeit des Laboranten große Anforderungen stellt. Die Frage, ob die hohen finanziellen
Kosten der Analytik im Hinblick auf das geringe Inkorpo-
rationsrisiko gerechtfertigt sind, ist hier besonders ak-
tuell.

Die Direktmessung von Uran in der Lunge

H. DOERFEL

Kernforschungszentrum Karlsruhe GmbH, Karlsruhe

Es wird eine neue Methode der Direktmessung von Uran in der Lunge beschrieben. Die Messung erfolgt mit einem speziell für die γ-Strahlung von ^{235}U und ^{234}Th ausgelegten Phoswichdetektor, der in direktem Körperkontakt halbrechts über der Brust des Probanden angeordnet wird. Die Meßanordnung wurde mit Hilfe eines anthropomorphen Brustphantoms für natürliches und angereichertes Uran kalibriert. Der Anreicherungsgrad variierte dabei zwischen 2 und 9o % ^{235}U. Auf der Basis der erhaltenen Spektren wurde ein spezielles Auswerteverfahren entwickelt, welches außer den Photopeaks auch die Compton-Kontinua zur Aktivitätsbestimmung heranzieht. Mit Hilfe dieses Verfahrens können bei einer Meßzeit von 5o min noch o.1o nCi ^{235}U oder o.46 nCi ^{234}Th unabhängig voneinander nachgewiesen werden. Voraussetzung ist dabei, daß die Intensität der höherenergetischen Störstrahler im Bereich des Nullpegels liegt. Im allgemeinen kann man davon ausgehen, daß der Zeitpunkt der chemischen Abtrennung des inkorporierten Urans entweder weit zurückliegt oder aber hinreichend genau eingegrenzt werden kann, so daß eine Bestimmung der Aktivität von ^{238}U aus der Aktivität von ^{234}Th ohne Schwierigkeit möglich ist. Aus den Aktivitäten von ^{238}U und ^{235}U kann dann der Anreicherungsgrad sowie die Aktivität der Isotope ^{234}U und ^{236}U bestimmt werden. Bei bekanntem Anreicherungsgrad kann die Gesamtaktivität entweder aus der ^{235}U-Aktivität oder aber aus beiden Aktivitäten bestimmt werden. Bei geeigneter Wahl der Berechnungsgrundlage liegt die Nachweisgrenze für alle Anreicherungsgrade unter 2,2 nCi Uran. Damit kann bei einer Überwachungsfrequenz von drei Messungen pro Jahr mit hoher Wahrscheinlichkeit jede Überschreitung der Grenzwerte der Aktivitätszufuhr mittel- und schwerlöslicher Uranverbindungen erkannt werden.

Verfahren zur Inkorporationsüberwachung durch Ausscheidungsanalyse nach Störfällen

R. BIEHL

Kernforschungsanlage Jülich, Abteilung Sicherheit und Strahlenschutz

In einer Übersicht werden die Verfahren zur Inkorporationsüberwachung durch Ausscheidungsanalyse der Inkorporationsmeßstelle in der KFA Jülich dargestellt. Die Schilderung umfaßt die Ausrüstung der Laboratorien (Einrichtung, Meßgeräte) sowie die Anreicherungs- und Meßtechniken.

Es wird der Ablauf von Überwachungen nach Störfällen, beginnend mit ersten, schnellen Übersichtsmessungen, bis zu selektiven, nuklidspezifischen Analysenverfahren beschrieben. Auf Vereinfachungen der Verfahren für Nachfolgemessungen des gleichen Störfalles (erhöhter Probenanfall/Zeiteinheit) wird hingewiesen.

In die Kurzbeschreibung sind auch die nachweisstarken Analysenverfahren, die ein möglichst großes Überwachungsintervall abdecken (zur weiteren Beobachtung des Ausscheidungsverhaltens und zur regelmäßigen Überwachung geeignet), aufgenommen. So stehen z.B. für die fluorimetrische Bestimmung von Uran in Urin Analysenverfahren zur Verfügung mit: 1. einer Analysierzeit von < 1,5 Stunden und einer Nachweisgrenze von 1 µg U/l Urin, 2. einer Analysierzeit von etwa 5 Stunden und einer Nachweisgrenze von 0,3 µg U/l Urin und 3. einer Analysierzeit von ca. 9 Stunden und einer Nachweisgrenze von 0,04 µg U/l Urin.

Nach einem Einblick in analytische Techniken, die eine Verbesserung der Analysierzeiten und/oder Selektivität und/oder Anreicherungsfaktoren ermöglichen, folgt abschließend eine kurze Diskussion über die bei der Herabsetzung von Nachweisgrenzen auftretenden Probleme und über die Begrenzung der Überwachungsintervalle durch die Nachweisgrenze des jeweiligen Analysenverfahrens oder die Streuung des natürlichen Untergrundes.

DEKORPORATIONSTHERAPIE: DTPA ALS MITTEL DER WAHL

V. Volf

EINFÜHRUNG

Die Dekorporationstherapie dient der Entfernung von Radionukliden, die in den Körper eingedrungen sind. Zweck dieser
Maßnahmen ist es, Schäden, die durch Radionuklide hervorgerufen werden können, zu verhindern bzw. zu vermindern. Im
Übersichtsreferat anläßlich der Strahlenschutztagung in
Gießen (26) habe ich die Wirkungsweise der wichtigsten
Dekorporationsmethoden vorgestellt. Dabei konnte ich nur
flüchtig zeigen, daß die Intensivierung der Ausscheidung
von Radionukliden mit Hilfe von Chelatbildnern theoretisch
interessant und praktisch wichtig ist, so daß eine dieser
Substanzen seit Jahren im Mittelpunkt der Forschung steht
und auch klinisch mit Erfolg eingesetzt wird. Ich möchte
deshalb heute die Gelegenheit nutzen, eine etwas tiefere
und vor allem praxisbezogene Einsicht in diese Thematik zu
verschaffen. Weitere Informationen sind zwei Dekorporations-
monographien zu entnehmen (4, 28).

PHARMAKOLOGISCHE UND TOXIKOLOGISCHE BEMERKUNGEN ZUR DTPA

Die Diäthylentriaminpentaessigsäure (DTPA) bildet mit vielen
Metallen feste wasserlösliche Chelate, d.h. Metallkomplexe,
in welchen das Metallion als Teil eines oder mehrerer hete-
rozyklischer Ringe gebunden wird. Die Metalle verlieren dabei
ihre charakteristischen chemischen und biologischen Eigenschaften und werden aus dem Organismus ausgeschieden. DTPA
bindet aber auch Calcium und andere körpereigene Metalle.
Daraus folgt zum einen, daß DTPA meistens als Calciumchelat
(Ca-DTPA) verabreicht wird, um die Konzentration des Blut-
calcium nicht herabzusetzen; zum anderen bleiben in vivo
diejenigen Radionuklide unbeeinflußt, welche mit DTPA weniger
stabile Chelate bilden als Calcium (z.B. Na, Cs, Mg, Sr).
Somit bindet DTPA in vivo besonders die folgenden Metalle:
Aktinide, Lanthanide, Mangan, Eisen, Kobalt, Zink, Yttrium,
Indium.

Der größte Teil von DTPA wird innerhalb von wenigen Stunden
aus dem Körper ausgeschieden. Dies ist zwar hinsichtlich der
Entfernung des gebundenen Radionuklids erwünscht, andererseits wirkt sich aber die rasche Abnahme der DTPA-Konzentra-
tion im Blut bei andauernder Aufnahme des Radionuklids durch
das Blut, z.B. bei Inhalation oder aus einer Wunde, nach-
teilig aus. Es liegt nahe, daß aus diesem Grunde im Tierversuch die Tagesdosis in mehreren Fraktionen oder als Dauerinfusion verabreicht wurde. Die Fraktionierung der Ca-DTPA-
Tagesdosis hat jedoch einen Toxizitätsanstieg zur Folge
(Tab. 1), was besonders bei Hunden auffällt. Andererseits
nimmt die Toxizität von Ca-DTPA ab, wenn die Dosis nicht auf
einmal, sondern an mehreren aufeinanderfolgenden Tagen verabfolgt wird. Die Ursache dafür liegt darin, daß dem Körper
einige wichtige Biometalle, wie Zink und Mangan, durch DTPA
entzogen werden und daß der Organismus ausreichend Zeit

Effekt und Spezies	Kumulative mMol / kg	Dosierungsschema
LD 50% / 30d (Ratte)	6.8 11.5 8.9 5.5	1x6.8 1x2.3 /d, 5d 2x0.9 /d, 5d 5x0.2 /d, 5d
LD 100% / 9d (Hund)	0.07-0.2	3-5x0.06 /d, 3-9d

Tab. 1. Zunahme der Toxizität von Ca-DTPA nach Fraktionierung der Tagesdosis. (Nach Planas-Bohne und Ebel (18) und G.N. Taylor u.a. (22)).

braucht, die notwendigen Reserven aus der Nahrung wieder aufzufüllen.

Eine Bestätigung dieser Hypothese brachten Versuche mit dem Zinkchelat der DTPA (Zn-DTPA), das weder Zink noch Mangan entfernt und erwartungsgemäß weniger toxisch als Ca-DTPA ist. In Tab. 2 ist der Toxizitätsvergleich der beiden DTPA-

Effekt und Spezies	Einzeldosis (mMol / kg / d)		Kumulative Dosis (mMol / kg)		Relative Toxizität $\left(\dfrac{Ca\text{-}DTPA}{Zn\text{-}DTPA} \right)$
	Zn-DTPA	Ca-DTPA	Zn-DTPA	Ca-DTPA	
1 Inj. /d LD 50 / 30 (Maus)	20 10	~10 4	23 111	12.5 43	1.8 2.5
>1 Inj. /d LD 50 / 30 (Ratte) LD 100 / 9 (Hund)	>5 >5	1 ~0.02	>25 >150	5.5 ~0.1	>4.5 >1500
Foetale Toxizität (Maus)	11.5	0.7	58	3.6	16

Tab. 2. Zn-DTPA als weniger toxische Alternative zu Ca-DTPA. Nach Brummett und Mays (2), Catsch und Wedelstaedt (5), Lloyd u.a. (12), Planas-Bohne und Ebel (18), G.N. Taylor u.a. (22).

Chelate am Beispiel der Sterblichkeit und der foetalen
Toxizität bei Säugetieren dargestellt. Auch alle weiteren
Versuche, in denen andere toxische Effekte untersucht wurden,
haben die geringere Toxizität von Zn-DTPA bestätigt (Literatur s. Zit. 28).

BEDEUTUNG DES ZEITFAKTORS FÜR DIE DEKORPORATIONSWIRKSAMKEIT
VON DTPA

Es wurde wiederholt behauptet, daß die Wirksamkeit der Dekor-
porationsmaßnahmen ganz wesentlich von der Zeit abhängig ist,
die zwischen der Inkorporation des Radionuklids und dem Beginn
der Behandlung liegt. Das ist jedoch nur bedingt richtig (29).
Die Bedeutung des Zeitfaktors wird nämlich von der Kinetik des
Radionuklids im Körper bestimmt: Am größten ist sie bei guter
Resorption des Radionuklids vom Eintrittsort ins Blut und in
die inneren Organe sowie bei fester Bindung des Radionuklids
im Gewebe. Wenn sich jedoch am Eintrittsort ein schlecht
resorbierbares Radionukliddepot bildet und/oder die Bindung
des resorbierten Radionuklids im Gewebe locker ist, kann eine
spät einsetzende Dauerbehandlung den größten Nutzen bringen.

Der Einfluß anderer Faktoren ist eng mit der jeweiligen Bedeutung des Zeitfaktors verbunden. So kann z.B. der Verlust
an Ca-DTPA-Wirkung mit der Zeit nach [241]Am-Inkorporation
durch Erhöhung der Chelatdosis zum Teil kompensiert werden
(19). In der Regel sind die modifizierenden Faktoren von
größter Bedeutung bei einer Frühbehandlung, wenn zugleich
die Therapiewirksamkeit stark von der Zeit abhängt. Ein
typisches Beispiel ist das Verhalten von intravenös injizier-
tem [239]Pu-Citrat bei Früh- und Spätbehandlung mit zwei verschiedenen DTPA-Chelaten (Abb. 1). Nach sofortiger, einmali-
ger Behandlung wird die größte [239]Pu-Fraktion im Blut cheliert, worauf die fast gleichmäßige Verminderung der [239]Pu-
Ablagerung in der Leber und im Skelett hindeutet; Ca-DTPA
ist dabei wesentlich wirksamer als Zn-DTPA. Bei spät ein-
setzender Dauerbehandlung sind beide Chelate gleich wirksam;
im Vergleich zur Frühtherapie wird bei der Spätbehandlung
eine relativ größere Menge des locker gebundenen [239]Pu aus
der Leber als des fest gebundenen [239]Pu aus dem Knochen entfernt.

Diese und ähnliche Beobachtungen haben zu einer Polemik
zwischen mir und Wissenschaftlern aus Salt Lake City geführt (27), die auf Grund ihrer Toxizitätsuntersuchungen
vorgeschlagen haben, Ca-DTPA voll durch Zn-DTPA zu ersetzen.
Spätere Versuche, die diese Autorengruppe an Hunden durch-
führten (22), haben meinen Standpunkt über die Bedeutung des
frühen Therapiebeginns mit dem wirksameren Ca-DTPA bestätigt
(Abb. 2). Eine gleichgroße Abnahme der Ganzkörperretention
von [239]Pu wie nach Injektion des Ca-DTPA (etwa eine halbe
Stunde nach [239]Pu) konnte nicht einmal mit der zehnfachen
Menge an Zn-DTPA erzielt werden; auch die darauffolgende
zweiwöchige Behandlung mit Zn-DTPA hat die anfänglichen Unterschiede nicht ausgleichen können. Andererseits ist eine
rechtzeitige Ca-DTPA-Dosis allein nicht voll ausreichend.
So haben dieselben Autoren beobachtet, daß bei Hunden eine

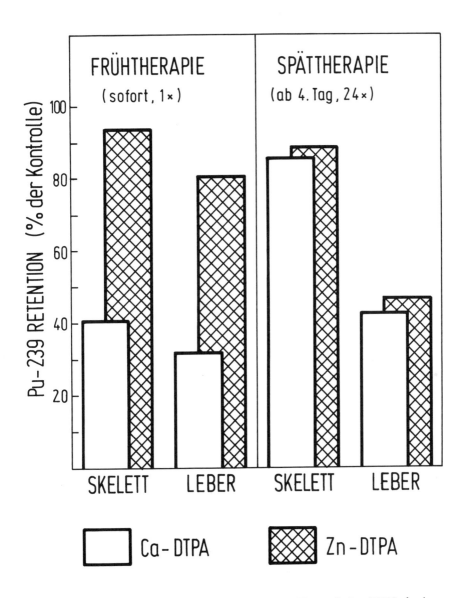

Abb. 1. Relative Wirksamkeit von Ca-DTPA und Zn-DTPA bei Ratten. Nach Gemenetzis (7) und Volf (25).

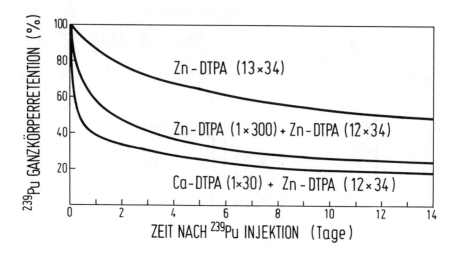

Abb. 2. Bedeutung der ersten DTPA-Injektion bei Hunden.
Nach G.N. Taylor u.a. (23).

bereits nach 2 Stunden begonnene und täglich fortgesetzte
Behandlung mit Zn-DTPA letztlich mehr Plutonium entfernt als
die nur einmal wöchentlich wiederholte Verabreichung von
Ca-DTPA (13). Offenbar wurde hier während der frühen, für
den Therapieerfolg günstigsten Zeit nach der Inkorporation
von Plutonium das Ca-DTPA nicht lang genug verabfolgt, um
die Umverteilung des Plutoniums aus der Leber in die Knochen
zu verhindern. Die Notwendigkeit einer langzeitigen Behandlung mit Ca-DTPA nach der Inkorporation von Plutonium bei
Hunden wurde kürzlich bestätigt (9).

DOSIS UND ART DER ANWENDUNG VON DTPA

Die bisher üblichste klinische Applikationsart ist die
intravenöse Injektion (bis 1 g Ca-DTPA) oder die kurzfristige
intravenöse Infusion (bis 2 g Ca-DTPA). Sie garantiert eine
hohe DTPA-Anfangskonzentration im Blut, was bei der Frühtherapie in geeigneten Fällen eine starke Dekorporationswir-
kung ermöglicht. Bei verspätetem Behandlungsbeginn sowie
bei protrahierter Therapie ist die Erhaltung des DTPA-Blut-
spiegels über längere Zeit eher wünschenswert, wobei eine
geringere Dosierung (0,1 - 0,25 g Ca-DTPA/Tag) besonders
von den englischen Ärzten als ausreichend angesehen wird.
Eine Injektion am Tag genügt; im Tierversuch war Zn-DTPA
bei fünfmaliger Injektion oder Dauerinfusion nicht wirksamer
(8, 15).

Ist es aber bei Dauerbehandlung mit kleinen DTPA-Dosen notwendig, daß der Patient grundsätzlich intravenös injiziert
wird? Als Alternative bietet sich zunächst eine DTPA-Inhala-
tion an. Die Wirksamkeit sollte der ins Blut resorbierten

Fraktion entsprechen, die bis auf 20 % des inhalierten
Ca-DTPA geschätzt wird. Abb. 3 zeigt, daß beim Menschen

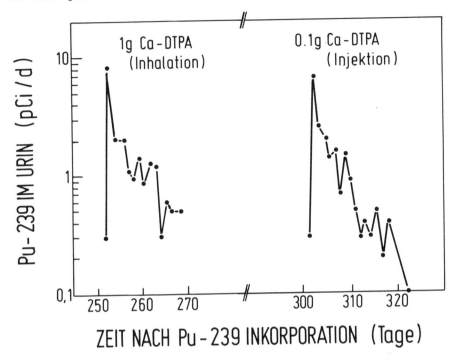

Abb. 3. Inhalation als Alternative zur Injektion von DTPA
beim Menschen. Nach Ohlenschläger u.a. (17).

die Inhalation von 1 g Ca-DTPA eine Erhöhung der Plutonium-
ausscheidung im Urin verursacht, die der 10mal kleineren,
aber injizierten Menge an Ca-DTPA vergleichbar ist. Im Einzelfall muß jedoch allein auf Grund der schwierigen Herstel-
lung von aerosolförmigem DTPA mit optimaler Teilchengröße
mit nicht voraussehbaren Unterschieden bei der Resorption
des inhalierten Ca-DTPA gerechnet werden, was zu einer Ver-
unsicherung, besonders über den Ausgang einer Frühbehandlung, führt. Im Tierversuch wurden nach der Inhalation von
Ca-DTPA vorübergehende Veränderungen an der Lunge (vesiku-
läres Emphysem) und Veränderungen am Magen (lymphatische
Hyperplasie in der Submucosa) beobachtet, allerdings nach
viel höherer Dosierung als beim Menschen (20). Aus den beiden erwähnten Gründen findet die Ca-DTPA-Inhalation bisher
eher ausnahmsweise statt. Erfahrungen mit der Inhalation von
Zn-DTPA liegen bisher nicht vor. Dieser Art der Applikation
sollte jedoch in Zukunft mehr Aufmerksamkeit gewidmet werden;
neueste Versuche an Hunden deuten darauf hin, daß DTPA nach
Inhalation länger im Blut verweilt als nach Injektion und
daß DTPA auch aus den oberen Atemwegen resorbiert wird, so
daß wohl auch einfache Aerosol-Applikationen ausreichend
sind (6).

Die für die meisten behandelnden und behandelten Personen angenehmste <u>orale Verabreichung</u> von DTPA wird wegen der geringen Resorption aus dem Darm als aussichtslos betrachtet, obwohl nach wiederholter oraler Gabe von 5 g Ca-DTPA pro Tag eine 10fache Erhöhung der Urinausscheidung von Plutonium beim Menschen bereits vor 13 Jahren beschrieben wurde (11). Tab. 3 ist zu entnehmen, daß durch die Zugabe von Zn-DTPA zum Trinkwasser die Retention von ^{239}Pu bei Ratten wesentlich herabgesetzt werden kann. Die Wirkung von Zn-DTPA in höherer Konzentration war mit der von täglichen Ca-DTPA-Injektionen vergleichbar, was für eine etwa 3 %ige Darmresorption von Zn-DTPA spricht. Die oben erwähnte, relativ niedrige DTPA-Dosierung, die bei protrahierter Behandlung erforderlich ist sowie die Wirksamkeit von oral verabreichtem Ca-DTPA beim Menschen und eine vergleichbare Wirkung von Zn-DTPA bei Ratten deuten darauf hin, daß diese Art DTPA-Anwendung nicht ganz außer acht gelassen werden sollte.

Dekorporationsschema (ab. 4. Tag, 9 Tage lang)		Pu-239 Retention (% der Kontrolle)		
Chelat	Tagesdosis	Kumul. Dosis (mMol / kg)	Skelett	Leber
Ca-DTPA (s.c.Inj.)	0.03 (mMol / kg)	0.27	58	30
Zn-DTPA (Drink)	0.003 M ($\sim$ 20 ml)	$\sim$2.7	77	48
Zn-DTPA (Drink)	0.01 M ($\sim$ 20 ml)	$\sim$9.0	61	28

Tab. 3. Dekorporation von ^{239}Pu bei Ratten durch Zn-DTPA im Trinkwasser. Nach D.M. Taylor und Volf (21).

BEMÜHUNGEN UM DIE VERBESSERUNG DER WIRKSAMKEIT VON DTPA

Man kann annehmen, daß unter sonst optimalen Bedingungen ein Radionuklid in vivo nur dann vollständig cheliert werden kann, wenn der Chelatbildner in molarem Überschuß vorliegt. Diese Bedingung ist nicht immer leicht zu erfüllen; das gilt z.B. bei einer radioaktiv kontaminierten Verletzung. Wir haben bereits vor einiger Zeit beobachtet, daß aus simulierten Wunden eine erhebliche ^{239}Pu-Fraktion durch eine einzige <u>lokale Ca-DTPA-Injektion</u> entfernt werden kann, wobei die Organablagerung des ^{239}Pu niedriger wird als nach einer intravenösen Ca-DTPA-Applikation (24, 25). Die lokale

Ca-DTPA-Injektion unter Zusatz eines Lokalanästhetikums
und ggf. eines Vasodilatans direkt am Wundort wäre als
Zusatztherapie nach einer Wundrandexzision geeignet.
Natürlich muß das Radionuklid in einer chelierbaren Verbindung vorliegen.

Es werden immer neue Versuche gemacht, die Wirksamkeit von
DTPA zu erhöhen, indem man verschiedene Derivate synthetisiert oder Gemische mit anderen Chelatbildnern verabfolgt.
Nur wenige davon sind erfolgversprechend, obwohl darüber
des öfteren auch in der Tagespresse berichtet wird. So sind
die phosphonsäurehaltigen DTPA-Derivate bei der Dekorporierung von Uran dem Ca-DTPA allein überlegen (1). In ähnlicher
Weise ist das Gemisch von Ca-DTPA und Desferrioxamin bei der
Frühbehandlung der experimentellen ^{239}Pu-Inkorporierung
wirksamer als jede der beiden Substanzen: Desferrioxamin
allein entfernt zwar mehr ^{239}Pu aus Leber und Knochen, erhöht jedoch die Ablagerung von ^{239}Pu in den Nieren. Diese
kann durch Zugabe von Ca-DTPA verhindert werden (25).

Das im Gegensatz zu DTPA lipophile Derivat "Puchel" ist
zwar theoretisch interessant, weil es abweichend von DTPA
vor allem die faekale Ausscheidung von Plutonium stimuliert
(3); praktisch gibt es noch zu wenig Erfahrungen sowohl
über die Wirksamkeit als auch über die Toxizität. Berichte
über die "vollständige Befreiung der Mäuseknochen von Plutonium durch gemischte Liganden", z.B. durch Ca-DTPA mit
Aspirin, konnten wir, wie auch andere Autoren, nicht bestätigen.

EXTRAPOLATION VOM TIERVERSUCH AUF DEN MENSCHEN

Der lange Weg von der Arzneimittelforschung bis zum klinisch anwendbaren Medikament gilt auch für die Chelatbildner.
Besonders die immer höheren Anforderungen an Toxizitätsprüfungen sind Ursache für die geringe Zahl neuer Präparate.
Dazu kommt ein gewisses Mißtrauen seitens der Ärzte hinsichtlich der Übertragbarkeit der Ergebnisse von Tierversuchen auf den Menschen. Es ist teilweise berechtigt, weil
in vielen Versuchen erheblich größere Mengen an Chelatbildnern verabreicht werden als in der klinischen Praxis.
Deshalb wurde als Vergleichsmaß das sog. "human dose
equivalent" eingeführt. Es gleicht einer Chelatbildnerdosis
von 30 µMol/kg Körpergewicht, was bei einem 70 kg schweren
Menschen etwa 1 g Ca-DTPA entspricht.

Bei mehreren Radionukliden wurde eine Abhängigkeit ihrer
Retention von der Körpergröße festgestellt, was die Extrapolation auf den Menschen eigentlich erleichtern sollte.
Im Falle von Plutonium wurden jedoch Ausnahmen beobachtet,
die zu Zweifeln geführt haben, ob sich einige Tierspezies
als Modell für das Verhalten von Plutonium beim Menschen
eignen. Abb. 4 zeigt, daß trotz der unterschiedlichen Retention von ^{239}Pu in der Leber von Ratten und Hunden, die als
Kontrolltiere dienten, jeweils die gleiche Restfraktion von
^{239}Pu nach Injektion zunehmender Mengen von Ca-DTPA bei

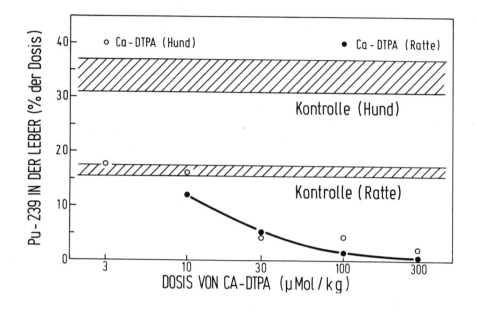

Abb. 4. Dekorporation von [239]Pu bei verschiedenen Spezies. Nach Lloyd u.a. (15) und Volf (25).

Ratten und Hunden zurückbleibt. Dies deutet darauf hin, daß der hohe [239]Pu-Gehalt in der Leber bei Hunden auf eine leicht chelierbare [239]Pu-Fraktion zurückzuführen ist, so daß die Wirksamkeit von DTPA bei Hunden relativ höher als bei Ratten sein wird. Hinsichtlich der Bedeutung des Zeitfaktors kann allgemein angenommen werden, daß die Wirksamkeit von DTPA unter sonst gleichen Bedingungen umgekehrt proportional der biologischen Halbwertszeit des jeweiligen Radionuklids im Blut ist. Dementsprechend nimmt bei derselben biologischen Spezies die Dekorporationswirksamkeit für Plutonium langsamer ab als für Americium (14, 32). Und weil der Blutspiegel desselben Radionuklids bei größeren Spezies langsamer abnimmt als bei den kleineren, ist z.B. beim Menschen eine geringere Abhängigkeit des DTPA-Effekts von der Zeit als bei der Ratte zu erwarten (24).

In der Tat sind bei der DTPA-Anwendung für den Menschen im Vergleich mit der beim Tier gewonnenen Erfahrung kaum Überraschungen zu erwarten. So wurde bereits vor 4 Jahren gezeigt (16), daß zu späteren Zeitpunkten nach einer Plutonium-Inkorporation auch beim Menschen Ca-DTPA und Zn-DTPA etwa gleich wirksam sind. Auch zu früheren Zeitpunkten nach einer Plutonium-Inkorporation wurde die Wirksamkeit von Zn-DTPA festgestellt (17), ein Vergleich mit der Wirkung von Ca-DTPA ist hier jedoch äußerst schwierig.

Zuletzt noch ein paar Worte über den Fall einer schwerwiegenden Inkorporation von ^{241}Am, die in den USA genau
nach unserem auf Versuchen mit Ratten basierenden und in
den USA für Hunde bestätigten Schema behandelt wurde (10).
In Tab. 4 ist zunächst die DTPA-Dosierung aufgeführt;

Ablauf der DTPA Therapie				
Zeit nach dem Unfall	Kumulative Dosis (g)		Maximale Dosis (g/d)	
	Ca-DTPA	Zn-DTPA	Ca-DTPA	Zn-DTPA
1. Tag	1	–	1	–
1. Woche	8	3	2	2
1. Monat	18	30	2	3
~2,5 Jahre	18	542	2	3

Ergebnis der DTPA Therapie		
Körper-fraktion	Am-241 Retention (μCi)	
	Erwartet ohne DTPA	Gefunden nach DTPA
Skelett	380	25
Leber	380	<0.2
Exkreta	365	1100

Tab. 4. Dekorporation von ^{241}Am beim Menschen.
Nach Heid u.a. (10).

innerhalb von 2,5 Jahren wurde insgesamt mehr als ein halbes
Kilo Zn-DTPA verabreicht! Der Dekorporationseffekt kann als
sehr gut bezeichnet werden; er ist sowohl auf die rechtzeitige
Ca-DTPA- als auch auf die protrahierte Verabfolgung von Zn-
DTPA zurückzuführen. Die ^{241}Am-Gesamtausscheidung wurde ver-
dreifacht, die Leber praktisch dekontaminiert und die Skelett-
aktivität auf etwa 7 % des ohne DTPA erwartenden Wertes herabgesetzt.

DAS EIGENTLICHE ZIEL DER DEKORPORATIONSTHERAPIE

Oft wird angenommen, daß die Folgen einer Radionuklidinkor-
poration proportional der Entfernung des Radionuklids aus
dem Körper verhindert werden. Dies hängt mit der Auffassung
zusammen, daß die Dekorporationstherapie nur als Frühmaßnahme
wirksam ist und daß die Dosis-Wirkungsbeziehung für inkorporierte Radionuklide linear verläuft. Das muß jedoch nicht
immer stimmen.

Zunächst wurde im Tierversuch beobachtet, daß bei protrahierter Verabfolgung von DTPA die Retention des Radionuklids
auch bei späterem Therapiebeginn deutlich abnimmt. Die beiden
für die Strahlenspätfolgen verantwortlichen Faktoren, nämlich die Strahlendosisleistung und die kumulative Strahlendosis, ändern sich in Abhängigkeit von dem gewählten Behand-
lungsschema und dem daraus resultierenden Verlauf der Dekorporation. Letzterer ist weiter organabhängig, so daß die
Herabsetzung des Risikos für verschiedene Organe unterschiedlich ist.

Auf der anderen Seite ist die Art der Beziehung zwischen der
inkorporierten Radionuklidmenge und deren Wirkung maßgebend.
Es zeigte sich, daß z.B. die Häufigkeit der durch inkorpo-
riertes ^{239}Pu induzierten Osteosarkome pro Strahleneinheit
mit abnehmender kumulativer Strahlendosis zunimmt, besonders
bei erwachsenen Tieren (31). Daraus folgt, daß auch nach
einer Frühbehandlung der Detoxikationseffekt geringer sein
wird als das Ergebnis der Dekorporation. In Abb. 5 sind verschiedene Beziehungen zwischen Dekorporation und Detoxikation eines Radionuklids schematisch dargestellt. Nur unter
den günstigsten Bedingungen einer Frühtherapie ist auch eine
direkte Proportionalität zu erwarten, während nach einer
Spättherapie die Detoxikation in der Regel weniger ausgeprägt sein wird als vom Dekorporationsergebnis her angedeutet.
Man muß einfach den Effekt der bis zu Beginn und während der
Therapie erhaltenen Strahlendosis mit in Betracht ziehen.

Nicht zuletzt müssen auch die möglichen unerwünschten Nebenwirkungen der Dekorporationsmittel selbst in die Rechnung
einbezogen werden. Dies dürfte im Falle von DTPA eine nicht
so große Rolle spielen wie bei einigen Derivaten und anderen
Substanzen. Die seltenen Kontraindikationen für Ca-DTPA,
inklusive Verabreichung an Schwangere sowie Fraktionierung
der Tagesdosis, wurden früher ausreichend charakterisiert
und begründet (4, 28, 30).

Der eigentliche Sinn der Dekorporationstherapie kann somit
schematisch wie in Abb. 6 dargestellt werden. Es liegt nahe,
daß besonders nach der Inkorporation größerer Radionuklid-
mengen eine Indikation zur Dekorporationsbehandlung besteht
und daß vor allem bei rechtzeitiger Anwendung von wenig
toxischen Mitteln ein endgültiger Erfolg zu erwarten ist.

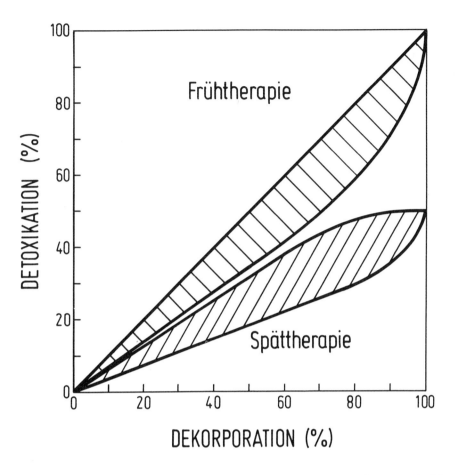

Abb. 5. Hypothetische Herabsetzung der Toxizität von Radionukliden durch Dekorporation.

Es sollte noch betont werden, daß bisher nicht einmal nach
Verabreichung von Ca-DTPA über ernsthafte Komplikationen
berichtet wurde und daß zur Dauertherapie das noch weniger
toxische Zn-DTPA zur Verfügung steht. Weil Ca-DTPA bei Frühbehandlung dem Zn-DTPA weit überlegen ist, sollte es als
Einleitungstherapie verabreicht werden. Später, nach der
Inkorporation der Radionuklide, sind die beiden Chelate
gleich wirksam, und deshlab sollte insbesondere zur protra-
ierten Therapie sowie bei Kontraindikation für Ca-DTPA, das
Zn-DTPA eingesetzt werden.

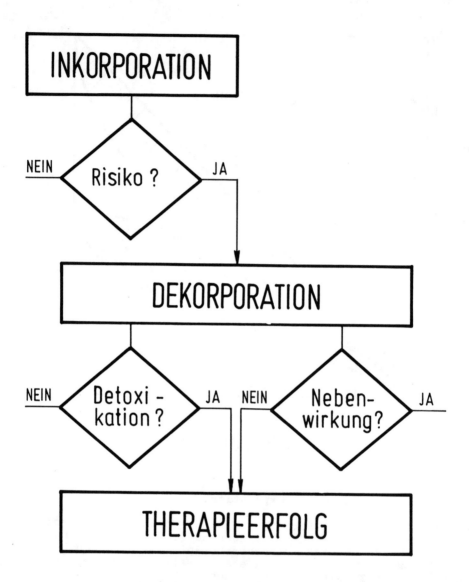

Abb. 6. Sinn der Dekorporation von Radionukliden.

LITERATUR

(1) Balabukha V.S., Ivannikov A.T., Arkhipova O.G.,
    Tikhonova L.I., Uran i berilii. Problemy vyvedeniia
    iz organizma. Atomizdat, Moskva (1976)
(2) Brummett E.S., Mays C.W., Teratological studies of
    Zn-DTPA in mice. Health Phys. 33, 624-626 (1977)
(3) Bulman R.A., Griffin R.J., Russel A.T., The development
    of new chelating agents for removing plutonium from
    intramuscular sites. Report Harwell, NRPB/R&D1, 87-89
    (1977)
(4) Catsch A., Dekorporierung radioaktiver und stabiler
    Metallionen. Therapeutische Grundlagen. Thiemig,
    München (1968)
(5) Catsch, A., Wedelstaedt E., Vergleichende Untersuchungen
    über die Toxizität der Ca- und Zn(II)-Chelate der
    Diäthylentriaminpentaessigsäure. Experientia 21, 210-213
    (1965)
(6) Dudley R.E., Muggenburg B.A., Cuddhy R.G., McClellan R.O.,
    Absorption of diethylenetriaminepentaacetic acid (DTPA)
    from the respiratory tracts of beagle dogs. Am. Industr.
    Hyg. J., im Druck
(7) Gemenetzis E.,Dissertation. Karlsruhe (1976)
(8) Gemenetzis E., Volf V., DTPA treatment schedules for
    decorporation of ^{239}Pu from simulated wounds. Health
    Phys. 32, 489-492 (1977)
(9) Guilmette R.A., Moretti E.S., Lindenbaum A., Toward an
    optimal DTPA therapy for decorporation of actinides:
    Time-dose relationships for plutonium in the dog.
    Radiat. Res. 78, 415-428 (1979)
(10) Heid K.R., Palmer H.E., McMurray B.J., Breitenstein B.D.,
    Wald N., The 1976 Hanford americium incident. In:
    Biological Implications of Radionuclides Released from
    Nuclear Industries, IAEA, Wien (1979), S. 27-38
(11) Lagerquist C.R., Putzier E.A., Piltingsrud C.W.,
    Bioassay and body counter results for the first 2 years
    following an acute plutonium exposure. Health Phys. 13,
    965-972 (1967)
(12) Lloyd R.D., McFarland S.S., Taylor G.N., Williams J.L.,
    Mays C.W., Decorporation of ^{241}Am in beagles by DTPA.
    Radiat. Res. 62, 97-106 (1975)
(13) Lloyd R.D., Boseman J.J., Taylor G.N., Bruenger F.W.,
    Atherton D.R., Stevens W., Mays C.W., Decorporation from
    beagles of a mixture of monomeric and particulate
    plutonium using Ca-DTPA and Zn-DTPA: Dependence upon
    frequency of administration. Health Phys. 35, 217-227
    (1978)
(14) Lloyd R.D., Taylor G.N., Mays C.W., Jones C.W., Bruenger
    F.W., Atherton D.R., Dependency of chelation efficacy upon
    time after first DTPA injection. Radiat. Res. 78, 448-454
    (1979)
(15) Lloyd R.D., Jones C.W., Taylor G.N., Mays C.W.,
    Atherton D.R., Pu and Am decorporation in beagles:
    Effects of magnitude of initial Ca-DTPA injection upon
    chelation efficacy. Radiat. Res. 79, 630-634 (1979)

150

(16) Ohlenschläger L., Efficacy of Zn-DTPA in removing
     plutonium from the human body. Health Phys. 30,
     249-250 (1976)
(17) Ohlenschläger L., Schieferdecker H., Schmidt-Martin W.,
     Efficacy of Zn-DTPA and Ca-DTPA in removing plutonium
     from the human body. Health Phys. 35, 694-699 (1978)
(18) Planas-Bohne F., Ebel U., Dependence of DTPA-toxicity
     on the treatment schedule. Health Phys. 29, 103-106
     (1975)
(19) Seidel A., A multivariate analysis of Ca-DTPA-effec-
     tiveness in removing Am-241 from the rat. Z. Naturforsch.
     28c, 316-318 (1973)
(20) Smith V.H., Ballou J.E., Lund J.E., Dagle G.E., Ragan
     H.A., Busch R.H., Hackett P.L., Willard D.W., Aspects of
     inhaled DTPA toxicity in the rat, hamster and beagle
     dog and treatment effectiveness for excorporation of
     plutonium from the rat. In: Diagnosis and Treatment of
     Incorporated Radionuclides. IAEA, Wien (1976) S. 517-530
(21) Taylor D.M., Volf V., Oral chelation treatment of
     injected ^{241}Am or ^{239}Pu in rats. Health Phys. 38, 147-158
     (1980)
(22) Taylor G.N., Williams J.L., Roberts L., Atherton D.R.,
     Shabestari L., Increased toxicity of Na_3Ca DTPA when given
     by protracted administration. Health Phys. 27, 285-288
     (1974)
(23) Taylor G.N., Lloyd R.D., Boseman J.J., Atherton D.R.,
     Mays C.W., Removal of plutonium from beagles using
     Ca-DTPA and Zn-DTPA: Effects of initial DTPA injection.
     Health Phys. 35, 201-210 (1978)
(24) Volf V., Experimental background for prompt treatment
     with DTPA of ^{239}Pu-contaminated wounds. Health Phys. 27,
     273-277 (1974)
(25) Volf V., Plutonium decorporation in rats: Experimental
     evidence and practical implications. In: Diagnosis and
     Treatment of Incorporated Radionuclides. IAEA, Wien
     (1976) S. 307-322
(26) Volf V., Praktische Möglichkeiten der Dekorporations-
     behandlung. In: Strahlenschutz in Forschung und Praxis,
     Bd. 17. G. Thieme, Stuttgart (1977) S. 35-46
(27) Volf V., Should Zn-DTPA replace Ca-DTPA for decorpora-
     tion of radionuclides in man? Health Phys. 31, 290-291
     (1976)
(28) Volf V., Treatment of Incorporated Transuranium Elements.
     IAEA, Wien (1978) (Technical Reports Series No. 184)
(29) Volf V., Removal of incorporated radionuclides: Methods,
     benefits and risks. In: Proc. 6th Internat. Congress of
     Radiat. Research.Maruzen, Tokyo (1979) S. 913-921
(30) Volf V., Möhrle G., Möglichkeiten der Behandlung nach
     Inkorporation von Radionukliden. In: Strahlenschutzkurs
     für ermächtigte Ärzte. Spezialkurs. H. Hoffmann, Berlin
     (1979) S. 228-242
(31) Volf V., Polig E., Gemenetzis E., Prevention of late
     effects by removal of radionuclides from the body?
     In: Biological Implications of Radionuclides Released
     from Nuclear Industries. IAEA, Wien (1979) S. 41-50
(32) Volf V.,Seidel A.,Decorporation of ^{239}Pu and ^{241}Am in the
     rat and hamster by Zn-DTPA. Radiat.Res. 59, 638-644 (1974)

Möglichkeiten der Jodprophylaxe im Strahlenschutz

E. Oberhausen

Mit zu den wesentlichen Spaltprodukten, die beim Betrieb von
Kernreaktoren entstehen, gehören die verschiedenen radioaktiven
Isotope des Jod. Da das Jod bei den im Reaktorkern vorhandenen
Temperaturen in gasförmigem Zustand vorliegt, muß bei Stör-
und Unfällen unter ungünstigen Umständen mit der Abgabe von
radioaktivem Jod in die Luft der Umgebung gerechnet werden.
Zum größten Teil wird sich das freigesetzte radioaktive Jod
durch Ablagerungsprozesse auf dem Boden und auf Pflanzen
niederschlagen. Von dort kann es über die Nahrungsmittel, insbesondere die Milch in den Menschen gelangen. Es ist aber anzunehmen, daß bei einem Stör- oder Unfall dieser Inkorporationsweg durch entsprechende administrative Maßnahmen ausgeschaltet
wird, was sich durch die Unterbindung des Verbrauchs von Frisch-
gemüse und frischer Milch aus dem kontaminierten Gebiet be-
werkstelligen läßt.

Weit schwieriger ist die Unterbindung der Aufnahme von radioaktivem Jod mit der Atemluft. Hier bietet zwar der Aufenthalt
in geschlossenen Räumen einen gewissen, wegen des jedoch immer
vorhandenen Luftwechsels nur einen begrenzten Schutz. Das mit
der Atemluft aufgenommene radioaktive Jod wird in der Lunge
praktisch vollständig resorbiert und verhält sich anschließend
im Organismus genau so, wie wir dies vom stabilen Jod und den
zur Ermittlung der Schilddrüsenfunktion durchgeführten Radio-
jodtesten her kennen. Es kommt zu einer Verteilung im Extra-
vasalraum und zu einer vorübergehenden Anreicherung in den
Speicheldrüsen und in der Magenschleimhaut und insbesondere
zu einer lang anhaltenden Speicherung in der Schilddrüse.
Letztere ist dadurch bedingt, daß bei normaler Funktion die
Schilddrüse nicht nur die beiden Hormone Thyroxin und Trijod-
thyronin synthetisiert, sondern auch ein Speicherorgan für
die von ihr synthetisierten Hormone darstellt. Die biologische
Halbwertszeit des Jod in der Schilddrüse wird mit 64 - 9o
Tagen (1) angegeben, woraus die hohe Strahlenbelastung dieses
Organs bei der Aufnahme von radioaktivem Jod resultiert. Der
Übergang des aufgenommenen Jod in die Vorstufen und die eigent-
lichen Schilddrüsenhormone vollzieht sich sehr rasch, so daß
während der langen Verweildauer das Jod in Form der Schilddrüsenhormone vorliegt.

Wir kennen bis heute keinen effektiven Weg um hormongebundenes
Jod aus der Schilddrüse herauszulösen. Wenn also eine Strahlenbelastung der Schilddrüse durch in den Organismus aufgenommenes
radioaktives Jod vermieden werden soll, ist dies nur dadurch
möglich, daß dessen Aufnahme in die Schilddrüse verhindert
wird.

Das Ausmaß der Jodspeicherung in der Schilddrüse hängt vom
Funktionszustand des Organs, beim Euthyreoten insbesondere von
dem Jodangebot in der Nahrung ab. Je geringer das Jodangebot
in der Nahrung, desto höher die Speicherung in der Schilddrüse. In der Bundesrepublik Deutschland herrscht allgemein
ein alimentärer Jodmangel (2). Die Jodaufnahme mit der Nahrung liegt zwischen 3o und 7o μg/Tag und beträgt damit weniger
als 3o % des von der Weltgesundheitsorganisation empfohlenen

Optimums der alimentären Jodaufnahme von 15o bis 2oo µg/Tag. Daraus folgt, daß in der Bundesrepublik bei einem Euthyreoten etwa 5o % des resorbierten radioaktiven Jods in der Schilddrüse gespeichert werden. Ein Beispiel für die Abhängigkeit der Speicherung nach oraler Verabreichung von der Zeit zeigt die Abb. 1. Man sieht, daß unmittelbar nach der Verabreichung die Speicherung einsetzt und bereits nach wenigen Stunden weitgehend abgeschlossen ist. Im Gegensatz zu den hohen Speicherwerten, die in der Bundesrepublik festgestellt wurden (3) und die im Maximum bis zu 8o % betragen können, haben beispielsweise Blum und Eisenbud (4) in New-York an 62 Probanden eine mittlere Speicherung von 27,1 ± 8,9 % gemessen. Aus diesen erhöhten Speicherwerten in der Bundesrepublik darf jedoch nicht geschlossen werden, daß bei einer Aufnahme von radioaktivem Jod damit auch notwendigerweise eine höhere Strahlenbelastung verbunden wäre. Denn bei chronischem Jodmangel paßt sich die Schilddrüse durch eine Größenzunahme diesem an, so daß sich das aufgenommene Jod auf eine größere Gewebsmasse verteilt. Als Beispiel hierfür zeigt Ihnen die Abb. 2 im Vergleich die Szintigramme einer typischen amerikanischen Schilddrüse und einer Schilddrüse wie sie für den Einzugsbereich unserer Klinik charakteristisch ist.

Dasjenige Jod, das nicht von der Schilddrüse aufgenommen wird, wird von den Nieren ausgeschieden. Nach Messungen von Childs und Mitarbeitern (5) beträgt die Jodidclearance der Nieren 38 ml/min. Rechnet man mit einem Verteilungsvolumen des anorganischen Jod von 2o l, so ergibt sich daraus eine biologisc Halbwertszeit von 6,1 h. Es kann davon ausgegangen werden, daß diese biologische Halbwertszeit für die Jodausscheidung durch die Nieren weitgehend unabhängig von dessen Plasmakonzentratio ist.

In der Literatur besteht weitgehend Übereinstimmung darüber, daß durch orale Verabreichung von stabilem Jod, die Aufnahme von radioaktivem Jod in die Schilddrüse beträchtlich reduziert werden kann (4), (5), (6), (7). Ein Effekt der meist nicht ganz zutreffend als Blockade der Schilddrüse bezeichnet wird. Bei den diesbezüglichen Messungen wurde das anorganische Jod meist in der Form von KJ verabreicht und die Speicherung des radioaktiven Jod mit [131]J bestimmt. Entweder durch Messungen über der Schilddrüse oder durch Ganzkörpermessungen. Für den einfachsten Fall, daß stabiles Jod und radioaktives Jod gleichzeitig verabreicht werden, fanden Blum und Eisenbud (4) den ir Abb. 3 gezeigten Zusammenhang. Hieraus kann man schließen, daß durch Kaliumjodidmengen größer 2oo mg die Speicherung auf weniger als 1 % abfällt. Trägt man die bei höheren Kaliumjodidmengen gemessenen Originalwerte dieser Autoren in eine halblogarithmische Darstellung ein, so ergibt sich der in Abb. 4 gezeigte Zusammenhang. Störend ist die große Streubreite der Meßpunkte, die wohl nur zum Teil auf physiologische Unterschiede der verschiedenen Probanden und zu einem erheblichen Teil auf die meßtechnischen Schwierigkeiten bei der Erfassung derart geringer Speicherwerte zurückzuführen ist. In Übereinstimmung mit den anderen Autoren kann man jedoch annehmen, daß bei einer Zufuhr von 3oo mg Kaliumjodid die Speicherung von gleichzeitig verabreichtem Jod in der Schilddrüse kleiner als o,5 % ist.

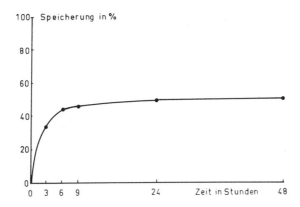

Abb. 1: Zeitlicher Verlauf der Speicherung von ^{131}J in
        der Schilddrüse

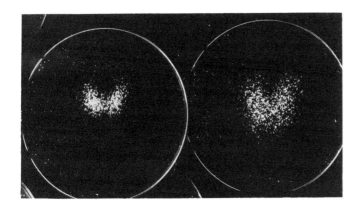

Abb. 2: Schilddrüsenszintigramm von Personen mit niedri-
        ger und hoher alimentärer Jodzufuhr

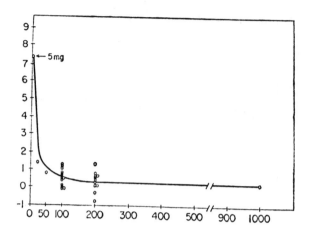

Abb. 3: Reduzierung der Speicherung von radioaktivem Jod bei gleichzeitiger Verabreichung von KJ

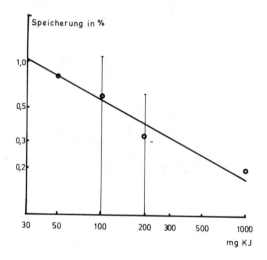

Abb. 4: Reduzierung der Speicherung von radioaktivem Jod bei gleichzeitiger Verabreichung von größeren Mengen von KJ

155

Wird das stabile Jod nach dem radioaktiven Jod gegeben, so läuft zunächst die Speicherung des radioaktiven Jods ungestört ab und wird erst bei Verabreichung des stabilen Jods reduziert. Im einzelnen ergibt sich ein Zusammenhang, wie er in der Abb.5 dargestellt ist. Je später das stabile Jod in den Organismus gelangt, desto geringer wird der erreichte Effekt und ist nach mehr als 12 Stunden praktisch nicht mehr vorhanden. Für den umgekehrten Fall, daß zunächst das stabile und später das radioaktive Jod verabreicht wird, fanden Blum und Eisenbund (4), die in Abb. 6 dargestellten Ergebnisse. Beträgt der zeitliche Abstand 24 Stunden, so ist bei Kaliumjodiddosen von mehr als 5o mg zwar eine deutliche Reduktion der Speicherung zu erreichen, die jedoch im Vergleich zu der simultanen Verabreichung deutlich vermindert ist. Noch wesentlich stärker ist die Verminderung bei einem zeitlichen Abstand von 72 Stunden. Dieser relativ rasche Rückgang in der Verminderung der Speicherung zeigt deutlich, daß durch das Angebot von großen Jodmengen es nicht zu einer eigentlichen Blockade der Schilddrüse kommt, sondern die Schilddrüse entsprechend ihrem Ausstoß an Schilddrüsenhormonen weiterhin Jod aufnimmt, und zwar in der Größenordnung zwischen 5o und 1oo μg/Tag. Zwar ist aus langjähriger Erfahrung und insbesondere durch die Arbeiten von Wolf und Chaikoft (8) bekannt, daß durch erhöhte Jodzufuhr die Hormonsynthese der Schilddrüse gehemmt wird, jedoch braucht es offenbar zur Ausbildung dieses Effektes einer gewissen Zeitspanne, so daß zur Verhinderung der Aufnahme von radioaktivem Jod dieser Effekt nicht in Rechnung gestellt werden kann.

Aus den vorangegangenen Betrachtungen ergeben sich zwangsläufig eine Reihe von wichtigen Hinweisen für eine wirkungsvolle Reduktion der Aufnahme von radioaktivem Jod durch die Schilddrüse.

1. Es muß angestrebt werden, daß die Aufnahme von stabilem Jod möglichst vor der Resorption des radioaktiven Jods erfolgt.

2. Die zu erreichende Reduktion der Aufnahme des radioaktiven Jods hängt insbesondere von der Konzentration des stabilen Jods im Plasma ab.

3. Da wegen der Ausscheidung durch die Nieren die Jodkonzentration mit einer biologischen Halbwertszeit von 6,1 Stunden abfällt, ist es notwendig, daß neben einer Initialdosis in gewissen Abständen weiteres Kaliumjodid zugeführt wird, damit ein weitgehend konstanter Plasmaspiegel aufrecht erhalten wird.

Diese Hinweise stellen die Grundlage für ein mögliches Dosierungsschema für Kaliumjodid dar, wie es in den verschiedenen Beratungsgremien des Bundesministeriums des Innern diskutiert wurde. Man hat sich dort für eine Initialdosis von 3oo mg Kaliumjodid und in Abständen von jeweils 8 Stunden für weitere Dosen von 1oo mg Kaliumjodid entschieden. Unter der idealisierten Annahme, daß auch diese größeren Mengen von Kaliumjodid sehr rasch und vollständig resorbiert werden und der Verteilungsraum für anorganisches Jod 2o l beträgt, läßt sich die in Abb. 7 dargestellte Plasmakonzentration in Abhängigkeit von der Zeit berechnen. Man sieht, daß sich relativ rasch eine mittlere Konzentration von o,55 mg Jod/1oo cm^3 mit Schwankungen

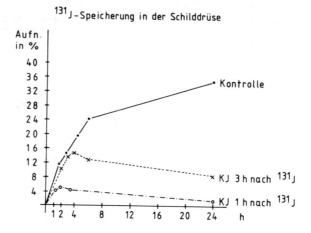

131J-Speicherung in der Schilddrüse

<u>Abb. 5</u>: Reduzierung der Speicherung von radioaktivem Jod
bei nachträglicher Verabreichung von KJ

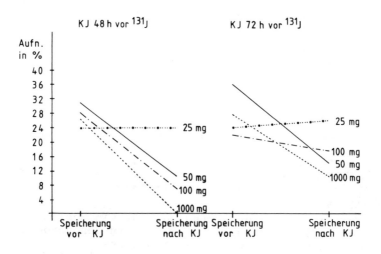

<u>Abb. 6</u>: Reduzierung der Speicherung von radioaktivem Jod
bei vorausgegangener Verabreichung von KJ

zwischen o,7 und o,4 mg/1oo cm^3 einstellt. Nimmt man an, daß bei dieser mittleren Plasmakonzentration 1oo µg Jod in der Schilddrüse gespeichert werden, so würde von radioaktivem Jod, das bei diesen Plasmakonzentrationen resorbiert wird, etwa o,1 % in der Schilddrüse gespeichert. Zum Vergleich ist in Abb. 7 auch der Verlauf der Plasmakonzentration nach einem von Heinrich und Mitarbeitern (7) angegebenen Dosierungsschema angegeben. Bei diesem Schema ist die Anfangsdosis 2oo mg KJ und die gleiche Dosis wird alle 8 Stunden gegeben. Hierbei kommt es in den ersten 48 Stunden zu einem Anstieg der mittleren Plasmakonzentration von o,55 auf 1,o mg J/1oo cm^3. Bei Anwendung dieses Schemas haben Heinrich und Mitarbeiter erreicht, daß nur etwa o,1 % des anfänglich verabreichten radioaktiven Jods in der Schilddrüse gespeichert wurden. Da hierfür insbesondere die anfänglich geringeren Plasmakonzentrationen maßgebend waren, kann angenommen werden, daß die bei dem vom Bundesministerium des Innern empfohlenen Dosierungsschema berechnete Speicherung von o,1 % in einem realistischen Bereich liegt.

Neben der möglichen Reduktion der Speicherung von radioaktivem Jod durch die aufgezeigte Medikation mit Kaliumjodid müssen auch die dadurch eventuell hervorgerufenen unerwünschten Nebenwirkungen diskutiert werden. Hierbei ist zu unterscheiden zwischen passageren Nebenwirkungen, die keine schwerwiegenden Folgen hinterlassen und solchen, die wegen ihrer möglichen Folgen es ratsam erscheinen lassen, daß bei den betreffenden Personen eine Jodblockade der Schilddrüse nicht angewandt wird. Es ist somit im Zusammenhang mit der Planung von Notfallschutzmaßnahmen eine der Aufgaben der behandelnden Ärzte ihre Patienten im vorhinein darauf aufmerksam zu machen, daß sie bei einer Jodblockade gefährdet sind und daher bei ihnen die Speicherung von radioaktivem Jod nicht durch Kaliumjodid sondern durch Thyreostatika verhindert werden soll.

Dies gilt insbesondere für schwere Formen der Jodallergie, die meistens bekannt sind, da das Jod in der Medizin sehr vielfältig verwendet wird. Eine absolute Kontraindikation für die Anwendung von Kaliumjodid ist eine vorbestehende Dermatitis herpetiformes Duhring, da hier lebensbedrohliche Reaktionen möglich sind.

Das zahlenmäßig wesentliche Risiko bei der Anwendung von KJ dürfte jedoch die Auslösung von Hyperthyreosen sein. Dieses Risiko ist vor allem deshalb in der Bundesrepublik vorhanden, da keine ausreichende alimentäre Jodversorgung vorhanden ist. Der Pathomechanismus, über den ein erhöhtes Jodangebot zu klinisch manifesten Hyperthyreosen führt, ist noch nicht restlost geklärt (9). Da dies jedoch vorwiegend in Struma-Endemiegebieten auftritt (1o), ist anzunehmen, daß zumindest in diesen Regionen der plötzliche Umschlag vom Jodmangel zum Jodüberangebot eine wesentliche Rolle spielt. Folgende wesentliche Voraussetzungen für die Induktion von Hyperthyreosen sind bekannt:

1. Multiple autonome Mikroadenome, die mit der szintigraphischen Technik nicht nachgewiesen werden können.

2. Aktivierte, abgrenzbare autonome Adenome.

3. Latente, diffuse, auf Autoimmunprozessen beruhende Hyperthyreosen, die durch Jodzufuhr exazerbiert werden.

Versucht man das Risiko durch die Verabreichung von Kaliumjodid zu quantifizieren, so kann man von den in Tasmanien
(Neuseeland) gewonnenen Daten ausgehen (11). Dort herrschte
eine ähnliche Unterversorgung mit Jod wie in der Bundesrepublik. Man entschloß sich zu einer Jodprophylaxe mit etwa 3oo
µg/Tag und Person. Dies führte im Verlauf einiger Jahre vorübergehend zu einer Zunahme der Hyperthyreoserate von o,3 auf
1,3 °/oo. Es ist damit zu rechnen, daß die langandauernde Zufuhr an kleineren Jodmengen für die Hyperthyreoseauslösung
wirksamer ist als die über kurze Zeit erfolgte Zufuhr größerer
Mengen, wie man sie bei der Jodblockade durchführen muß. Daher
kann die dort gewonnene Abschätzung von etwa $1o^{-3}$ als oberer
Grenzwert für die Auslösung von klinisch manifesten Hypo-
thyreosen angesehen werden. Um das mögliche Risiko jedoch so
gering wie möglich zu halten, ist der Bevölkerung anzuraten,
daß diejenigen Personen, bei denen kurze Zeit nach Absetzen
des Kaliumjodid hyperthyreoseähnliche Symptome auftreten,
einen Arzt aufsuchen um sich beraten zu lassen und erforder-
lichenfalls einer Schilddrüsendiagnostik oder auch Therapie
unterziehen.

Zusammenfassend ist festzustellen, daß die Anwendung von
Jodidtabletten mit einem zwar kleinen aber endlichen Risiko
verbunden ist. Daher ist es wichtig, vor einer möglichen Anwendung das mit der Strahleneinwirkung auf die Schilddrüse
verbundene Risiko gegenüber den Risiken durch die möglichen
Nebenwirkungen abzuwägen.

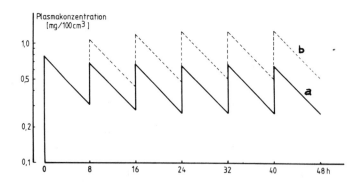

Abb. 7: Plasmakonzentration von anorganischem Jod bei
a) Anfangsdosis 200 mg KJ, alle 8 Stunden
weitere 100 mg KJ
b) Anfangsdosis 200 mg KJ, alle 8 Stunden
weitere 200 mg KJ

LITERATUR

1. R.BARNARD, B.R.FISH, G.W.Royster jr., L.B.Farabu, P.E.
   Brown und G.R.Patterson
   Health Physics 9, 12, 13o7 (1963)

2. Sektion Schilddrüse der Deutschen Gesellschaft für Endo-
   krinologie
   Dtsch.Med.Wochenschrift 1oo, 135o-1355 (1975)

3. J.HABERMANN, H.G.Heinze, K.Horn, R.Kautlehner, I.Marschner
   J.Neumann und P.Scriba
   Dtsch.Med.Wochenschrift 1oo, 1937 - 1945 (1975)

4. M.BLUM und M.Eisenbud
   JAMA, 2oo, Nr. 12, 1o36 - 1o4o (1967)

5. D.S.CHILDS jr., F.R.Keating jr., J.E.Rall, M.M.D.Williams
   und M.H.Power
   J.Clin.Invest. 29, 726 (195o)

6. D.RAMSDEN, F.H.Passaut,C.O.Peabody und R.G.Speight
   Health Physics, 13, 633-646 (1967)

7. M.C. HEINRICH, E.E.Gabbe, B.Meineke, D.H.Wang und
   J.Kühmau jr.
   Atomkernenergie 11, 83 - 88 (1966)

8. J.WOLFF, M.E.Standaert, J.E.Rall
   J.Clin.Invest. 4o, 1373 - 1379 (1961)

9. J.HERMANN und H.L. Krüskemper
   Dtsch. Med. Wochenschrift 1o3, 1434 - 1443(1978)

1o. J.MAHLSTEDT und K. Joseph
    Dtsch.Med.Wochenschrift 98, 1748 - 1751   (1973)

11. J.C.STEWART, G.I.Widor
    Br.Med.J. Feb. 14, 1976   372-375

III. MEDIZINISCHE VERSORGUNG VON STRAHLENUNFALLPATIENTEN

ORGANISATORISCHE MASSNAHMEN UND MEDIZINISCHE
HILFSMÖGLICHKEITEN NACH UNFÄLLEN MIT ERHÖHTER
STRAHLENEXPOSITION

WOLFGANG KEMMER

Bundesministerium des Innern, Bonn

DEFINITIONEN

Die Begriffe "Störfall" und "Unfall" haben in bezug auf kerntechnische Einrichtungen in der gültigen "Verordnung über den
Schutz von Schäden durch ionisierende Strahlen (Strahlenschutzverordnung-StrlSchV)" vom 13. Oktober 1976 eine gesetzliche Definition erhalten.

Demnach ist ein Störfall ein Ereignisablauf, bei dessen Eintreten der Betrieb der Anlage oder die Tätigkeit aus sicherheitstechnischen Gründen nicht fortgeführt werden kann und
für den die Anlage ausgelegt ist oder für den bei der Tätigkeit vorsorglich Schutzvorkehrungen vorgesehen sind. Bei der
Planung baulicher oder sonstiger technischer Schutzmaßnahmen
gegen Störfälle in oder an einem Kernkraftwerk darf als Gesamtkörperdosis für Personen in der Umgebung der Anlage im
ungünstigsten Störfalle höchstens 5o mJ/kg (5 rem) zugrunde
gelegt werden.

Ein Unfall ist ein Ereignisablauf, der für eine oder mehrere
Personen eine die vorher genannten Grenzwerte übersteigende
Strahlenexposition oder Inkorporation radioaktiver Stoffe zur
Folge haben kann.

Da im Ernstfalle sich Unfälle aus Störfällen entwickeln werden,
scheint es sinnvoll zu sein, ganz allgemein von "Notfall" zu
sprechen.

Ein kerntechnischer Notfall tritt ein, wenn trotz aller Vorsor-
gemaßnahmen ein Störfall in einer kerntechnischen Anlage nicht
mehr beherrscht wird und Schäden für Menschen (Arbeitskräfte
und Bevölkerung) und für die Umgebung der kerntechnischen Anlage (Verkehrsbereiche, landwirtschaftlich genutzte Bereiche,
Trinkwassergewinnungsbereiche, Wohnbereiche) unmittelbar be-
vorstehen oder bereits eingetreten sind. Die kerntechnische
Notfallschutzvorsorge umfaßt diejenigen speziellen Schutzmaßnahmen, die zur Verringerung des Schadensausmaßes bei Not-
fällen vorsorglich getroffen werden, z.B. durch Vorhalten von
bestimmten Einrichtungen, Geräten und Personen.

Bezüglich weiterer Definitionen dieser Begriffe, verweise ich
auf den im gleichen Band erschienen Aufsatz von Werner
Bischof.

ZIELSETZUNG

In der vorliegenden Abhandlung wird vornehmlich über Maßnahmen nach Unfällen mit erhöhter Strahlenexposition gesprochen
Der Begriff Unfall ist unter die allgemeine Begriffsbestimmung
des Notfalls oder der Katastrophe durch Feuer, Hochwasser,
Sturm oder Schnee einzuordnen. Vorkehrungen gegen Unfälle in
Verbindung mit Strahlenexpositionen sind in den letzten Monaten unter den Stichworten "Heilloses Chaos beim Katastrophenschutz" oder auch "Im Ernstfall hilflos?" heftig ins Gespräch
gekommen.

ZUSTÄNDIGKEITEN

Nach Art. 3o des Grundgesetzes sind für die Notfallschutzvorsorge bei kerntechnischen Anlagen die Länder zuständig, die
diese Maßnahmen als eigene Angelegenheiten ausführen. Die
Ausgestaltung dieser Vorsorge für den kerntechnischen Notfallschutz im Rahmen des Katastrophenschutzrechtes der Länder
orientiert sich an den "Rahmenempfehlungen für den Katastrophenschutz in der Umgebung kerntechnischer Anlagen". Diese
sind mit den "Empfehlungen zur Planung von Notfallschutzmaßnahmen durch Betreiber von Kernkraftwerken" harmonisiert und
länderübergreifend normiert.

NOTFALLSCHUTZVORSORGE

Notfallschutzvorsorge gegen Auswirkungen von Unfällen in
kerntechnischen Anlagen ist durch die Besonderheiten der
ionisierenden Strahlen und des hohen Gefährdungspotentials
geprägt.

Dies kommt deutlich im Vorwort der o.g. Rahmenempfehlungen
zum Ausdruck:

"Kerntechnische Anlagen stellen wegen des Inventars
an radioaktiven Spaltprodukten ein Gefährdungspotential dar, das zwar mit dem anderer großtechnischer Anlagen vergleichbar ist, wegen der besonderen Eigenschaften der Radioaktivität jedoch besondere Schutzmaßnahmen erfordert.

Angesichts der extremen Sicherheitsvorkehrungen können
Unfälle mit Auswirkungen auf die Umgebung kerntechnischer Anlagen nur mit so verschwindend geringer
Wahrscheinlichkeit auftreten, daß nicht mit ihrem Auftreten gerechnet wird und dementsprechend keine allgemeine Erfahrung in der Behandlung von Unfallfolgen
vorliegt. Aus diesem Grund haben Bund und Länder

diese Rahmenempfehlungen ausgearbeitet, um die örtlich zu erstellenden Alarmpläne der Betreiber und
Katastrophenschutzpläne der Behörden, die nicht
nur für kerntechnische Anlagen, sondern für alle Anlagen mit gewissem Gefährdungspotential erforderlich
sind, aufeinander abzustimmen und dabei die Strahlen-
gefahr als besonderes Moment einheitlich zu berücksichtigen."

Diese Rahmenempfehlungen erhielten durch die "Leitsätze für
die Unterrichtung der Öffentlichkeit über die Katastrophenschutzplanung in der Umgebung kerntechnischer Anlagen", die
Grundlage für Faltblätter und Broschüren zur Aufklärung der
Bevölkerung sind, eine bedeutsame Ergänzung.

RISIKO UND RESTRISIKO

Eine unfallbedingte Freisetzung von Spaltprodukten aus kerntechnischen Anlagen ist in der Bundesrepublik Deutschland noch
nicht vorgekommen und auch entsprechend den Berechnungen der
"Deutschen Risikostudie-Kernkraftwerke" mit äußerst geringer
Wahrscheinlichkeit zu erwarten.

Aufgrund dieses Gefährdungspotentials hat der Gesetzgeber mit
dem im Atomgesetz niedergelegten Maßstab der bestmöglichen Gefahrenabwehr und Risikovorsorge die Genehmigung kerntechnischer
Anlagen an die Voraussetzung geknüpft, daß Schäden an Leben,
Gesundheit und Sachgütern praktisch ausgeschlossen sein müssen.
Trotz dieser umfassenden Schadensvorsorge können in der Kerntechnik, ebenso wie in anderen Bereichen der Technik, Schäden
in der Umgebung einer kerntechnischen Anlage nicht mit letzter
Sicherheit ausgeschlossen werden. Eine derartige "absolute
Sicherheit" im Sinne einer "naturwissenschaftlichen Unmöglich-
keit" ist nicht denkbar. Die verbleibenden, extrem unwahr-
scheinlichen Schadensfälle haben ihre Ursache in den Grenzen
des menschlichen Erkenntnisvermögens und werden gemeinhin mit
dem Begriff "Restrisiko" umschrieben. Darunter sind Ereignisse
zu verstehen, die zwar nach menschlichem Ermessen, nicht aber
unter theoretischen Annahmen der Naturwissenschaften ausgeschlossen werden können.

Dieses Restrisiko ist durch die Katastrophenschutzvorsorge ab-
zudecken.

ORGANISATION DES KATASTROPHENSCHUTZES

Nach bundeseinheitlichen Rahmenempfehlungen sind folgende
Alarmstufen vorgesehen:

KATASTROPHENVORALARM

wird bei einer Betriebsstörung in der kerntechnischen
Anlage ausgelöst, bei der noch keine oder nur geringe

Auswirkungen auf die Umgebung eingetreten sind, die
Möglichkeiten derartiger Auswirkungen aber nicht mit
Sicherheit ausgeschlossen werden kann.

KATASTROPHENALARM

wird ausgelöst, wenn durch einen Unfall oder Störfall
in der kerntechnischen Anlage eine gefahrbringende
Freisetzung radioaktiver Stoffe in die Luft festgestellt oder wahrscheinlich ist.

(Auf den Sonderalarm Wasser wird hier nicht eingegangen).

Diese Alarmstufen haben eine Reihe von Maßnahmen zur Folge, di
von der dafür vorgesehenen Katastrophenschutzleitung veranlaßt
werden. Die Katastrophenschutzleitung wird entsprechend den
Ländergesetzen vom Hauptverwaltungsbeamten bei der Kreisbe-
hörde wahrgenommen, dem fachliche Berater zur Seite stehen.
Der Katastrophenschutzleitung sind weitere Organisationsein-
heiten wie z.B. THW, Feuerwehr oder ABC-Züge unterstellt, die
nach Weisung der Katastrophenschutzleitung die notwendigen
Aufgaben durchführen.

STRAHLENMESSKARTE

Wichtiges Arbeitsmittel der Katastrophenschutzleitung und auch
der weiter unten zu besprechenden Notfallstationen ist eine
sog. Strahlenmeßkarte. Im Mittelpunkt dieser Karte steht die
kerntechnische Anlage,die von konzentrischen Kreisen mit einem
Radius von 2 km - Zentralzone -, 1o km - Mittelzone - und
25 km - Außenzone - umgeben ist. Diese Kreisradien wurden aufgrund einer Abschätzung einer möglichen Strahlengefährdung gewählt. In diese Strahlenmeßkarte werden die gemessenen Werte
der Ortsdosisleistungen bzw. der akkumulierten Ortsdosen eingetragen, ebenso weitere für den Strahlenschutz bedeutsame
Meßwerte.

STRAHELNEXPOSITION

Aufgrund dieser Meßdaten, der Aufenthaltszeit von Personen in
diesen Bereichen und dem Schutzfaktor der Aufenthaltsorte
wird die Strahlenexposition von möglicherweise betroffenen Per
sonen abgeschätzt. Zu diesem Zweck muß der Katastrophenschutzleitung ein erfahrener Strahlenschutzarzt zur Verfügung stehen
Dieser Strahlenschutzarzt muß aufgrund weiterer verfügbarer
Daten über die Anzahl der betroffenen Personen und die Anzahl
der Hilfsmöglichkeiten kurz oder mittelfristige Hilfsmaßnahmen
entscheiden und diese Entscheidungen an die Notfallstationen
weiterleiten.

NOTFALLSTATION

Im Mittelpunkt des Konzepts der Notfallstation steht die
strahlenschutzmedizinische Erstversorgung der Bevölkerung nach

einem kerntechnischen Unfall. In Erkenntnis der Tatsache, daß ein solcher Unfall zu erhöhter Strahlenexposition bei der betroffenen Bevölkerung führen kann, wurde vom Bundesminister des Innern in Zusammenarbeit mit dem "Ausschuß Medizin und Strahlenschutz" bei der Strahlenschutzkommission eine Ergänzung der "Rahmenempfehlungen für den Katastrophenschutz in der Umgebung kerntechnischer Anlagen" erarbeitet, die den Titel führt:

Maßnahmen zur medizinischen Betreuung im Rahmen des Katastrophenschutzes in der Umgebung kerntechnischer Anlagen.

Dieses Konzept ist noch nicht endgültig verabschiedet, sondern wird in verschiedenen Bundesländern organisatorisch und im Rahmen von Übungen erprobt.

In Notfallstationen sollen strahlenbelastete Personen Erstversorgung erhalten und von dort aus entsprechend dem Schweregrad ihrer Schädigung weiteren medizinischen Maßnahmen zugeführt werden. Je nach Schwere des Unfalls müssen eine Reihe von Notfallstationen eingerichtet werden, die außerhalb des Gefährdungszentrums liegen müssen. Als Notfallstationen eignen sich z.B. Turnhallen, Mehrzweckhallen oder Schwimmbäder, die im Rahmen der Katastrophenschutzplanung für den genannten Zweck vorgesehen werden. In diese Notfallstationen sollten nur Personen eingewiesen werden, bei denen der Verdacht auf eine erhöhte Strahlenexposition besteht. Es ist nicht sinnvoll, Personen, bei denen man weiß, daß sie aus unbelasteten Gebieten kommen, durch eine Notfallstation zu schleusen, da hierdurch nur die für andere Zwecke notwendigen Kapazitäten an Ärzten und Hilfspersonal eingeschränkt werden.

Der Aufbau und die Wirkungsweise einer Notfallstation sind in dem beigefügten Schema (Anlage 1) dargestellt.

Es sind drei Entscheidungsbereiche vorgesehen.

1. Befragung und Registrierung

Personen, die aus dem Unfallgebiet eintreffen und möglicherweise eine Strahlenbelastung erhalten haben, werden im organisatorischen Bereich der Notfallstation nach ihrem Aufenthaltsort und ihrer Aufenthaltsdauer und dem möglichen Schutz durch Gebäude befragt und das Befragungsergebnis auf einem entsprechenden Erhebungsbogen registriert. Aufgrund der in der Notfallstation vorliegenden Strahlenmeßkarte und diesen Angaben der betroffenen Personen läßt sich unmittelbar eine Strahlenbelastung abschätzen. Personen, die entsprechend dieser Befragung keiner Strahlung ausgesetzt waren, oder nur geringfügig exponiert waren, können entlassen werden, und behindern somit nicht notwendige Entscheidungen in der Notfallstation. Eine mögliche Version eines solchen Erhebungsbogens ist in der Anlage 2 abgedruckt.

2. Kontaminationsmessung

   Betroffene Personen werden zunächst einer Kontaminationsmessung unterzogen. Kontaminierte Personen müssen ihre
   Kleider wechseln und werden mit Hilfe von Duscheinrichtung
   oder auch anderen Möglichkeiten dekontaminiert. Nach der
   Versorgung mit neuer Kleidung kann durchaus eine Entlassung
   möglich sein, wenn bestimmte von der Katastrophenschutzleitung festzulegende Dosisgrenzwerte nicht überschritten
   wurden.

3. Ärztliche Beurteilung

   Möglicherweise belastete Personen werden zur Beurteilung
   einem Arzt vorgestellt. Dieser Arzt muß in Zusammenarbeit
   mit dem Strahlenschutzarzt bei der Katastrophenschutzleitung aufgrund der bei der Befragung und Registrierung ab-
   geschätzten Ganzkörperdosis und ggf. der Symptomatik Entscheidungen treffen, die von der Höhe dieser Dosis und
   weiteren Faktoren wie Anzahl von Betroffenen und in bezug
   auf vorhandene Hilfsmöglichkeiten abhängen. Bei entsprechen
   niedriger Strahlenexposition wird eine Entlassung in eine
   ambulante Betreuung, die zu einem späteren Zeitraum erfolgen kann, sinnvoll sein. Bei Verdacht auf höhere Strahlenexposition oder gar bei dem Auftreten eines akuten
   Strahlensyndroms muß eine Einweisung in eine entsprechende
   Spezialabteilung eines Krankenhauses erfolgen. Auch hier
   sind die Entscheidungen aufgrund der Höhe der Strahlenexposition zu treffen. Darüber hinaus besteht möglicherweise die Erfordernis, betroffene Personen ohne oder
   mit geringerer Strahlenposition aufgrund chronischer Erkrankungen oder akuter Verletzungen in konventionelle
   stationäre Behandlung einzuweisen.
   Auf die Angabe von zahlenmäßigen Entscheidungsrichtwerten
   für medizinische Maßnahmen nach Strahlenexposition, d.h.
   für die Angabe von Dosiswerten, bei denen bestimmte
   Therapien vorzusehen sind, wurde bewußt verzichtet. Wie bei
   anderen Katastrophen hängen auch bei einem kerntechnischen
   Unfall zu treffende Maßnahmen von der Anzahl der Betroffenen und dem Schweregrad der Erkrankung ab. Der Arzt in der
   Notfallstation muß nach Rücksprache mit dem Strahlenschutzarzt in der Katastrophenschutzleitung, der über die Kenntnisse aus den anderen Notfallstationen verfügt, ggf. über
   eine Triage entscheiden.

ERFORDERLICHES PERSONAL

1. Befragung und Registrierung

   Befragung und Registrierung der in der Notfallstation ein-
   treffenden Personen kann von medizinischem Assistenzpersonal oder sonstigen Personen vorgenommen werden, wie Angehörigen der Hilfsorganisationen.

2. Kontaminationsmessung

Kontaminationsmessungen können von Angehörigen der ABC-
Trupps oder des Technischen Hilfswerks durchgeführt werden,
ebenso von anderen Strahlenschutzmeßtechnikern beispielsweise der Polizei oder der Feuerwehr oder anderen dafür geeigneten Institutionen. Die Dekontaminationen können ebenfalls von Angehörigen dieser Organisationen und Institutionen durchgeführt werden. Jedoch sollte nach Möglichkeit
darauf geachtet werden, daß psychisch erregten oder be-
hinderten und älteren Personen ausreichend medizinisches
Assistenz- oder Pflegepersonal für Hilfsleistungen zur Verfügung steht.

3. Ärztliche Beurteilung

Zur medizinischen Beurteilung der Gesamtsituation und der
zu treffenden ärztlichen Maßnahmen muß der Katastrophenschutzleitung ein erfahrener Strahlenschutzarzt zur Verfügung stehen. Dieser muß neben den bereits vorher genannten
Aufgaben Aktivitäten und Maßnahmen der einzelnen Notfallstationen miteinander koordinieren, da in den Notfallstationen nur Entscheidungen für den eigenen Bereich getroffen werden können.

Es ist sicherlich sinnvoll, falls es sich durchführen läßt,
die ärztliche Leitung der Notfallstation ebenfalls einem
Strahlenschutzarzt zu übertragen. Jedoch können diesem eine
Reihe weiterer Ärzte zur Seite stehen, die lediglich über
Kenntnisse auf dem Gebiet der Strahlenschutzmedizin ver-
fügen.

Für die Behandlung des akuten Strahlensyndroms, das ggf.
noch mit konventionellen Verletzungen kombiniert sein kann,
sind je nach Schweregrad Strahlenunfallärzte verschiedener
Fachrichtung erforderlich, die im Team entsprechende therapeutische Maßnahmen durchführen müssen. Zu diesen Strahlen-
unfallärzten gehören Hämatologen, Internisten, Radiologen
und weitere medizinische Disziplinen.

BEHANDLUNGSMÖGLICHKEITEN

Nach ärztlicher Ansicht unterscheidet sich die Behandlung des
Strahlensyndroms nicht von anderen ähnlich gelagerten bekannten Krankheitsbildern. Infolgedessen erschien es sinnvoll,
dafür vorhandene Institutionen in einer Liste zusammenzu-
führen, um in der Bundesrepublik Deutschland ein flächen-
deckendes Netz von Behandlungsmöglichkeiten für Strahlenunfallpatienten zur Verfügung zu haben. Eine erste vorläufige Liste
wurde vom Bundesminister des Innern in Zusammenarbeit mit dem
Ausschuß "Medizin und Strahlenschutz" bei der Strahlenschutzkommission erarbeitet und den Ländern zur Verfügung gestellt.
Die Länder ihrerseits sind nun gebeten, aus eigener Sicht
diese Liste zu ergänzen.

FORTBILDUNG

Strahlenunfälle sind wie auf der ganzen Welt in der Bundesrepublik Deutschland ein seltenes Ereignis. Insbesondere treten Überexpositionen im hohen Dosisbereich nur äußerst selten auf. Infolgedesssen haben Ärzte nicht nur sehr wenig Erfahrung im Umgang mit Strahlenunfallpatienten, sondern es besteht auch verständlicherweise kein allzugroßes Interesse bezüglich Ausbildung und Fortbildung auf dem genannten Gebiet. Infolgedesse ist es Aufgabe der ärztlichen Standesorganisationen und auch der interessierten Behörden und staatlichen Einrichtungen, in bezug auf Motivierung und Fortbildung der Ärzteschaft auf dem Gebiete der Strahlenunfallmedizin richtungsweisend einzuwirken Es ist erfreulich festzustellen, daß die begonnenen Aktivitäte bereits Früchte zu tragen beginnen. So hat sich die Bundesärzt kammer dieses Problems angenommen und entsprechende Informationen an die Ärzteschaft weitergegeben. Darüber hinaus werden laufend Fortbildungsveranstaltungen von Landesärztekammern und auch von Betreibern von Kernkraftwerken abgehalten.

In einer Pilotveranstaltung im November 1979 wurden Ärzte au Krankenhäusern, die Strahlenunfallpatienten behandeln können, bei der Gesellschaft für Strahlen- und Umweltforschung, die über ein erhebliches Maß an qualifizierter Ausbildungskapazität verfügt, auf dem Gebiet der strahlenschutzmedizinischen Hilfe und der Behandlung des akuten Strahlensyndroms fortgebildet. Diese Veranstaltung hat großen Anklang gefunden und wird aufgrund des Erfolgs auch weiterhin für andere Ärztegruppen durchgeführt werden.

In der Bundesrepublik Deutschland gibt es etwa 7oo ermächtigte Ärzte nach der Strahlenschutzverordnung, die aufgrund der Lehrinhalte des Fachkundekatalogs über erweiterte Kenntnisse im Strahlenschutz und der strahlenschutzmedizinischen Hilfe verfügen. Insbesondere diese Ärztegruppe soll zukünftig angesprochen werden, durch Fortbildungsveranstaltungen ihr Wissen zu erweitern und zu vertiefen, um ggf. bei einem Unfall entsprechende Hilfe leisten zu können.

Informations- und Wissenslücken gibt es zweifelsohne noch in erheblichem Maße bei medizinischem Assistenzpersonal, bei Rettungssanitätern und bei medizinischem Pflegepersonal. Auch hier ist eine erweiterte Information und Fortbildung erforderlich, insbesondere auch um unberechtigte Befürchtungen der Eigenschädigung abzubauen und ein vernünftiges Beurteilungsvermögen in bezug auf eine mögliche Strahlenexposition durch kontaminierte Strahlenunfallpatienten herbeizuführen. Auch hier gibt es bereits verstärkte Anstrengungen zur Erreichung dieses Ziels.

JODPROPHYLAXE

Ein wesentlicher Bestandteil der Freisetzungsprodukte bei einem Unfall in einer kerntechnischen Anlage ist radioaktives Jod. Dieses Jod wird nach Inhalation in der Schilddrüse gespeichert und kann dort zu einer erheblichen Strahlenbelastung führen.

Die Einnahme nichtaktiven Jods in Form von Kaliumjodidtabletten
vermindert die Speicherung radioaktiven Jods in der Schilddrüse erheblich und reduziert die Strahlenbelastung in hohem
Maße. In der Umgebung aller kerntechnischen Einrichtungen der
Bundesrepublik Deutschland werden Jodtabletten zur Verteilung
an die Bevölkerung bereitgehalten. Mit entsprechenden Merk-
blättern wird sowohl die Bevölkerung über den Sinn dieser Jodprophylaxe als auch die Ärzteschaft über medizinische Auswirkungen informiert. (Siehe auch den Beitrag "Erich Oberhausen"
in diesem Band).

AUSBILCK

Trotz der großen Sicherheitsvorsorge bei der Errichtung von
Kernkraftwerken und sonstigen technischen Einrichtungen, ist
das Bewußtsein um sinnvolle Notfallschutzvorsorge nicht nur in
der Öffentlichkeit gestiegen, sondern hat auch zu umfangreichen
behördlichen Maßnahmen und Vorhaltungen geführt. Es gibt in der
Bundesrepublik Deutschland ein umfassendes Vorsorgesystem für
Katastrophen bekannter Art bis hin zu kerntechnischen Unfällen.
Diese Vorsorge soll das mit der technisierten und zivilisier-
ten Umwelt verbundene Restrisiko technischer Katastrophen verhindern oder vermindern suchen. Notfallschutz-Vorsorgemaß-
nahmen erstrecken sich von organisatorischen Vorkehrungen über
technische Einrichtungen bis zu medizinischen Versorgungs-
und Behandlungseinrichtungen. Da der Katastrophenschutz nur
so gut sein kann, wie die Personen, die auf diesem Gebiet arbeiten, wird durch laufende Fortbildung deren Erkenntnis und
Wissensstand verbessert.

Eine Optimierung der Notfallschutzvorsorge ist sicherlich in
der Bundesrepublik Deutschland noch nicht erreicht, es ist
aber festzustellen, daß der Weg zur Verbesserung und Optimierung beschritten wurde. Die medizinischen Notfallvorsorge-
maßnahmen zeugen von dem Willen, der Bevölkerung den höchst-
möglichen Schutz angedeihen zu lassen und im Ernstfall entsprechend rasch helfen zu können.

LITERATURANGABEN

1. Rahmenempfehlungen für den Katastrophenschutz in der Umgebung kerntechnischer Anlagen (Beschluß des Länderaus-
   schusses für Atomkernenergie gemeinsam mit den Innenbehör-
   den der Länder vom 1o./11. März 1975, mit Stand vom
   12.1o.1977) GMBl. 1977, S. 683.

2. Maßnahmen zur medizinischen Betreuung im Rahmen des Katastrophenschutzes in der Umgebung kerntechnischer Anlagen
   (Ergänzung zu den "Rahmenempfehlungen" unter Nr. 1).

   Noch nicht veröffentlicht.

170

Anlage 1

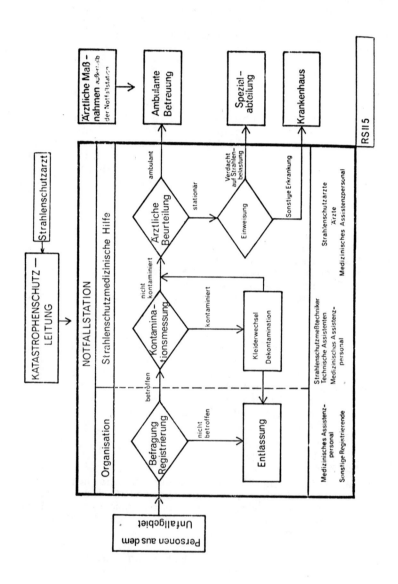

RS II 5

Anlage 2

Im eigenen Interesse: UNBEDINGT AUFBEWAHREN

E R H E B U N G S B O G E N

(Nach einem kerntechnischen Unfall zu verwenden)

1. ANGABEN ZUR PERSON (nur Punkt 1 selbst ausfüllen)

Name: ....

Vorname: ....

Geburtsdatum: ....Geschlecht:

                        männlich: ....

                        weiblich: ....

Straße: ....

PLZ .... Wohnort: ....

Telefon: ..../.......................
        Vorwahl   Rufnummer

2. AUFENTHALT WÄHREND DES VERLAUFS DES UNFALLS

Ort	Zeitraum von Uhr bis Uhr	überwiegend im Freien	in Gebäuden

ABGESCHÄTZTE DOSIS bei angenommenem Aufenthalt im Freien

unter 1o R	
1o bis 5o R	
5o bis 2oo R	
über 2oo R	

Betroffen: JA .....   NEIN .....

....
Unterschrift des Befragenden

3. KONTAMINATION   JA ..... Meßwert .... NEIN .....

Ist die Kontamination beseitigt worden? JA ..... NEIN .....

Bemerkungen: ....

....
Unterschrift des Messenden

4. FESTSTELLUNG DES ARZTES

Befinden	nein	gering	stark
Übelkeit			
Erbrechen			
Durchfall			
auffällige Hautrötungen			

Bemerkungen: ....
....
Liegen behandlungsbedürftige Erkrankungen vor?
JA ..... NEIN .....

5. BEURTEILUNG DES ARZTES

1) Keine weitere Beobachtung   .....

2) Ambulante Überwachung   .....

3) Umgehende stationäre Behandlung
   wegen Verdacht auf Strahlenbelastung   .....

4) Umgehende stationäre Behandlung
   wegen sonstiger Erkrankung   .....

....
Datum/Uhrzeit   Unterschrift des Arztes

6. ERGEBNIS DER AMBULANTEN ÜBERWACHUNGSUNTERSUCHUNG

Datum der Untersuchung: ....

Weitere Untersuchungen notwendig?   JA ..... NEIN .....

Bemerkungen: ....

....
Datum   Stempel und Unterschrift des
                             Arztes

Erste Hilfe bei Strahlenunfällen und weitergehende Maßnahmen

H.-D. Flach

Der Strahlenunfall im Sinne meines Themas ist ein Arbeitsunfall unter Beteiligung eines spezifischen Agens. Er ist damit vergleichbar dem Unfall unter Beteiligung von toxischen Substanzen, der zu einer Vergiftung führt oder etwa der Einwirkung von thermischer Energie, deren Folge die Verbrennung ist. Abhängig vom verursachenden Agens sind zur Behandlung bestimmte unterschiedliche medizinische Verfahren anzuwenden. Im Grunde läßt sich aber die Versorgung auf eine dreistufige Rettungskette zurückführen. Diese Rettungskette hat sich seit Jahren bewährt.

An erster Stelle steht die Erste Hilfe durch Laien und die erste ärztliche Hilfe. Die zweite Stufe ist die der ambulanten fachärztlichen Versorgung. Stationäre fachärztliche Behandlung stellt die dritte Stufe dar.

Die Berufsgenossenschaften haben aufgrund ihres gesetzlichen Auftrages, die Folgen von Arbeitsunfällen so gering wie möglich zu halten, in ihrem Bereich für die Versorgung von Verletzten ein System der Behandlung aufgebaut, dessen Prinzip eine dreistufige Rettungskette ist. Das System gilt für allgemein chirurgisch zu versorgende Verletzungen ebenso wie für Augenverletzungen und für Verletzungen im HNO-Bereich. In gleicher Weise haben die Berufsgenossenschaften für die Versorgung von Strahlenverletzten eine Rettungskette installiert (Abb. 1).

Richtlinien hierfür sind in einem Merkblatt der Berufsgenossenschaften mit dem Titel "Erste Hilfe bei erhöhter Einwirkung ionisierender Strahlen" niedergelegt.

Hilfe bei Strahlenunfällen (Arbeitsunfällen) (Rettungskette)

Art	Erste Stufe	Zweite Stufe	Dritte Stufe
durch	– Laie – Arzt – Ermächtigter Arzt (>3 rem)	– Regionales Strahlen- schutzzentrum (>10 rem) als Leitstelle (evtl. Kooperation mit anderen Institutionen)	– Krankenhaus – Spezialabteilung Ludwigshafen-Oggersheim (>150 rem)
Aufgabe	– Vitalfunktion – Diagnose – Spurensicherung – Dekontamination – Weiterleitung zur adäquaten Behandlung bzw. Beobachtung	– Beratung – Diagnose ⟨medizinisch / meßtechnisch – Spurensicherung (– Dekontamination) – Einleitung der Behandlung – Ambulante Überwachung (– Spezialisten beiziehen) – Weiterleitung zur adäquaten Behandlung	(– Diagnose) – Therapie – Spezialisten beiziehen – Sterilpflege – Intensivpflege

Abb. 1

Unmittelbar nach einem Strahlenunfall werden in der Regel nur Laienhelfer oder auch Rettungssanitäter zur Verfügung stehen. Der zunächst herbeigerufene Arzt muß nicht notwendigerweise ein ermächtigter Arzt sein. Erste ärztliche Hilfe muß auch bei Strahlenunfällen von jedem Arzt geleistet werden können, sie ist auch jedem Arzt zuzumuten. Nach Leistung der Ersten Hilfe ist gemäß den Regeln der Berufsgenossenschaft der ermächtigte Arzt zu verständigen, sofern die geschätzte Ganzkörperdosis größer ist als 3 rem.

Sofortmaßnahmen für die Ersthelfer sind die rasche Bergung Verletzter aus dem unmittelbaren Gefahrenbereich und damit das Vermeiden weiterer Bestrahlung. Vordringlich ist die Erhaltung bzw. die Wiederherstellung der Vitalfunktionen. Dabei müssen Belange des Strahlenschutzes hinter den Maßnahmen zur Erhaltung der Vitalfunktionen zurückstehen. Sobald jedoch die unmittelbare Lebensgefahr beseitigt ist, sind die Strahlenschutzgesichtspunkte wieder streng zu beachten.

Da das weitere Vorgehen in hohem Maße von den zunächst erhobenen Befunden abhängig ist, muß der Arzt, der erste ärztliche Hilfe leistet, eingehend Anamnese und Befund erheben und muß diese Angaben sorgfältig dokumentieren. Er ist gehalten, venöses Blut - mit EDTA ungerinnbar gemacht - für Blutstatus und Chromosomenanalyse abzunehmen. Darüber hinaus sollte er alle Materialien sicherstellen, die zur Unfallanalyse dienen können; er sollte also Spurensicherung betreiben. Dazu gehört u. a., daß biologisches Material wie Blut und Ausscheidungen ebenso wie Abfälle, etwa Tupfer und Verbandsmaterial, in geeigneter Form aufbewahrt werden. Diese Materialien sollen erst dann der Abfallbeseitigung zugeführt werden, wenn sicher feststeht, daß sie für die Unfallanalyse nicht mehr gebraucht werden.

Kontaminierte Verletzte sollen soweit irgend möglich noch in einer betriebseigenen Einrichtung dekontaminiert werden. Die Kontamination sollte also vor dem Transport beseitigt werden. Selbst bei lebensbedrohenden Zuständen kann ohne Behinderung sonstiger Maßnahmen kontaminierte Kleidung entfernt werden. Kontaminierte Verletzte sind zum Transport mit geeignetem Material zu umhüllen. Folien sind entgegen gelegentlich geäußerter Meinung kein geeignetes Material, weil es darunter zu einem erheblichen Wärmestau kommen kann. Krankentragen werden am besten durch Decken vor Kontamination geschützt.

Die physikalischen Daten, die für Unfallanalyse und damit für Abschätzung der Strahlendosis von Bedeutung sind, muß der betriebliche Strahlenschutz möglichst bald zur Verfügung stellen. Für die Dokumentation, sowohl der physikalischen Daten wie der ärztlich erhobenen Befunde, hat die Berufsgenossenschaft Vordrucke entwickelt, die sicherstellen sollen, daß keine wesentlichen Daten verlorengehen. Darüber hinaus sollen sie dem untersuchenden Arzt, der sich möglicherweise in Zeitnot befindet, die Dokumentation erleichtern. (Muster dieser Vordrucke im Merkblatt der Berufsgenossenschaft). Es sei daran erinnert, daß insbesondere bei Teilkörperbestrahlungen die Dokumentation der Befunde durch Farbfotografie zweckmäßig ist.

Der zunächst zu Hilfe gerufene Arzt wird nicht notwendigerweise über fundiertes Wissen in Diagnostik und Therapie bei Strahlenverletzten verfügen. Bei der Seltenheit von Strahlenüberexpositionen haben die meisten Ärzte keine Gelegenheit, eigene
Erfahrungen bei derartigen Verletzten zu erwerben. Der Arzt ist
daher in der Regel - wie übrigens in vielen anderen Fällen
auch - bei der weiteren Versorgung bzw. bei der Entscheidung
über eine weitere Versorgung auf den Rat und die Hilfe von
außen angewiesen. Für diese Hilfe hat die Berufsgenossenschaft sogenannte regionale Strahlenschutzzentren eingerichtet.
Wenn Sie nach der Parallele fragen mit uns geläufigen Institutionen, dann haben die regionalen Strahlenschutzzentren etwa
die Aufgabe der Vergiftungszentralen und gleichzeitig die Aufgabe eines D-Arztes. Die regionalen Strahlenschutzzentren
sollen die Lücke zwischen der Ersten Hilfe am Unfallort und
einer Spezialabteilung zur stationären Behandlung schwerer
Arbeitsunfälle infolge erhöhter Einwirkung ionisierender
Strahlen schließen. Derzeit gibt es in Deutschland sechs regionale Strahlenschutzzentren, nämlich Hamburg, Hannover,
Jülich, Homburg (Saar), Karlsruhe und München (Abb. 2).

● Regionale Strahlenschutzzentren

▲ Spezialabteilung für stationäre Behandlung nach
schwerer Strahleneinwirkung

Abb. 2

Die regionalen Strahlenschutzzentren sollen unter anderem aus ihrer Erfahrung mit der Überwachung beruflich strahlenexponierter Personen sachverständigen Rat rund um die Uhr an anfragende Kollegen erteilen können. Sie sollten darüber hinaus selbst medizinisch und meßtechnisch untersuchen können oder wenigstens Verbindung mit geeigneten Einrichtungen haben, die dieses können. Sie sollten auch im Sinne der Spurensicherung tätig werden können, weil erfahrungsgemäß häufig zunächst nicht bekannt ist, welche Dosis der Strahlenverletzte empfangen und welche Radionuklide er möglicherweise inkorporiert hat. Die regionalen Zentren sollten auch die Möglichkeit der Dekontamination haben für den Fall, daß diese auf der ersten Stufe nicht oder nicht ausreichend durchgeführt werden konnte. Sie sollen dann die Behandlung einleiten können und ambulant beobachten.

Wie aus dem Merkblatt hervorgeht, soll ein regionales Strahlenschutzzentrum immer dann eingeschaltet werden, wenn der Verdacht besteht, daß der Strahlenverletzte eine Dosis größer als 10 rem Ganzkörperdosis oder eine entsprechende Teilkörperdosis (größer als 120 rem) empfangen hat. Das regionale Strahlenschutzzentrum wird dann über die zu treffenden Maßnahmen entscheiden, etwa daß weitere meßtechnische oder diagnostische Maßnahmen ergriffen werden müssen. Schließlich wird das Strahlenschutzzentrum darüber zu entscheiden haben, ob der Betroffene weiterhin ambulant beobachtet werden kann oder stationär eingewiesen werden muß. Falls eine direkte Überführung in die vorgesehene Spezialabteilung zur stationären Behandlung erforderlich erscheint, wird die Einweisung durch das regionale Strahlenschutzzentrum veranlaßt.

Das Kriterium für eine stationäre Einweisung ist bei Strahlenüberexpositionen, die nicht durch mechanische oder thermische Verletzungen kompliziert sind, die geschätzte oder - besser - die gemessene Strahlendosis. Ein Strahlenverletzter muß einer stationären Behandlung zugeführt werden, wenn die empfangene Dosis größer als 150 rem ist.

Die Überlebenschance von Strahlenverletzten steigt mit der Güte der medizinischen Versorgung. Bei hohen Strahlendosen wird das Überleben nur dadurch möglich, daß alle medizinischen Möglichkeiten ausgeschöpft werden. Da die Todesursache in diesem Dosisbereich meist eine septische Komplikation bei Darniederliegen der körpereigenen Abwehr ist, kommt der Sterilpflege eine große Bedeutung zu.

Es ist nun die Frage, welchen Kriterien ein aufnehmendes Haus genügen muß.

Das Haus sollte zur sofortigen Aufnahme bereit sein, es sollte eingeübtes Personal haben, Bau und Einrichtung sollten geeignet sein. Darüber hinaus muß ein Beraterteam zur Verfügung stehen, in dem Vertreter aller bei der Behandlung von hochbestrahlten Patienten notwendigen Disziplinen vertreten sind. Und last not least - das Haus sollte leicht erreichbar sein.

Der gleiche Katalog von Voraussetzungen gilt für die Versorgung von Schwerbrandverletzten. Auch bei Schwerbrandverletzten steigt, abgesehen von der nötigen chirurgischen Versorgung, die Überlebenschance, wenn sie keimarm gepflegt werden. Der Hauptverband der Berufsgenossenschaften verfügt in seiner Unfallklinik in Ludwigshafen-Oggersheim über eine Spezialabteilung für Schwerbrandverletzte. Diese besteht aus drei Stationen zu acht Betten, von denen eine Station im Regelfall von bereits gehfähigen Patienten belegt ist.diese Patienten können im Bedarfsfall verlegt werden, die Station kann desinfiziert werden und steht in wenigen Stunden voll zur Aufnahme zur Verfügung. Das Personal ist mit der Technik der Sterilpflege aus täglicher Übung bei Brandverletzten vertraut. Die bauliche Eignung ist gegeben. Die Betten stehen in Bettenboxen. Zugänglich ist die Station nur durch eine Schleuse.

Die Klinik kann auf einen Stamm von Spezialisten verschiedener Fachrichtungen zurückgreifen. Im Beraterteam finden sich Hämatologen, Nuklearmediziner, Strahlenschutzärzte, Strahlenphysiker und andere. Man hat Wert darauf gelegt, für jedes Fachgebiet möglichst mehrere Sachkundige zu benennen, um einigermaßen sicher zu sein, daß im Bedarfsfall ein entsprechender Spezialist erreichbar ist.

Die Lage, wenige hundert Meter von der Autobahn entfernt, und ein Hubschrauberlandeplatz gewährleisten leichte Erreichbarkeit.

Die Berufsgenossenschaftliche Klinik Ludwigshafen-Oggersheim ist für die Versorgung von Strahlenverletzten vorgesehen. Dabei ist zunächst nur an eine keimarme Pflege gedacht. Daß in Oggersheim auch hochkarätiger chirurgischer Sachverstand und chirurgische Einrichtungen zur Verfügung stehen, ist im Hinblick auf mögliche Kombinationsschäden außerordentlich nützlich. Es muß aber betont werden, daß dies sozusagen nur eine erwünschte Beigabe ist, das Schwergewicht aber auf der keimarmen Pflege von Personen mit hoher Ganzkörperbestrahlung liegt. Kontaminierte Verletzte ohne Ganzkörperbestrahlung sollen dort nicht zur Aufnahme kommen.

Bisher hat die Klinik noch keinen Patienten mit hoher Ganzkörperbestrahlung aufnehmen müssen. Die Probleme, die mit der Aufnahme von Strahlenpatienten entstehen können, werden in regelmäßigen Abständen mit demPersonal dort besprochen. Darüber hinaus ist im Zusammenwirken mit dem Kernkraftwerk Biblis im Rahmen einer größeren Übung Gelegenheit gewesen, die vermittelten Kenntnisse in der Übungspraxis zu erproben.

Das Schema der Rettungskette, das ich Ihnen vorgestellt habe, ist für Arbeitsunfälle mit einigen wenigen Betroffenen geeignet. Es ist die Frage, was man denn tue, wenn eine Vielzahl von Personen betroffen ist. Auch dann darf ja die ärztliche Versorgung nicht zusammenbrechen. Hier gilt ebenfalls ein Dreierschema, nämlich Erste Hilfe, als zweite Stufe Triage und Beratung mit ggf. weiterer ambulanter Beobachtung und als dritte Stufe die stationäre Behandlung. Wir verfügen in der Bundesrepublik über eine ganze Reihe von Klinikabteilungen, die sich

mit der Behandlung von Versagenszuständen des hämato-poetischen Systemes beschäftigen. Sie sind - wie aus einer Umfrage,
die Prof. Fliedner gehalten hat, hervorgeht - gewillt und in
der Lage, derartige Patienten aufzunehmen. Diese Anmerkung
wollte ich zum Schluß machen, obwohl sie streng genommen,
nicht mehr zu meinem Thema gehört.

Ich fasse zusammen: ich habe berichtet über die drei Stufen
der Versorgung von Strahlenverletzten, wie sie von den Berufsgenossenschaften vorgesehen sind.

Nach einem Strahlenunfall wird zunächst ein Laienhelfer und/
oder ein zufällig vorhandener Arzt zu Hilfe kommen. Der ver-
ständigte Strahlenschutzarzt wird an Hand der klinischen Befunde und der geschätzten Dosis zu entscheiden haben, ob
ambulante Beobachtung genügt oder ob der Patient einem regionalen Zentrum vorgestellt werden muß. In der Regel wird dies
der Fall sein, wenn die erhaltene Dosis größer als 10 rem ist.
Das regionale Zentrum, das schon die telefonische Beratung des
Arztes übernimmt, der die erste ärztliche Hilfe geleistet hat,
wird dann die Diagnostik mit seinen Mitteln weitertreiben. Es
wird letztlich entscheiden, ob der Betroffene in ambulanter
Beobachtung verbleiben kann oder ob er stationär eingewiesen
und behandelt werden muß. Es wird ihn in eine klinische Abteilung einweisen, die sich mit der Behandlung von Versagenszuständen des hämato-poetischen Systems befaßt. Nur dann, wenn
der dringende Verdacht besteht oder es gar feststeht, daß der
Betroffene eine höhere Gesamtkörperdosis als 150 rem oder
eine vergleichbare Teilkörperdosis erhalten hat, wird das
regionale Zentrum ihn umgehend in die Berufsgenossenschaftliche Unfallklinik nach Ludwigshafen-Oggersheim einweisen,
wo die Möglichkeit der Sterilpflege besteht.

Das hier vorgestellte Organisationsschema und die Maßnahmen
der Ersten Hilfe bei Arbeitsunfällen infolge Einwirkung von
ionisierender Strahlung entsprechen dem Vorgehen, das die
Berufsgenossenschaften seit langem für die Versorgung von
Arbeitsunfällen praktizieren. Es wird eine optimale Versorgung auch von Strahlenverletzten gewährleisten, wenn alle
Beteiligten zusammenarbeiten und ihre Erfahrungen austauschen.

L i t e r a t u r :

Hauptverband der gewerblichen Berufsgenossenschaften (Hrsg.):
Merkblatt: Erste Hilfe bei erhöhter Einwirkung ionisierender
Strahlen.
Carl Heymann Verlag, Köln, Best. Nr. ZH 1/546, 1979

Möhrle, G. (Hrsg.): Erste Hilfe bei Strahlenunfällen.
ASP-Schriftenreihe Bd. 47, 1972,
Gentner Verlag, Stuttgart

ICRP Publication 28: The Principles and General Procedures
for Handling Emergency and Accidental Exposures of Workers.
Pergamon Press, Oxford, New York, Frankfurt 1978.
Deutsche Übersetzung: Grundsätze und allgemeine Verfahren bei
Strahlenexpositionen von Beschäftigten in Notfall- und Unfall-
situationen.
Gustav Fischer Verlag, Stuttgart, New York, 1979

Stieve F. E., G. Möhrle Kurslehrbuch über die Aufgaben des
ermächtigten Arztes
Hildegard Hoffmann, Berlin, 1979

Pathogenese und Symptomatik des akuten Strahlensyndroms*

T.M. Fliedner, M. Haen und F. Carbonell

Abteilung für Klinische Physiologie und Arbeitsmedizin der
Universität Ulm, D 7900 Ulm (Donau)

1. Einleitender Überblick

In einer Industriegesellschaft sind industrielle Störfälle nie auszuschließen, bei denen Menschen einer gesundheitlichen Gefährdung ausgesetzt werden. Wenn derartige Störfälle in kerntechnischen Anlagen auftreten, muß mit einer Belastung von Betriebsangehörigen, aber auch von
Personen in der Betriebsumgebung, durch die Einwirkung ionisierender Strahlen gerechnet werden. Auch wenn die Wahrscheinlichkeit des Eintritts eines
derartigen Ereignisses außerordentlich gering ist und mit den sonstigen
Gefährdungen in einer hochindustrialisierten Gesellschaft nicht vergleichbar ist (z.b. Möglichkeit eines Autounfalles, eines Betriebsunfalles), so
muß der Arzt dennoch darauf vorbereitet sein, an einer Versorung von
Strahlenunfallpatienten beteiligt zu werden oder diese verantwortlich lei-
ten zu müssen.

Es ist daher die Aufgabe dieses Beitrages, die Pathogenese und Symptomatik
des akuten Strahlensyndroms darzustellen. Ohne eine detaillierte Kenntnis
der bereits bekannten Tatsachen ist es nicht möglich, eine sachgerechte
Diagnostik zu betreiben und Therapiepläne zu entwickeln. Es sollen daher
zunächst einige Bemerkungen zum Begriff des akuten Strahlensyndroms gemacht werden. Danach soll der Versuch unternommen werden, die verschiedenen Formen des akuten Strahlensyndroms - die hämatologische, die gastrointestinale und die zentralnervöse Form - pathophysiologisch zu deuten.
Schließlich soll geprüft werden, in welcher Weise sich die Diagnostik und
Therapie des akuten Strahlensyndroms seit seiner ersten Beschreibung von
35 Jahren entwickelt hat, sodaß heute Ganzkörperbestrahlungen mit 1000
und mehr rd im Prinzip einer Therapie zugänglich sind und daher in der
Strahlentherapie, beispielsweise der akuten Leukosen, Verwendung finden.

2. Zum Begriff des "akuten Strahlensyndroms"

Was versteht man eigentlich unter dem "akuten Strahlensyndrom"? Dieser Begriff beschreibt die somatischen Folgen einer einmaligen, kurzzeitigen und
homogenen Exposition eines Säugetierorganismus mit energiereichen ionisierenden Strahlen, die - in Abhängigkeit von der Strahlendosis - nach
Stunden, Tagen oder Wochen zu irreversiblen oder reversiblen Störungen
der Funktionen einzelner Organsysteme oder des gesamten Organismus führen.

Die Folgen einer derartigen Ganzkörperbestrahlung können also ganz unterschiedlich in Erscheinung treten; man kann sie aufgrund der Veränderungen
einzelner Organsysteme (z.B. Blutbild) messend verfolgen und die klinischen
Erscheinungsformen werden dann mit den Meßergebnissen unmittelbar oder
mittelbar zu korrelieren sein (z.B. Blutungen im Zusammenhang mit der Entwicklung einer Thrombozytopenie). Wählte man - im Tierexperiment - nicht
die organspezifischen Veränderungen, um die Verlaufsformen des "akuten
Strahlensyndrom" zu beschreiben, sondern den Zeitpunkt des Todes des Or-

---

* Die Forschungsarbeiten wurden durch die Europäische Atomgemeinschaft
  und die Deutsche Forschungsgemeinschaft gefördert.

ganismus nach einer homogenen Ganzkörperbestrahlung, so ergibt sich eine pathophysiologisch wichtige "Dosis-Wirkungsbeziehung" (Abb. 1).

Werden Mäuse (konventionell aufgezogene und keimfreie), Ratten, Hamster, Meerschweinchen, Affen, Schweine, Ziegen und Esel Ganzkörperbestrahlungen zwischen 100 und 100 000 rd ausgesetzt, so verkürzt sich die Lebenszeit in einer außerordentlich charakteristischen Weise falls keine therapeutischen Maßnahmen eingeleitet und durchgeführt werden. Im Prinzip ist die Verkürzung der Lebenserwartung als Funktion der absorbierten Strahlenmenge bei allen bisher eingehend untersuchten Tierspezies sehr ähnlich und zeigt drei Phasen, von denen zwei dosisabhängig und eine dosisunabhängig ist. Bis etwa 1 000 rd kommt es mit steigenden Strahlendosen zu einer progressiven Lebensverkürzung. Zwischen ein- und mehreren tausend rd Ganzkörperdosis bleibt dann aber die Lebenserwartung konstant. Dabei fällt auf, daß dieses Plateau bei einigen Tierarten bei etwa drei Tagen (z.b. Ratten), bei anderen bei etwa 6 - 7 Tagen (z.B. Affen) liegt. Von pathogenetischem Interesse ist die Tatsache, daß bei konventionell aufgezogenen Mäusen das Plateau bei ca. 3 Tagen, bei keimfrei aufgezogenen und gehaltenen Mäusen bei ca. 6 - 7 Tagen liegt. In diesem Plateaubereich führt also eine Verdoppelung oder gar Verdreifachung der eingestrahlten Strahlendosis von 1000 rd nicht zu einer weiteren Verkürzung der Lebenserwartung unter 3 bzw. 7 Tage,ein für diagnostische und therapeutische Erwägungen wichtiger Befund. Erst Strahlendosen jenseits (in Abhängigkeit von der Tierspezies) 5 000 bis 10 000 rd führen dann zu einer erneuten, dosisabhängigen Lebenszeitverkürzung, sodaß diese bei Dosen jenseits 10 - 20 000 rd auf wenige Stunden oder gar nur Minuten verkürzt ist. Für das Tierexperiment hat RAJEWSKY vor Jahren den Begriff des "Soforttodes" ("death under the beam") geprägt; er ist die Folge des Versagens aller zentralnervösen Regulationen, wobei selbst Ruhezellen (z.B. Nervenzellen) unmittelbar zugrunde gehen.

Diesen drei durch eine Lebensverkürzung charakterisierten Phasen der "Dosis-Wirkungskurve" bei einer einmaligen, kurzzeitigen homogenen Ganzkörperbestrahlung lassen sich Leitsymptome zuordnen. Da die Ursache der Lebensverkürzung nach Ganzkörperbestrahlung mit Dosen zwischen 100 und 1000 rd in erster Linie in der Störung der Blutzellneubildung zu suchen ist, wählte man für die in diesem Dosisbereich beobachtete, klinische Symptomatik den Begriff "hämatologische Form" des akuten Strahlensyndroms. Geht man den Todesursachen bei Strahlendosen zwischen 1000 und mehreren tausend rd nach, so findet man, daß hier vor allem eine gastrointestinale Insuffizienz - mit Erbrechen, Durchfällen und Elektrolytstörungen - vorliegt (wobei gleichzeitig natürlich auch das blutbildende System zerstört ist). Dennoch bezeichnet man die Folgen der Ganzkörperbestrahlung mit 1000 und mehr rd als "gastrointestinale Form" des akuten Strahlensyndroms. Als "zentralnervöse Form" des akuten Strahlensyndroms werden sequenter Weise jene klinischen Erscheinungen bezeichnet, die durch massive Störungen der zentralen Regulationsmechanismen (z.B. Schock) gekennzeichnet sind und innerhalb von Minuten oder Stunden ad exitum führen.

3. Pathophysiologische Grundlagen des akuten Strahlensyndroms

Die "hämatologische Form" des akuten Strahlensyndroms führt also - in Abhängigkeit von der Höhe der Strahlenbelastung innerhalb von einigen Tagen bishin zu einigen Wochen dann zum Tod, wenn keine therapeutischen Maßnahmen ergriffen werden. Ein verbreitetes Maß, um die Toxizität einer exogenen

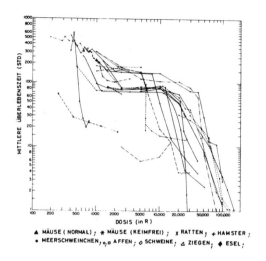

Abb. 1 : Einfluß einer Ganzkörperbestrahlung auf die
Überlebenszeit von Versuchstieren (aus (1)).

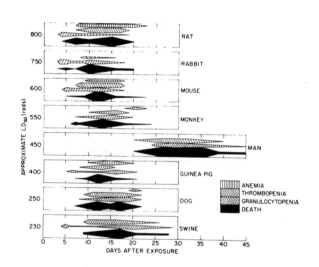

Abb. 2 : Korrelation vom Eintritt des Todes mit Veränderungen der Blutzell-Zusammensetzung nach
Bestrahlung mit einer LD 50 bei verschiedenen
Tierarten. Die LD 50 des Menschen liegt bei ca.
450 rd und führt erst in der 4. und 5. Woche
zu Granulozyten- und Thrombozytenveränderungen,
die letale Konsequenzen haben können.

Noxe zu messen, ist die Bestimmung der sog. "mittleren Letaldosis" (LD 50). Man versteht darunter jene Dosis, bei der 50 % der exponierten Tiere innerhalb einer gegebenen Zeitspanne sterben. Für die meisten Laboratoriumstiere liegt diese sog. LD 50/30 Tage zwischen 155 und 1 520 rd (mittlere Körperdosis) (1), fällt also in den dosisabhängigen Teil der oben beschriebenen "Dosiswirkungsbeziehung". Analysiert man nun die Todesursache bei jenen Tieren, die innerhalb von 30 Tagen nach Bestrahlung mit einer "LD 50/30" sterben, so findet man, daß es in allen Fällen Blutbildstörungen sind, die offenbar mit dem Eintritt des Todes korrelieren. Aber bei jeder Tierart ist die "hämatologische Konstellation" etwas anders (Abb. 2). Während beispielsweise bei der Ratte die 2 Wochen nach der Strahleneinwirkung einsetzenden thrombopenischen Blutungen sowie das Sistieren der Erythrozytenneubildung und die Erythrozytenlebenszeitverkürzung zu einer lebensbedrohenden Anämie führen (zu einer Zeit, in der sich die Granulozytenzahlen erholen und damit das Infektrisiko sinkt), kommt es beim Hund vor allem wegen der granulozytopenischen Infektionen und der thrombopenischen Blutungen zum exitus letalis. Aus diesen Gründen war es nicht von vornherein deutlich, welche Todesursachen bei einer Ganzkörperbestrahlung des Menschen in diesem Dosisbereich einer LD 50 (ca. 450 rd) zu beobachten sein würden. Beobachtungen an Strahlenunfallpatienten (1) haben aber deutlich gezeigt, daß Todesfälle vor allem in der 4. und 5. Woche nach Ganzkörperbestrahlung zu erwarten sind, weil es dann zu einer Granulozytopenie und Thrombopenie kommt, die - unbehandelt - als Konsequenz von bakteriellen Infektionen und thrombopenischen Blutungen zum Tode führen kann. Bedingt durch die lange Lebensdauer der Erythrozyten von 120 Tagen ist aber eine lebensbedrohende Anämie zunächst nicht zu erwarten. Wird diese Phase einer Granulozyto- sowie Thrombozytopenie therapeutisch "überbrückt", so ist eine Spontanregeneration des blutbildenden Knochenmarkes möglich. Da heute sowohl Antibiotika als auch Granulozyten und Thrombozytentransfusionen zum Standardrepertoire einer hämatologischen klinischen Abteilung gehören und zudem eine "umgekehrte Isolation" (Behandlung im Isolierbettsystem) möglich ist, ist die typische "hämatologische Form" des akuten Strahlensyndroms mit Hilfe einer "Überbrückungstherapie" zu beherrschen.

Wenn die Dosis der Ganzkörperbestrahlung den 2- bis 3-fachen Wert einer "LD50" erreicht, so treten mehr und mehr die gastrointestinalen Symptome - Erbrechen, Durchfall und als Konsequenz Dehydration und Elektrolytverlust - in den Vordergrund des Erscheinungsbildes. Diejenige Dosis, bei der 50 % der exponierten Tiere innerhalb von 3 bzw. 6 Tagen ohne Behandlung ad exitum kommen, ist von Tierart zu Tierart recht konstant und liegt zwischen 1200 und 1500 rd. Geht man den Ursachen der gastrointestinalen Form des akuten Strahlensyndroms nach, so findet man eine deutliche Korrelation des Einsetzens der intestinalen Symptomatik mit der strahlenbedingten Entblössung der Oberfläche des Darmes. Durch die Zerstörung von Epithelzellen in den Darmkrypten wird die Erneuerung des Zottenepithels unterbrochen, die vorhandenen Zellen wandern zur Zottenspitze und werden abgestoßen. Es kommt zu einer Zottenverkürzung und schließlich zum Verlust des epithelialen Schutzes. Die Folge sind massive Flüssigkeitsverluste. Daneben kommt es zu einer Überschwemmung des Organismus mit Bakterien aus dem Darmlumen, die sich um so dramatischer auswirkt, als die Granulozytenzahl des Blutes - bedingt durch das bei diesen Strahlendosen irreversible Sistieren der Granulozytenneubildung bei einer Lebensdauer der reifen Blutgranulozyten von nur wenigen Stunden - je nach Tierspezies zu jenem Zeitpunkt ein Minimum erreicht, wenn auch die intestinale Epitheldecke massiv reduziert oder aufgehoben ist. Es soll deshalb festgehalten werden, daß die "gastrointestinale Form" des durch homogene Ganzkörperbestrahlung hervorgerufenen "akuten Strahlensyndroms" eine Folge sowohl der reversiblen Schädigung des gastrointestinalen Epithels, als auch der praktisch irreversiblen Zerstörung der Blutzellneubildung mit Granulozytopenie und Thrombopenie und ihren Folgen darstellt. Die Leitfunktion der intestinalen Epithelschädigung nach Ganzkörperbestrahlung ergibt sich vor allem aus den Versuchen an konventionellen und keimfreien Mäusen (1). Es konnte gezeigt werden, daß die Wanderung der Zottenzellen von den Krypten bis zur Zottenspitze bei konventionellen Mäusen ca. 2 - 3 Tage, bei keimfreien Mäusen etwa das doppelte, also ca. 6 Tage, beträgt. Bei einer Ganzkörperbestrahlung mit 3000 rd dauert es bei konventionellen Mäusen 3 Tage, bei keimfreien Mäusen 5.5 Tage, bis (wegen des Sistieren der Zellneubildung in den Krypten) die Darmzotten ihren Epithelschutz derartig verlieren, daß Durchfälle und damit lebensbedrohende Elektrolytstörungen entstehen. Daher sterben dann konventionelle Mäuse - ohne Behandlung - nach ca. 2 - 4 Tagen, keimfreie Mäuse nach ca. 6 Tagen. Bei keimfreien Mäusen spielt naturgemäß die nach 3 Tagen erhebliche Granulozytopenie keine Rolle, da die Darmbakterien fehlen, die zu einer Infektion führen könnten.

Für die therapeutischen Maßnahmen ist es von entscheidender Bedeutung, sich zu vergegenwärtigen, daß die "gastrointestinale Form" des akuten Strahlensyndroms sowohl auf der reversiblen Schädigung des intestinalen Epithels, als auch auf der irreversiblen Schädigung eines Teiles der Hämopoese beruht. Es war die Arbeitsgruppe um E.D. THOMAS, die in den frühen 60er Jahren schlüssig im präklinischen Hundemodell zeigen konnte, daß die Folgen der intestinalen Epithelschädigung durch massive parenterale Flüssigkeitszufuhren in den ersten 5 - 6 Tagen nach Strahleneinwirkung kompensiert werden können, sodaß die derartig therapierten Tiere auch sog. "supraletale" Strahlendosen überstehen und daß dann das Darmepithel nach etwa 6 - 8 Tagen regeneriert. Neben der Flüssigkeitszufuhr müssen naturgemäß die Infektionsfolgen der Granulozytopenie - die beim Hund nach Ganzkörperbestrahlung mit 1200 - 1500 rad nach 3 - 5 Tagen einen Höhepunkt erreicht (also nach einer 3- bis 4-fachen LD 50!) - durch hoch- und gezielt verabfolgte Antibiotikadosen behandelt werden. Auch aufgrund eigener experimenteller Erfahrungen kann bestätigt werden, daß Hunde die "gastrointestinale Form" des akuten Strahlensyndroms mit Hilfe von parenteralen Elektrolytzufuhren (ca. 130 ml pro kg Körpergewicht pro Tag) sowie Antibiotikainjektionen (z.B. Kombination aus Ampicillin, Cloxacillin und Gentamycin) bei völliger Karenz der enteralen Nahrungs- und Flüssigkeitszufuhr überleben, zumindest 9 - 10 Tag lang. Zu diesem Zeitpunkt ist dann zwar das intestinale Epithel auf dem Wege der Regeneration. Jedoch treten nun - beim unbehandelten Hund - neben die andauernde Granulozytopenie eine erhebliche Thrombozytopenie : am 10. Tag liegen die Werte bei Ganzkörperdosen zwischen 1000 und 1500 rd unter 10 000/mm^3. Dadurch entstehen dann thrombopenische Blutungen, sodaß - trotz einer epithelialen Regeneration - der exitus letalis eintritt als Folge von thrombopenischen Blutungen, die nur für kurze Zeit durch Plättchentransfusionen behandelt werden können und von Infektionen, gegen die die verwendeten Antibiotika bei gleichzeitigem Fehlen von Granulozyten wirkungslos werden. Eine Spontanregeneration der Hämopoese ist bei derartigen Strahlendosen so gut wie unmöglich (wenn auch theoretisch wegen der exponentiellen Natur der Dosis-Wirkungskurve der hämopoetischen Stammzellen (3) nicht ausgeschlossen). Bei derartigen Strahlenbelastungen kommt es nur dann zu einem Überleben des akuten Strahlensyndroms, wenn zu der symptomatischen Therapie (Flüssigkeitszufuhr, Antibiotika, Infektionsprophylaxe) die Transfusion von pluripotenten hämopoetischen Stammzellen hinzutritt, die sich im strahlenbelasteten Knochenmark ansiedeln und die gesamte Hämopoese restaurieren können in der Art einer Rekapitulation der Ontogenese des Knochenmarkes (4).

Die zentralnervöse Form des akuten Strahlensyndroms wird bei Strahlendosen über 5000 bis 10 000 rd (je nach Tierspezies) beobachtet und führt innerhalb von wenigen Stunden bis zu höchstens 2 - 3 Tagen zum Tod, ohne daß dieser Verlauf therapeutisch zu beeinflussen wäre. Die Symptomatologie beinhaltet Phasen der starken Erregung, die mit solchen völliger Apathie abwechseln. Man beobachtet eine Desorientierung, Gleichgewichtsstörungen, Krampfanfälle, Erbrechen und Schockerscheinungen, die schließlich in ein Koma übergehen. Der Pathologe findet massive Zeichen der Entzündung (Vasculitis, Meningitis, Plexitis) sowie Zeichen des Zellunterganges (Pyknose) der Nervenzellen selbst. Bei Kaninchen beginnt diese Pyknose bei ca. 4000 rd und steigt linear bis zu etwa 9000 rd an. Es ist unklar, ob es sich bei diesen Zellveränderungen um eine direkte Schädigung der Zellkerne handelt, oder um Folgen einer Membranstörung von Zellen und Kapillaren mit entsprechenden Flüssigkeitsverschiebungen. Die genaue Kausalkette des zentralnervösen Strahlentodes ist ungeklärt. Es ist aufgrund der pathophysiologischen und pathomorphologischen Beobachtungen anzunehmen, daß die Schädigung der Neurone mit Mittelpunkt des Geschehens steht und zwar durch eine direkte Strahleneinwirkung, durch die intracranialen Druckveränderungen oder durch eine Kombination mehrerer Faktoren im Zusammenhang mit Elektrolytverschiebungen als Folge von Permeabilitätsstörungen von Zell- und Gefäßmembranen.

4. Diagnostik und Therapie des akuten Strahlensyndroms heute

Das Arsenal der Möglichkeiten zur Diagnostik und Therapie des akuten Strahlensyndroms hat sich in den letzten 20 Jahren entscheidend verbessert. Die erzielten Fortschritte werden deutlich, wenn man sich einen Überblick über die veröffentlichten Ganzkörperbestrahlungen aus therapeutischer Indikation vor Augen führt. Tabelle 1 zeigt, daß in der wissenschaftlichen Literatur mindesten 463 Patienten beschrieben wurden, bei denen homogene Ganzkörperbestrahlungen mit Dosen zwischen 750 und 1140 rd durchgeführt wurden. Ziel einer derartigen Therapie ist es, die Patienten für eine Knochenmarktransplantation bei Vorliegen einer Leukämie oder aplastischen Anämie zu "konditionieren" und - im Falle der Leukämie - die pathologische Zellpopulation zu eliminieren.

Inzwischen hat sich die Zahl derartig behandelter Patienten im In- und Ausland erheblich vermehrt. Diese Tatsache macht deutlich, daß der Arzt heute über Erfahrungen verfügen kann, die ihm helfen, eine umfassende Diagnostik des akuten Strahlensyndroms durchzuführen, die auf einer tierexperimentell untermauerten Pathophysiologie basieren. Darüber hinaus lassen die klinischen Beobachtungen erkennen, daß es im Prinzip möglich ist, die Folgen einer Ganzkörperbestrahlung mit Dosen bis zu 1000, möglicherweise bis zu 1500 oder gar 2000 rd erfolgreich therapeutisch anzugehen.

Dieses soll an einem Beispiel deutlich gemacht werden (5). Es handelte sich um einen Patienten mit akuter Leukämie, der therapierefraktär geworden war. Er verfügte über einen Zwillingsbruder, der bereit war, sich als Knochenmarkspender zur Verfügung zu stellen. Dieser Patient (Abb. 3) erhielt eine Ganzkörperbestrahlung mit 850 rd und anschließend eine Transfusion von 2.14×10^8 Knochenmarkzellen pro kg Körpergewicht. Zur Überbrückung der

186

Ganzkörperbestrahlung als Vorbereitung zur Knochenmarktransplantation
bei Leukämien und Aplastischen Anämien

Transplantations – Gruppe	Diagnosen	Zahl der Patienten	Behandlungs – zeitraum	Strahlendosis (rad)
Seattle	Aplastische Anämie	20	1970 – 1977	920 – 1000
	Akute Leukämie	259	1970 – 1977	920 – 1000
	CML	28	1970 – 1977	920 – 1000
Los Angeles	Akute Leukämie	68	1970 – 1978	1000 – 1140
Houston	Akute Leukämie	30	1972 – 1978	750 – 950
Baltimore	Akute Leukämie	19	1970 – 1977	800 – 1000
Basel	Akute Leukämie	12	– 1977	1000
Minneapolis	Aplastische Anämie	9	1977 – 1979	750
Paris	Akute Leukämie	8	– 1977	1000
	CML	1	– 1977	1000
Essen	Akute Leukämie	4	1975 – 1977	860 – 940
München	Akute Leukämie	4	– 1977	950
Kapstadt	Akute Leukämie	1	1977	1000
		463		

Tabelle 1 : Übersicht über die in der Literatur beschriebenen
Fälle von Ganzkörperbestrahlungen aus therapeuti-
scher Indikation (Literatur auf Anfrage bei den
Autoren).

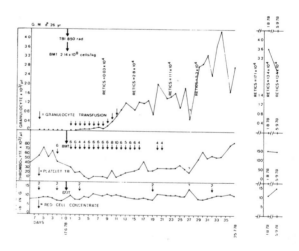

Abb. 3 : Klinischer Verlauf nach einer Ganzkörperbestrahlung mit 850 rd und nachfolgender isologer Knochenmarktransplantation bei einem 26-jährigen Patienten
mit akuter Leukämie

Folgen der Granulozytopenie erhielt er Granulozyten- und Thrombozytentransfusionen sowie Erythrozytenkonzentrate zur Stützung des Hämoglo-
binspiegels. Es kam innerhalb von etwa 10 - 12 Tagen zu einem Auftreten
von Granulozyten in der Blutbahn, die Thrombozytenzahlen erholten sich
allmählich und das rote Blutbild normalisierte sich - begleitet von einer
vorübergehenden Retikulozytose. Daß diese Erholung die Folge eines "An-
gehens" der transfundierten hämatopoetischen Stammzellen ist, ließ sich
aus der zytogenetischen Begleituntersuchung entnehmen. Aus Tab. 2 geht
hervor, daß der Patient 63 Tage vor der Bestrahlung und Markzelltransfusion einen leukämischen Klon im Knochenmark hatte. 74 % der Mitosen zeigten eine Chromosomenkonstellation "47,XY,+8". Nach der Ganzkörperbestrahlung und Markzelltransfusion war die leukämische Population verschwunden.
Im Knochenmark fand sich ausschließlich eine normale Zellpopulation, zumindest bis zur letzten Untersuchung am 511. Tag nach Bestrahlung. Andererseits zeigen die zytogenetischen Befunde an den Blutlymphozyten (Tab. 2),
daß bis zum letzten Tag dieser Studie noch eine kleine, aber signifikante
Zahl von Mitosen mit strahleninduzierten Chromosomenaberrationen vorhanden war und zwar sog. Di- und Trizentrische- sowie Ringchromosomen. Diese Mitosen gehören zu Zellen der lymphatischen Reihe. Sie machen deutlich, daß eine Ganzkörperbestrahlung mit 850 rd nicht ausreicht, um das
lymphatische Gewebe irreversibel zu zerstören. Es bleibt eine Zellpopulation, die trotz der Strahlenbelastung zur Proliferation und Replikation
befähigt ist.

Aus derartigen Beobachtungen gehen folgende allgemeine Regeln für die
Therapie des akuten Strahlensyndroms hervor. Die Folgen einer Ganzkörperbestrahlung bis zu etwa 1000 oder auch 1500 rd sind heute einer Behandlung zugänglich. Entscheidend ist die Frage, ob die hämatopoetischen
Stammzellenspeicher des Bestrahlten in der Lage sind, sich selbst zu
regenerieren oder nicht. Bei Strahlendosen bis zu 400 - 500 rd dürfte
dieses der Fall sein. Deshalb genügt für diesen Bereich eine "Substitutionstherapie". Diese geht davon aus, daß es vorübergehend zu einer Pan-
zytopenie kommt, deren Folgen (Infektionen, Blutungen) mit einer gnoto-
biotischen Therapie unter Verwendung von Antibiotika zur Elimination der
pathogenen bzw. potentiell pathogenen Mikroflora, mit Granulozyten- und
Thrombozytentransfusionen sowie - wenn nötig - durch Erythrozytenkonzen-
trattransfusionen erfolgreich angegangen werden können. Die Kenntnis der
Pathophysiologie und die sorgfältige Analyse des hämatologischen Verlau-
fes des akuten Strahlensyndrom ermöglicht es dem Arzt mit einer Therapie
nicht zu warten bis die Infektionen und Blutungen in Erscheinung treten,
sondern rechtzeitig, prophylaktisch, tätig zu werden. Ist zu befürchten,
daß eine athochtone Rekonstituion des Stammzellenspeichers nicht oder
nicht rechtzeitig erfolgt, so muß eine Stammzelltransfusion ins Auge gefaßt werden.

Derzeit steht das Knochenmark als Stammzellquelle im Vordergrund des In-
teresses. Als Zellspender kommen am ehesten histokompatible Geschwister
in Frage. Im Zuge des Fortschritts der Forschung werden aber sicherlich
auch die Grundlagen für eine Verwendung nicht verwandter Spender geschaffen. Man muß vor allem jedoch die "graft-versus-host-Reaktion" erfolgreich zu meiden oder therapeutisch anzugehen. Die tierexperimentellen Befunde zeigen, daß mehrere Wege zu diesem Ziel führen können, unter anderem
eine konsequente, gezielte gnotobiotische Therapie und die Eliminierung
von immunkompetenten Zellen aus dem Zelltransfusat entweder mit physikalischen oder immunologischen Methoden. Der Stand der Forschung zeigt
aber noch weitergehende Perspektiven. Es erscheint in absehbarer Zeit

Tage nach KMT	ausgewertete Mitosen	46,XY	47,XY,+8	Abnormale Zellen (%)
-63	35	8	23	74
13	33	22	-	-
21	29	21	-	-
27	48	40	-	-
35	45	35	-	-
42	40	33	-	-
77	80	63	-	-
113	70	60	-	-
149	73	73	-	-
184	13	11	-	-
360	34	29	-	-
511	5	4	-	-

Pat. G.M.
Knochenmark-Direkt
850 rad Ganzkörperbestrahlung und Knochenmarktransplantation

Tage nach Bestrahlung	ausgewertete Mitosen	Trizentrische und Dizentrische Chromosomen Ringchromosomen		Fragmente		Chromatid Aberrationen		Abnormale Zellen(%)
		Anzahl	pro Mitose	Anzahl	pro Mitose	Anzahl	pro Mitose	
29	100	25	0,250	8	0,080	12	0,120	8,0
149	319	104	0,326	32	0,100	13	0,041	7,8
184	129	43	0,333	24	0,186	17	0,132	8,5
360	87	15	0,172	5	0,057	5	0,057	3,4
511	218	88	0,403	18	0,082	18	0,082	8,7

Pat. G.M.
2 - Tage Blutkultur mit PHA
850 rad Ganzkörperbestrahlung und Knochenmarktransplantation

Tabelle 2   (oben und unten) : Zytogenetische Befunde bei
einem Patienten mit akuter Leukämie und leukämischen Zellklon (obere Tabelle Tag -63) nach Ganzkörperbestrahlung und isologer Knochenmarktransplantation. Beachte das normale Karyogramm im
Knochenmark (obere Tabelle) und die strahlenbedingten Chromosomenanomalien der Blutlymphozyten
(untere Tabelle).

möglich, mit Hilfe von Kryopräservationstechniken "Stammzellbanken" auf-
zubauen, die dann "Stammzellen" zu Transplantationszwecken bereitstellen
können. Derartige Stammzellen lassen sich nicht nur aus dem Knochenmark
gewinnen. Präklinische Versuche zeigen, daß solche pluripotenten Stammzellen auch aus dem strömenden Blut gewonnen werden können (6), aber
auch aus fötaler Leber (7). In diesem Zusammenhang ist es nicht unwichtig,
darauf hinzuweisen, daß eine allogene Stammzelltransfusion zur Restau-
rierung der Hämopoese des Empfängers eine Überwindung der Immunbarriere
voraussetzt. Daher ist es möglich, daß man einen Strahlenunfallverletzten
gegebenenfalls zur Stammzelltransfsuion "konditionieren" muß, beispielsweise mit Cyclophosphamid (also beispielsweise bei inhomogener Bestrahlung mit Dosen zwischen 500 und 9oo rd je nach Körperregion). Um diese
Problematik "in den Griff zu bekommen", sind allerdings noch weitere präklinische Forschungen erforderlich.

Bei dieser Perspektive kommt der Diagnostik des akuten Strahlensyndroms
eine erhebliche Bedeutung zu. Diese läuft letztlich auf die Frage hinaus,
ob die Hämatopoese reversibel oder - praktisch gesehen - irreversibel
geschädigt ist. Die Diagnostik des akuten Strahlensyndroms ist damit
nicht ein einmaliges Ereignis, sie ist ein sich fortschreitender Prozeß,
an dessen Ende im Erfolgsfall die "restitutio" steht. Von Tag zu Tag müssen die Zeichen und Symptome (z.B. die Blutzellverläufe) sorgfältig registriert werden. Es wurde an anderer Stelle ein "diagnostischer Fahrplan"
(8) erstellt, ob mit einer reversiblen oder irreversiblen Schädigung der
Hämatopoese zu rechnen ist. Vorher gibt es bereits deutliche subjektive
und objektive Hinweise auf die Schwere des Strahlensyndroms. Die bisher
mit Ganzkörperbestrahlung behandelten Personen zeigten Symptome, die
nicht zu übersehen sind (Tab. 3). Darüber hinaus sind eine schwere Lymphozytopenie sowie massive Zellveränderungen des Knochenmarkes (Karyorrhexis,
Pyknose, mitosebedingte Anomalien) innerhalb von 24 Stunden pathognomonisch
für eine schwere Verlaufsform des akuten Strahlensyndroms. Andererseits
deutet ein relativ langsamer Abfall von Granulozyten oder Thrombozyten
in den ersten 5 - 7 Tagen oder gar eine "abortive" Regeneration der Granulozyten um den 10. - 14. Tag nach Strahleneinwirkung auf eine Reversi-
bilität der hämatopoetischen Schädigung hin. Auf alle Fälle führt eine
sorgfältige Verlaufsbeobachtung bei einem Strahlenunfallbeschädigten verbunden mit dem pathophysiologisch fundierten "know-how" einer hämatologischen Intensivpflege zu den derzeit möglichen therapeutischen Maßnahmen,
sodaß das akute Strahlensyndrom heute nur bei Dosen jenseits 1500 - 2000 rd
Ganzkörperbestrahlung als letal anzusehen ist.

Zu beachten sind aber die Spätfolgen. Die Erfahrung zeigt (siehe Tabelle 4),
daß die Patienten, die ein therapeutisch induziertes akutes Strahlensyndrom überlebten in der Gefahr sind, das Opfer von Spätfolgen zu werden.
Dabei spielen virale Infektionen der Lunge derzeit eine Hauptrolle. Je
mehr Erfahrungen über diese Therapieform veröffentlicht werden, um so
deutlicher werden typische "Strahlenspätwirkungen" in Erscheinung treten,
die aus dem Tierexperiment, aber auch aus der Strahlentherapie im Prinzip
bekannt sind. Dazu gehören der Katarakt, Fibrosen (z.B. der Lunge), Veränderungen der Blutgefäße und der Haut, Sterilität, Wachstumsverzöge-
rungen (z.B. bei Kindern). Es ist Aufgabe der Forschung zu prüfen, ob
durch Maßnahmen der "sekundären Prävention" derartige Spätwirkungen verhindert oder in ihren Folgen abgeschwächt werden können.

Frühsymptome bei Ganzkörperbestrahlung
mit Dosen > 750 rad (< 5 Tage)

Transplantations - Gruppe	Zahl der Patienten	Anorexie	Nausea	Erbrechen	Diarrhoe	Fieber	lok. Infektionen	Sonstige
Seattle	307	+	+	+	+	+	Haut	Parotisschwellung
Los Angeles	68	+	+	++		++		
Houston	30	+						
Minneapolis	9						Stomatitis	
München	4	+				+		
Kapstadt	1			+	+		Haut	Kapillaritis der Haut

Tabelle 3 : Frühsymptome nach Ganzkörperbestrahlung mit
hohen Strahlendosen aus therapeutischer Indikation soweit sie in den Veröffentlichungen
der Forschergruppen erwähnt wurden.

Spätfolgen nach Ganzkörperbestrahlung
mit Dosen > 750 rad

Transplantations - Gruppe	Zahl der Patienten	Strahlendosis (rad)	
Seattle	307	920 - 1000	Interstitielle Pneumonie Katarakt (50 % operationsbedürftig) Wachstumsverzögerung bei Kindern Sterilität
Los Angeles	68	1000 - 1140	Interstitielle Pneumonie
Houston	30	750 - 950	Interstitielle Pneumonie
Baltimore	19	800 - 1000	Interstitielle Pneumonie
Basel	12	1000	Degenerative Veränderungen an den Pulmonalgefäßen
Minneapolis	9	750	Interstitielle Pneumonie
Paris	9	1000	Interstitielle Pneumonie
München	4	950	Interstitielle Pneumonie
Kapstadt	1	1000	Budd - Chiari - Syndrom

Tabelle 4 : Spätfolgen nach Ganzkörperbestrahlung aus therapeutischer Indikation zur Behandlung der akuten
Leukämie oder der aplastischen Anämie. Da die
Überlebenszeit trotz der therapeutischen Erfolge
noch begrenzt ist (unter 5 Jahre) sind Strahlen-
spätschäden (3 - 15 nach Exposition) nach derartig hohen Strahlendosen noch wenig bekannt.

5. Abschließende Bemerkungen und Perspektiven

Die Ausführungen zeigen, daß das akute Strahlensyndrom heute kein unbekanntes Phänomen mehr darstellt, daß es 1945 war, als es in Hiroshima und Nagasaki erstmals beobachtet wurde. Strahlendosen von 800 - 1500 rd werden heute therapeutisch verwendet, um einen Organismus für eine allogene Stammzelltransplantation zu konditionieren und die leukämische Zellpopulation zu eliminieren. Eine derartige Therapie erfordert aber den überlegten Einsatz all jener diagnostischen und therapeutischen Methoden, die der Hämatologie und internistischen Onkologie heute zur Verfügung stehen. Die Infektionsprophylaxe erfordert ein eigenes Spektrum therapeutischer Möglichkeiten von der "selektiven Dekontamination" (siehe Beitrag F.C. Wendt in diesem Band) bis hin zur völligen bakteriellen Dekontamination und Steriltherapie in einer Isolierbetteinheit. Daneben ist eine leistungsfähige Blutspendezentrale zur Durchführung einer "Hämotherapie nach Maß" erforderlich. Diese muß zur Gewinnung von Granulozyten- und Thrombozytenspenden präpariert sein, die ggf. eine Gewebsverträglichkeitsprüfung von Spender und Empfänger notwendig werden lassen. Erythrozytenkonzentrate sollten nur dann eingesetzt werden, wenn dieses aufgrund des roten Blutbildes erforderlich ist. Die Stammzelltransplantation erfordert mehrjährige Erfahrungen eines in der tierexperimentellen Grundlagenforschung verankerten "teams". Derzeit werden diese Zellen aus dem Knochenmark gewonnen. Die Problematik der Verwendung dieser therapeutischen Methode liegt in der Handhabung der "graft-versus-host"-Reaktion. Diese erfordert immunologische Erfahrungen, diagnostische Möglichkeiten und Forschungsansätze. Der Fortschritt der Forschungsarbeiten der letzten 10 Jahre läßt hoffen, daß auch dieses Problem erfolgreich gelöst werden kann. Die tierexperimentellen Befunde weisen den Weg, der wohl auch in der klinischen Realität zu beschreiben ist und der die Transfusion einer gereinigten (und zwar von kontaminierenden immunkompetenten Lymphozyten) Stammzellsuspension sowie einer selektiven bakteriellen Dekontamination beinhaltet. Die Forschungen lassen aber auch erkennen, daß die Verwendung von anderen Quellen als dem Knochenmark für die Gewinnung von Stammzellen zu Erfolgen, insbesondere zu "Stammzellbanken", führen können. Dazu gehört die Gewinnung von Stammzellen aus dem strömenden Blut mit Hilfe einer Leukozytapherese und aus fötalem Gewebe, z.B. der fötalen Leber.

Die strahlenhämatologische Forschung ist also längst nicht zum Abschluß gekommen. In dem Maße, in dem sie zu neuen Horizonten vorstößt, wird sie auch dazu beitragen, die Pathogenese des akuten Strahlensyndroms besser verstehen zu lernen, die diagnostischen Maßnahmen zu verbessern und die therapeutischen Barrieren in immer höhere Dosisbereiche vorzuschieben.

LITERATUR :

1. Bond, V.P., T.M. Fliedner und J.P. Archambeau :
   Mammalian Radiation Lethality, A Disturbance in Cellular Kinetics.
   Academic Press, New York and London, 1965

2. Thomas, E.D., J.A. Collins, E.C. Herman, Jr. and J.W. Ferrebee :
   Marrow Transplants in Lethally Irradiated Dogs Given Methotrexate.
   Blood 19, 217-228, 1962

3. Till, J.E. and E.A. McCulloch :
   A Direct Measurement of the Radiation Sensitivity of Normal Mouse
   Bone Marrow Cells.
   Radiation Research 14, 213-222, 1961

4. Fliedner, T.M. and W. Calvo :
   Hematopoietic Stem Cell Seeding of a Cellular Matrix : A Principle
   of Initiation and Regeneration of Hematopoiesis.
   In : B. Clarkson et al. : Differentiation of Normal and Neoplastic
   Hematopoietic Cells. Cold Spring Harbor Laboratory, 1978

5. Bhaduri, S., B. Kubanek, W. Heit, H. Pflieger, E. Kurrle, T.M. Fliedner and H. Heimpel :
   A Case of Preleukemia - Reconstitution of Normal Marrow Function
   after Bone Marrow Transplantation (BMT) from Identical Twin.
   Blut 38, 145-149, 1979

6. Fliedner, T.M., W. Calvo, M. Körbling, W. Nothdurft, H. Pflieger and
   W. Ross :
   Collection, Storage and Transfusion of Blood Stem Cells for the Treat-
   ment of Hemopoietic Failure.
   Blood Cells 5, 313-328, 1979

7. Fliedner, T.M., G. Grilli, W. Calvo, W. Nothdurft, M. Haen, F. Carbo-
   nell:
   Fetal Liver as an Alternative Source of Stem Cells for Hemopoietic
   Reconstitution : A Canine Model.
   Exp. Hemat. Vol. 8, Suppl. 7, 39/23 (Book of Abstracts - Int. Soc. f.
   Exp. Hemat., IX. Ann. Meeting, Aug. 1980, Dallas), 1930

8. Fliedner, T.M. :
   Ärztliche Versorgung Strahlengeschädigter.
   In : R. Kirchhoff und H.J. Linde : Reaktorunfälle und nukleare Kata-
   strophen. Verlag Dr. Straube, Erlangen, 1979

Kombinierte Strahlenschäden

O. Messerschmidt

Das klinische Bild des akuten Strahlensyndroms ist heute trotz seines seltenen Auftretens als relativ gut bekannt anzusehen. Grundlagen für diese Kenntnisse bilden die Berichte über die Atombombenopfer in Hiroshima und Nagasaki, über eine Reihe von Unfällen in Strahlenbetrieben und über Leukämie- und Krebspatienten, die aus therapeutischen Gründen mit Ganz-körperbestrahlungen hoher Dosis belastet wurden. Ein recht gutes Modell des Strahlensyndroms stellt auch das Zustandsbild dar, das Patienten bieten, die mit hohen Zytostatikadosen be-handelt wurden. Etwas einschränkend muß zu letzteren festge-stellt werden, daß es Unterschiede insofern geben kann, als eine unfallbedingte Bestrahlung oft sehr kurzzeitig auf den Organismus einwirkt, während eine Zytostatikatherapie in einer protrahierten Einwirkung auf das Knochenmark und andere proli-ferierende Gewebe besteht.

Wegen der großen Bedeutung, die der Behandlung von Strahlen-exponierten zuerkannt wird, hat man besonders in den USA die strahlenbiologische Forschung auf diesem Gebiet intensiv voran-getrieben. Da unfallbedingte Ganzkörperbestrahlungen sich glücklicherweise außerordentlich selten ereignen, wurde eine sehr große Zahl von Tierversuchen zur Klärung der Pathogenese der Strahlenschäden ausgeführt. Ein besonderes Interesse galt dabei stets der Frage nach der Dosisabhängigkeit von Strahlen-reaktionen, wobei naturgemäß auf die Frage der Letalität be-sonderes Gewicht gelegt wurde.

Basierend auf humanmedizinischen Erfahrungen und tierexperi-mentellen Untersuchungsergebnissen wurden Dosiswirkungstabel-len erstellt, die das Auftreten verschiedener Symptome in Ab-hängigkeit von der empfangenen Dosis zeigen. Der bei Tier-experimenten in der Pharmakologie vielfach verwendete Begriff der LD_{50} zur Bestimmung der Toxizität eines Stoffes wurde auch in die Strahlenbiologie übernommen und fand Eingang in humanmedizinische Überlegungen zur Prognose eines Strahlen-schadens. Tabelle 1 zeigt eine Aufstellung, in der Dosisanga-ben für die vermutliche LD_{50} des Menschen, die von mehreren Autoren und Kommissionen berechnet und geschätzt wurden, wie-dergegeben sind (1). Die Unsicherheit, die zwangsläufig in diesen Ermittlungen liegt, kommt in den recht unterschiedli-chen Angaben zum Ausdruck.

Die LD_{50}-Abschätzungen sowie die Dosiswirkungstabellen, die letzten Endes Grundlagen für unsere Vorstellungen über die Strahlenempfindlichkeit des Menschen sind, unterliegen der Einschränkung, daß sie eigentlich nur für Menschen einer beson-deren Altersgruppe, wie gesunde, junge Soldaten, Gültigkeit haben. Abweichungen in Alter oder Ernährungs- und Kräftezu-stand, um nur einige biologische Parameter zu nennen, können diese Tabellenwerte und LD_{50}-Berechnungen in Frage stellen. Hinzu kommt, daß diese Idealwerte nur für die Auswirkungen

Tabelle 1: Schätzungen zur LD_{50} des Menschen (nach NAS-NRC
Report "Radiobiological Factors in Manned Space
Flight", LANGHAM, Hrsg., 1967) (1)

	Strahlen-exposition (R)	Absorbierte Dosis (rd)	Autoren
Atombombenopfer aus Japan	~450	~300	Warren u. Bowers, 1950
Komittee-Entschließungen	400-600	260-400	NAS-NRC, 1960
Fallout-Studien (Marshallesen, Groß-tierversuche)	~350	~300	Bond u.Robertson, 1957, Cronkite u. Bond, 1960
Ganzkörperbestrahlungen bei Patienten	370	243±22	Lushbaugh et al., 1966
Ganzkörperbestrahlungen bei Patienten	380	250±28	NAS-NRC Report Langham, 1967
Ganzkörperbestrahlungen bei Patienten und bei Strahlen-unfällen	430	285±25	NAS-NRC Report Langham (Hrsg.), 1967

kurzzeitiger homogener Ganzkörperexpositionen mit energiereicher Gammastrahlung Gültigkeit haben.

Es gibt eine Reihe von Faktoren, die die ideale Dosiswirkungsbeziehung zwischen Strahlung und biologischem Objekt erheblich verändern können, so z.B. die Modifizierung der Strahlenart, der Dosisleistung und der Dosisverteilung im Organismus. Das Hinzukommen von Erkrankungen, insbesondere solcher, die mit Infektionen oder erhöhter Blutungsneigung einhergehen, sowie Stoffwechselerkrankungen, wie z.B. Diabetes oder Hyperthyreose verändern die Strahlenempfindlichkeit von Versuchstieren und sicher auch die des Menschen. Handelt es sich um von außen zur Strahlenbelastung hinzukommende Noxen mechanischer, thermische oder chemischer Art, so führt dies bei damit belasteten Organismen zu sogenannten Kombinationsschäden, was wiederum eine entscheidende Änderung der Strahlendosis-Wirkungsbeziehung bedeutet.

Tabelle 2 zeigt die Auswirkungen unterschiedlicher Dosisleistung auf die Letalität von Versuchstieren (Schafen). Während bei relativ hoher Dosisleistung von 660 R/Stunde die LD_{50} der Versuchstiere 237 R beträgt, steigt deren Wert auf 637 R, also fast das Dreifache an, wenn die Dosisleistung auf 2 R/h ge-

Tabelle 2: Der Einfluß der Dosisleistung und der Bestrahlungsdauer auf die Strahlenletalität von Schafen(2)

Dosisleistung (R/Std.)	Dauer der LD_{50}-Bestrahlung (Std.)	Zahl der Tiere	$LD_{50/60}$[a]	Anstieg	mittl.überlebenszeit d.verstorb. Tiere (Tage)
660	0,36	96	237 (215-257)[b]	3,94±1,62	20,9±7,5[b]
261	1,22	72	318 (291-343)	4,85±2,83	22,9±4,5
30	11,25	60	338 (313-369)	6,77±5,24	17,7±4,0
3,6	137,5	80	495 (450-558)	3,40±2,07	22,4±8,3
2,0	318,5	48	637 (538-698)	4,4 ±1,9	18,1±6,5

senkt wird. Die Bestrahlungszeit beträgt dann 318,5 Stunden gegenüber 22 Minuten bei der Vergleichsgruppe (2).

Diese Unterschiede in der Strahlenwirkung sind in Erholungsvorgängen zu sehen, die bei langdauernden Expositionszeiten unter der Bestrahlung bereits einsetzen. Im Hinblick auf die Erholung bestehen auch deutliche Unterschiede zwischen den Wirkungen der verschiedenen Arten von Strahlung. Während der Einfluß der Dosisleistung auf die Strahlenwirkung bei Röntgen- und Gammastrahlung, wie schon gesagt wurde, sehr deutlich ist, sind, wie Versuche an Zellkulturen, aber auch an Mäusen gezeigt haben, die Erholungsvorgänge nach einer Neutroneneinwirkung deutlich geringer.

Ähnlich wie die zeitliche Dosisverteilung beeinflußt auch die örtliche Dosisverteilung im Organismus die Dosiswirkungsrelationen erheblich. Tabelle 3 nach LANGHAM (1) läßt erkennen, daß bei Ganzkörperbestrahlungen, bei denen naturgemäß das gesamte Knochenmark betroffen ist, sehr viel niedrigere Strahlendosen zum Tode führen, als es bei selbst sehr großräumigen Teilkörperbestrahlungen der Fall ist.

Bei Einwirkung der gleichen Strahlenart, nämlich von Protonen, zeigen sich deutliche Unterschiede bei Anwendung verschiedener Energien dieser Strahlenart. Protonen niedriger Energie haben eine schwächere Wirkung, weil ihre Eindringtiefe geringer ist und sie somit zu keiner homogenen Ganzkörperbestrahlung führen. Abbildung 1 nach CRONKITE und FLIEDNER (3) zeigt die Dosisverteilung von initialer Gammastrahlung, von Neutronenstrahlung

Tabelle 3: LD₅₀ von Versuchstieren, die in unterschiedlicher Weise bestrahlt wurden (nach LANGHAM (1))

Spezies	Bestrahlungsbedingungen	Dosis (R oder rd)	Integraldosis (kg rd)
Ratten	Rö, Ganzkörper	700	175
	Rö, Abdomen abgedeckt	1.950	275
	Rö, Abdomen isoliert bestrahlt	1.025	134
Hunde	Rö, Ganzkörper	250	2.500
	Rö, obere Körperhälfte	1.775	9.600
	Rö, untere Körperhälfte	855	3.900
Affen	Protonen (400 MeV), Ganzkörper	585	–
	Protonen (138 MeV), Ganzkörper	516	–
	Protonen (55 MeV), Ganzkörper	1.150	–
	Protonen (32 MeV), Ganzkörper	1.600	–

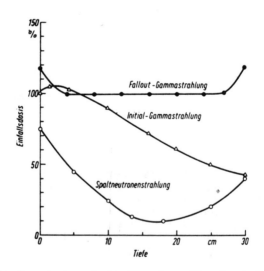

Abb. 1: Tiefendosen in einem Phantom für drei Bestrahlungsarten, die beim Kernwaffeneinsatz möglich sind (nach CRONKITE und FLIEDNER (3)

und Falloutgammastrahlung im Organismus des Menschen. Sicher nicht nur auf die Dosisverteilung im Organismus, sondern auch auf Unterschiede in der relativen biologischen Wirksamkeit (RBW) sind die verschiedenen Auswirkungen von Neutronen- und Gammastrahlen zurückzuführen. Die vergleichsweise erhöhte Sterblichkeit von Mäusen, die mit Neutronen bestrahlt worden sind, hat ihre Hauptursache in der besonderen Neutronenempfindlichkeit der Darmschleimhaut. Abbildung 2 zeigt die Dosiseffektkurven von Mäusen, die mit Gamma- oder Neutronenstrahlen belastet wurden.

Wird der Zustand des biologischen Objekts, also des Versuchstieres, verändert durch Erkrankungen, Vergiftungen, Verletzungen oder andere Belastungen, so wird ebenfalls die Dosiswirkungsbeziehung beeinflußt. Dies geschieht meist im Sinne einer Erhöhung der Strahlenletalität. Bestimmte chemische Stoffe, sogenannte Strahlenschutzsubstanzen, vermögen die Strahlenletalität jedoch zu senken, und selbst kleine chirurgische Eingriffe, vor der Bestrahlung ausgeführt, können, wenn auch in geringem Maße, einen derartigen Effekt haben. Werden solche Belastungen jedoch nach der Bestrahlung gesetzt, so kommt es stets zur Steigerung der Strahlenletalität. Abbildung 3 zeigt das Ergebnis eines an Mäusen ausgeführten Versuchs zur Bestimmung der Strahlenletalität, wobei die Tiere zu verschiedenen Zeiten vor oder nach der Ganzkörperbestrahlung mit einer offenen Hautwunde belastet wurden (5). Dieses Verhalten zeigt sich in ähnlicher Weise, wenn andere Verletzungsarten wie Splenektomie, Laparotomie oder Verbrennungen auf ganzkörperbestrahlte Tiere einwirken (6, 7).

Die Senkung der Strahlenletalität durch ein der Bestrahlung vorangehendes oder gleichzeitig gesetztes Trauma kann durch einen Schutzmechanismus im Sinne des Selyeschen Adaptationssyndroms gedeutet werden, wobei angenommen wird, daß es infolge der Verletzungen oder Operationen zu einer Stresssituation kommt. Diese führt zu einer erhöhten ACTH-Ausschüttung der Hypophyse und nachfolgender Nebennierenrindenreaktion, welche wiederum die Strahlenwirkung vermindert.

Zur Frage der Resistenzsteigerung oder -verminderung bei Einwirkung von zwei unterschiedlichen Traumen haben SCHILDT und THOREN (8) ein Schema entworfen, das auf Abbildung 4 dargestellt ist. Wird zuerst ein kleines Trauma gesetzt, das zu geringfügig ist, um einen schweren Schaden zu setzen, so wird ein Adaptationssyndrom ausgelöst, die Resistenz steigt an, und ein nachfolgendes schwereres Trauma zeigt geringere Auswirkungen. Ist die Aufeinanderfolge umgekehrt, d.h. wird zuerst ein schweres Trauma gesetzt, so kommt es zu einem so gravierenden Absinken der Resistenz, daß ein zusätzliches Trauma durch ein Adaptationssyndrom nicht mehr abgeschwächt werden kann, sondern die Folgen des Ersttraumas eher noch verschlimmert werden. In dieser Weise wäre die Reihenfolge von vorangehender Bestrahlung und nachfolgender Wundsetzung zu verstehen.

Die Bedeutung des Zeitfaktors kommt auch im Heilungsverlauf

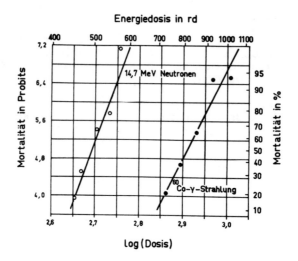

Abb. 2: Mortalität von männlichen Mäusen in einem Zeitraum von 30 Tagen in Abhängigkeit von der Dosis nach Ganzkörperbestrahlung mit 14,7 MeV-Neutronen oder Co-60-Gammastrahlen (Dosisleistung 10 rd/min.) (4)

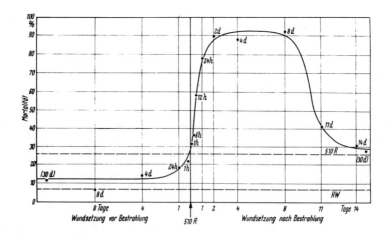

Abb. 3: Mortalität von Mäusen in Abhängigkeit vom zeitlichen Abstand zwischen Bestrahlung und Wundsetzung (offene Hautwunde) (5)

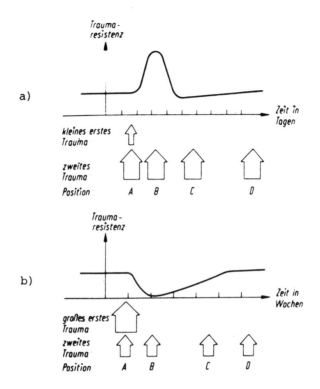

Abb. 4: Veränderungen der Resistenz, ausgelöst durch ein a) geringes (erstes) Trauma, gefolgt von einem (zweiten) größeren Trauma, b) großes (erstes) Trauma, gefolgt von einem (zweiten) geringeren Trauma in verschiedenen zeitlichen Intervallen (Positionen) (8)

von Wunden zum Ausdruck. Abbildung 5 zeigt, wie offene Hautwunden bei Mäusen offensichtlich schlechter heilen, wenn sie nach Ganzkörperbestrahlungen erzeugt werden, während die Wundheilung durch eine der Ganzkörperbestrahlung vorangehende Operation kaum beeinflußt wird (9).

Die Untersuchungen von PETROV (10), bei denen Autotransplantate bei bestrahlten Kaninchen zu verschiedenen Zeiten nach einer Ganzkörperbestrahlung hoher Dosis verpflanzt wurden, lassen ebenfalls die Bedeutung des Zeitfaktors erkennen. So wuchsen die Transplantate bei Operationen im Initialstadium der Strahlenkrankheit 6 bis 12 Stunden nach Bestrahlung in 79 % an, in der Latenzzeit 24 bis 48 Std. p.r. war dies in 32 %, in der Höhepunktsphase in 0 % und in der Genesungsphase in 78 % der Fälle zu beobachten.

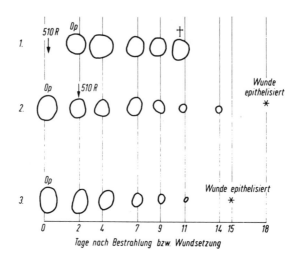

Abb. 5: Flächengrößen von offenen Hautwunden (HW) bei Mäusen, die 1) 2 Tage nach Bestrahlung mit 510 R, 2) 2 Tage vor Bestrahlung mit 510 R und 3) ohne zusätzliche Bestrahlung gesetzt wurden (9)

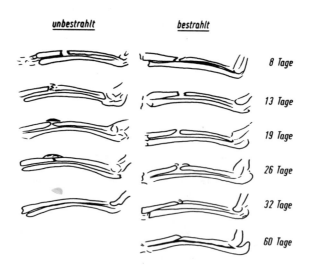

Abb. 6: Frakturheilung (Kaninchen-Radius) nach Ganzkörperbestrahlung mit 800 R, unbestrahlte Kontrolle zum Vergleich (11)

Den Einfluß einer Ganzkörperbestrahlung auf die Frakturheilung zeigt Abbildung 6 nach ZEMLJANOJ (11). Auch hierbei handelt es sich wohl nicht um einen lokalen Prozess mit Störung der Kallusbildung, sondern um die Folge einer Allgemeinstörung des gesamten Organismus.

Am verheerendsten sind die Auswirkungen von Verbrennungen auf den bestrahlten Organismus. Tabelle 4 zeigt eine Zusammenstellung von Tierversuchen, bei denen Ganzkörperbestrahlungen mit großflächigen Brandwunden kombiniert wurden (12, 13, 14, 15). Man sieht daraus, daß es bei diesen Schäden nicht nur zur Summierung, sondern zur Potenzierung der Wirkungen kommen konnte.

Tabelle 4: Kombinierte Einwirkung von Ganzkörperbestrahlung und etwa gleichzeitiger Verbrennung auf verschiedene Versuchstiere.

	Letalität (%)
Hunde (BROOKS, EVANS, HAM u.REID (12))	
20 % Verbrennung	12
100 R	0
20 % Verbrennung + 100 R	73
Schweine (BAXTER, DRUMMOND, STEPHEN-NEWSHAM u. RANDALL (13))	
10-15 % Verbrennung	0
400 R	20
10-15 % Verbrennung + 400 R	90
Ratten (ALPEN u.SHELINE (14))	
31-35 % Verbrennung	50
250 R	0
500 R	20
31-35 % Verbrennung + 100 R	65
31-35 % Verbrennung + 250 R	95
31-35 % Verbrennung + 500 R	100
Meerschweinchen (KORLOF (15))	
1,5 % Verbrennung	9
250 R	11
1,5 % Verbrennung + 250 R	38

Aber nicht nur Verletzungen, Verbrennungen und Operationen
können die Prognose der Strahlenkrankheit verschlechtern, auch
schwerer Stress kann einen derartigen Einfluß haben. So konnte
gezeigt werden, daß Ratten und Mäuse, die bestrahlt und anschließend durch Schwimmen schwer belastet und erschöpft wurden, einen deutlichen Anstieg der Strahlenletalität aufwiesen.

So läßt sich sagen, daß das uns gut bekannte Dosis-Wirkungsbil
einer kurzzeitigen, homogenen Ganzkörperexposition mit pene-
trierender Gammastrahlung durch Faktoren wie Dosisleistung,
Strahlenart, Strahlungsenergie, Dosisverteilung im Organismus,
ferner durch hinzukommende Faktoren wie Erkrankungen, Stress,
chemische Noxen und zusätzliche Verletzungen erheblich verändert werden kann.

Abbildung 7 zeigt das Modell einer Beeinflussung der Dosiswir-
kungsbeziehungen beim Menschen durch Veränderung der Bestrahlungszeit im Sinne einer Langzeitbestrahlung (etwa in der Fall
outsituation), die zu einer Anhebung der LD$_{50}$ von 400 auf
800 rd führt, sowie die Veränderung der Dosiswirkungsbeziehung
mit einer Senkung der LD$_{50}$ auf einen Wert von 200 rd durch eine
Kombinationsschädigung (16).

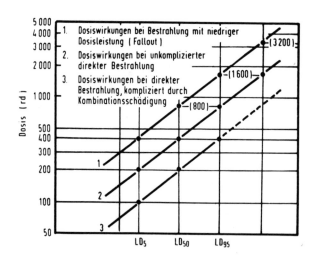

Abb. 7: Dosiseffektbeziehungen für Menschen bei Ganzkörperbestrahlungen verschiedener Dosisleistung bzw. Kombinationsschäden (16)

Es kann sich bei dieser Darstellung natürlich nur um den Versuch handeln, auf den Trend der Veränderung der Dosiswirkungsbeziehung beim Menschen durch Faktoren wie Langzeitbestrahlung
und Kombinationsschaden hinzuweisen, und diese Dosisangaben
können für die Praxis naturgemäß nicht absolut verbindlich
sein.

So bleibt die Unsicherheit für eine zu stellende Prognose
groß, besonders für den Fall, daß ein Arzt vor die Aufgabe
gestellt wird, eine große Zahl Bestrahlter und Kombinations-
geschädigter zu sichten. Auch die Ergebnisse einer physikalischen Dosimetrie sind dann nicht befriedigend, denn die physikalische Dosimetrie erfaßt nicht die Einzelheiten der zeitlichen und örtlichen Dosisverteilung im Organismus und naturgemäß auch nicht biologische Faktoren wie Alter, Geschlecht,
Gesundheits- und Kräftezustand der Bestrahlten, ebensowenig
wie zusätzliche Noxen mechanischer, thermischer und chemischer Art. Dadurch erhalten die biologischen Parameter zur
Beurteilung einer Strahlenschädigung wie die Chromosomenanalyse, Knochenmark- und Blutbilduntersuchungen sowie besondere biochemische Ausscheidungskontrollen ein erhöhtes Gewicht.

Das Zustandsbild des Kombinationsschadens beim Menschen als
Folge des Zusammenwirkens von Ganzkörperbestrahlung und zusätzlicher Verletzung trat erstmalig und in großer Zahl unter den
Opfern von Hiroshima und Nagasaki auf (17, 18). Die behandelnden Ärzte berichteten, daß sich bei ihren Patienten, die außer
der Bestrahlung Verletzungen und Verbrennungen erlitten
hatten, die Heilungsverläufe im wesentlichen zunächst nicht
viel anders verhielten als bei den Verwundeten, die nicht
bestrahlt worden waren. Nach 1 bis 2 Wochen jedoch, als die
Strahlenexponierten in die Höhepunktsphase der Strahlenkrankheit eintraten, veränderte sich auch das Verhalten der Wunden.
Der Heilungsverlauf wurde nicht nur unterbrochen, sondern es
kam zu einer bedrohlichen Verschlimmerung in Form einer erneuten Wundinfektion mit Störung der Granulationsbildung. Graue,
schmierige Wundbeläge und Nekrosen waren das Zeichen eines
Zusammenbruchs der Infektresistenz, die wiederum die Folge
der bestrahlungsbedingten Leukopenie oder gar Agranulozytose
war. Es kam zu erneuten Blutungen im Wundbereich, die auf die
Thrombozytopenie infolge der bestrahlungsbedingten Knochenmarkinsuffizienz zurückgeführt werden muß.

In der Phase der Knochenmarkinsuffizienz werden offene Wunden
zu gefährlichen Infektionspforten, die die Prognose der
Strahlenkrankheit entscheidend verschlechtern können. In
einer Reihe von Tierversuchen konnten insbesondere russische
Autoren an Hunden, Kaninchen und Meerschweinchen nachweisen,
daß das Verschließen der Wunde beim bestrahlten Versuchstier
die Prognose entscheidend verbessert. Es zeigte sich auch,
daß die Tiere eine um so bessere Überlebenschance haben, je
früher die Wunde wieder verschlossen wird. Diese Erkenntnisse,
die auch das Abdecken von Verbrennungswunden z.B. mit Haut-
transplantaten einschließen, können mit Sicherheit auf den
Menschen übertragen werden.

Bei Trümmerwunden, die nicht geschlossen werden dürfen, sollte
möglichst frühzeitig und radikal vorgegangen werden, um die
Gefahr der Infektion und Nachblutung gering zu halten, der
erste Eingriff sollte so abschließend wie möglich ausgeführt
werden.

Die Frage des Zeitfaktors spielt naturgemäß eine Rolle, wenn

es darum geht, einen Strahlenkranken zu operieren. Auch für
die ärztliche Praxis gilt, was der Tierversuch deutlich gezeigt hat, nämlich, daß ein zusätzliches Trauma die Strahlenletalität erhöht, wenn es nach der Bestrahlung gesetzt wird.
Besonders kontraindiziert ist ein chirurgischer Eingriff in
der Höhepunktsphase der Strahlenkrankheit. So wird empfohlen,
unbedingt notwendige Operationen bereits in den ersten Tagen
nach der Strahlenexposition auszuführen.

Ein besonderes Problem liegt bei all diesen Entscheidungen
darin, daß es oft nicht möglich sein wird festzustellen, ob
überhaupt eine Strahlenbelastung stattgefunden hat, deren Ausmaß so groß ist, daß eine Abänderung chirurgischer Maßnahmen
notwendig wird. Anhalte für die Höhe einer Strahlenbelastung
ergeben sich aus biologischen Parametern wie dem Blutbild, der
Knochenmarksbiopsie oder der Chromosomenanalyse. Da derartige
Untersuchungen jedoch zumindest in der Situation des Massen-
anfalls an Strahlengeschädigten oft undurchführbar sind, würde
man sich meist auf die Einschätzung des "klinischen Bildes"
der Strahlenkrankheit beschränken müssen, was wiederum eine
sehr große Erfahrung voraussetzt.

Literatur

1. LANGHAM, W.H. (Hrsg.):
   Radiobiological factors in manned space flight.
   Washington 1967

2. PAGE , N.P., E.J. AINSWORTH, G.F. LEONG:
   The relationship of exposure rate and exposure time to
   radiation injury in sheep.
   Zitiert in: LINNEMANN, R.E., O. MESSERSCHMIDT:
   Erholungsvorgänge nach Ganzkörperbestrahlung bei Großtieren.
   Strahlenschutz in Forschung und Praxis, Bd. 8, Rombach-
   Verlag, Freiburg (1968)

3. CRONKITE, E.P., T,M, FLIEDNER:
   The radiation syndromes.
   In: Handbuch der medizinischen Radiologie, Band II (Strah-
   lenbiologie), Teil 3
   Springer-Verlag, Berlin-Heidelberg-New York (1972)

4. LANGENDORFF, H., M. LANGENDORFF, R. METZNER, H. MÖNIG,
   K.-H. STEINBACH, G. TUMBRÄGEL:
   Radiobiological investigations with fast neutrons.
   I. Comparative investigations on the mortality of male
   mice after an irradiation with 15 MeV-neutrons and ^{60}Co-
   γ-rays.
   Atomkernenergie 16 (1970) 255

5. LANGENDORFF, H., O. MESSERSCHMIDT, H.-J. MELCHING:
   Untersuchungen über Kombinationsschäden, 1. Mitteilung:
   Die Bedeutung des zeitlichen Abstandes zwischen Ganzkörper-
   bestrahlung u.Hautverletzung für die Überlebensrate von
   Mäusen. Strahlentherapie 125 (1964) 332-340

6. MESSERSCHMIDT, O.:
   Untersuchungen über Kombinationsschäden, 6. Mitteilung:
   Über die Lebenserwartung von Mäusen, die mit Ganzkörperbe-
   strahlungen in Kombination mit offenen oder geschlossenen
   Hautverletzungen, Bauchoperationen oder Kompressionsschä-
   den belastet wurden.
   Strahlentherapie 131 (1966) 298-310

7. MESSERSCHMIDT, O., H. LANGENDORFF, E. BIRKENMAYER,
   L. KOSLOWSKI:
   Untersuchungen über Kombinationsschäden, 14. Mitteilung:
   Über die Lebenserwartung von Mäusen, die zu verschiedenen
   Zeiten vor und nach einer Ganzkörperbestrahlung mit Haut-
   verbrennungen belastet wurden.
   Strahlentherapie 138 (1969) 619-626

8. SCHILDT, B., L. THOREN:
   Experimental and clinical aspects of combined injuries.
   In: Combined Injuries and Shock, Stockholm (1968) 3-15

9. MESSERSCHMIDT, O.:
   Kombinationsschäden als Folge nuklearer Explosionen.
   In: Chirurgie der Gegenwart, Band 4: Unfallchirurgie.
   Hrsg. von R. Zenker, F. Deucher und W. Schink,
   Verlag Urban & Schwarzenberg, München-Berlin-Wien 1975

10. PETROV, V.I.:
    Freies Hauttransplantat bei Strahlenkrankheit.
    Vestn. chir. 9 (1956) 85

11. ZEMLJANOJ, A.G.:
    Heilung geschlossener Frakturen der langen Röhrenknochen
    bei Strahlenkrankheit an Versuchstieren.
    Med.Radiol. 5 (1956) 72

12. BROOKS, J.W., E.I. EVANS, W.T. HAM, R.D. REID:
    The influence of external body radiation on mortality from
    thermal burns.
    Ann. Surg. 136 (1952) 533

13. BAXTER, H., J.A. DRUMMOND, L.G. STEPHENS-NEWSHAM,
    R.G. RANDALL:
    Reduction of mortality in swine from combined total body
    radiation and thermal burns by streptomycin.
    Ann. Surg. 137 (1954) 450

14. ALPEN, E.L., G.E. SHELINE:
    The combined effects of thermal burns and whole body
    X-irradiation on survival time and mortality.
    Ann. Surg. 140 (1954) 113

15. KORLOF, B.:
    Infection in burns.
    Acta Chir. scand. Suppl. 209 (1956)

16. NATO Handbook on the Medical Aspects of NBC Defensive
    Operations.
    ..MedP-6 (1973)

17. MESSERSCHMIDT, O.:
    Auswirkungen atomarer Detonationen auf den Menschen.
    Ärztlicher Bericht über Hiroshima, Nagasaki und den
    Bikini-Fallout.
    Verlag Karl Thiemig, München (1960)

18. MESSERSCHMIDT, O.:
    Medical procedures in a nuclear disaster.
    Pathogenesis and therapy for nuclear-weapons injuries.
    Verlag Karl Thiemig (1979)

Biologische Indikatoren zur Erkennung und Beurteilung einer Strahlenexposition

L.E.FEINENDEGEN

Institut für Medizin, Kernforschungsanlage Jülich GmbH, 5170 Jülich

Biologische Dosimetrie zielt auf die möglichst genaue Bestimmung der von einem Menschen absorbierten Strahlendosis. Sie ist, ähnlich wie die Dosisbestimmung bei Vergiftungen mit Pharmaka allgemein, der beste Ansatz für eine effektive Behandlungsplanung, wobei natürlich die eigentliche Therapie sich letztlich stets den individuellen Gegebenheiten, Symptomen und Krankheitszeichen anzupassen hat.

Bereits in den ersten Jahren nach der Entdeckung der Röntgenstrahlen wurden gesundheitliche Schäden beobachtet, z.B. Erythem, Leukopenie und erhöhte Infektbereitschaft. Diese Symptome sind auch heute noch für die klinische Betreuung strahlenverunfallter Personen eine wichtige Entscheidungshilfe und in Ausmaß und Schweregrad mit der absorbierten Dosis korreliert. Sie können demnach zur groben Abschätzung der von Verunfallten absorbierten Dosis herangezogen werden. Dies ist auch für die spätere Rekonstruktion eines Unfalls wichtig.

Der zur Notfallbetreuung eingesetzte Arzt hat jedoch recht früh nach dem Unfall die wichtige Aufgabe, das Ausmaß der sich, wie wir wissen, zögernd entwickelnden Symptomatik und damit Behandlungsplanung zumindest grob vorauszusagen. Dies ist vor allem bei großen Zahlen von Verunfallten wichtig. Dazu braucht er dosimetrische Angaben, bevor klinische Zeichen auftreten. Desweiteren braucht der Arzt Dosisangaben auch zur Abschätzung des späten Risikos, vor allem nach Exposition mit kleinen Dosen.

Physikalische Dosimeter mögen vom Patienten zur Zeit des Unfalls getragen werden, aber da sie nur eine bestimmte Stelle des Körpers abdecken, braucht die vom Gesamtkörper oder anderen Körperteilen absorbierte Dosis mit dem physikalischen Dosimeterwert nicht übereinzustimmen. Eine Dosimetrie mit Hilfe von Veränderungen von meßbaren Strukturen und/oder Funktionen des bestrahlten Körpers, also eine biologische Dosimetrie, ist somit sehr zu wünschen. Sie soll optimal schnell genaue und reproduzierbare Daten liefern.

Insbesondere sind in den letzten 20 Jahren viele Ansätze für eine biologische Dosimetrie entwickelt worden. Sie haben noch keine einheitliche Beurteilung erfahren, und wir sind von einem überall anwendbaren Standardverfahren noch weit entfernt.

Die möglichen Methoden der biologischen Dosimetrie umfassen im wesentlichen drei Kategorien:

1) biologische Dosimetrie mit Hilfe des Studiums der Chromosomenaberrationen, vor allem in zirkulierenden Lymphozyten,
2) biologische Dosimetrie anhand bestimmter Strukturveränderun-
gen von leicht gewinnbaren Zellen, wie die des Knochenmarks
und des peripheren Blutes,
3) biologische Dosimetrie durch Messung von Veränderungen
des Stoffwechsels, z.B. durch den Nachweis von biochemischen
Abbauprodukten, intermediären Stoffwechselsubstanzen und
anderen Stoffwechselfaktoren wie Enzymen im Blutserum und im
Urin.

Von diesen drei Gruppen der biologischen Dosimetrie hat sich
seit etwa 10 Jahren vor allem die Messung der lymphozytären
Chromosomenaberrationen als praktisch brauchbar, wenn auch
aufwendig und zeitraubend, erwiesen.

Dazu sind in den letzten Jahren auch in den beiden anderen
Kategorien der biologischen Dosimetrie neue Beobachtungen
und Ergebnisse bekannt geworden, welche hier interessante
Ausblicke geben.

1) Chromosomenaberrationen:

Die Lymphozyten des peripheren Blutes sind leicht zu ge-
winnende Zellen, die sich in Kultur z.B. mit Phytohämagglutinin stimulieren und zur Zellteilung bringen lassen
(1,2). Dabei muß die Technik der Lymphozytenkultur standardi-
siert sein, um reproduzierbare Ergebnisse zu erhalten. So ist
die Dauer der Lymphozytenkultur nach der Bestrahlung bis zur
histochemischen Fixation insofern wichtig, als im Verlauf
der Kulturzeit die Häufigkeit verschiedener Typen von Chromosomenaberrationen sich ändern kann, wobei die Gesamtzahl der
Aberrationen mit der Zeit abnimmt (3).

Die aus dem Blut gewonnenen und in Kultur gebrachten mit
Phytohämagglutinin stimulierten Lymphozyten werden beim Auftreten der ersten Welle von Zellteilungsfiguren auf einen
Objektträger gebracht, mit hypotoner Lösung behandelt und
dann fixiert sowie gefärbt, sodaß sich die einzelnen Chromosomen deutlich darstellen (4).

Die in einer Metaphasenplatte ausgebreiteten, gut erkennbaren
Chromosomen können nach fotografischer Aufnahme einfach
ausgeschnitten, zusammengestellt und verglichen werden.

Morphologische Veränderungen der Chromosomen oder einzelner
Chromatid-Arme, sie werden Chromosomenaberrationen bzw.
Chromatidaberrationen genannt, finden sich nach Bestrahlung,
jedoch auch nach Einwirkung anderer Noxen, wobei die Häufigkeit der Aberrationen mit der Dosis sowie mit der Qualität
der in der Zelle absorbierten Strahlung korreliert werden
kann.

Die in Abb. 1 dargestellte Metaphasenplatte von einer bestrahlten Lymphozytenkultur zeigt eine morphologische Veränderung in Form eines dizentrischen Chromosoms. Dies ist
generell leicht und schnell auszumachen. - Die verschiedenen
Arten von strahleninduzierten Chromosomenabnormalitäten
werden unterschiedlich gut erkannt und weisen auch unterschiedliche Stabilität auf (4).

Abb.1: Metaphasenplatte aus einer Lymphozytenkultur
nach Bestrahlung, das dizentrische Chromosom ist
leicht zu erkennen (4).

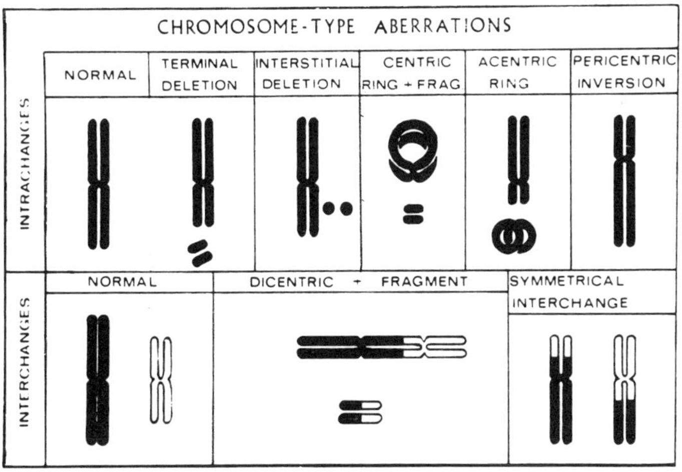

CHROMOSOME-TYPE ABERRATIONS

	NORMAL	TERMINAL DELETION	INTERSTITIAL DELETION	CENTRIC RING + FRAG	ACENTRIC RING	PERICENTRIC INVERSION
INTRACHANGES						

	NORMAL	DICENTRIC + FRAGMENT	SYMMETRICAL INTERCHANGE
INTERCHANGES			

Abb.2: Schematische Darstellung der intra- und inter-
chromosomalen Rekombinationen bzw. Translokationen,
wobei für die Auswertung das zentrische Ringchromosom
sowie das dizentrische Chromosom besonders zu beachten
sind (5).

Verschiedene Typen von relativ stabilen Chromosomenaberratione
zeigt die Abb. 2 (5). In der oberen Reihe ist vor allen Dingen
das sogenannte zentrische Ringchromosom als Konsequenz einer
Intrachromosomentranslokation oder Rekombination leicht zu
erkennen und in der unteren Reihe ist besonders prominent das
dizentrische Chromosom als Ausdruck einer Interchromosomen-
translokation. Ringchromosomen wie auch dizentrische Chromosomen sind offensichtlich Konsequenzen eines doppelten
Chromatidbruches, d.h. Ergebnis eines doppelten Strahlen-
absorptionsereignisses. Andere Aberrationstypen, vor allem
die Chromatidaberrationstypen und einfache Deletionen sind
Ergebnisse von Einzelstrahlenabsorptionsereignissen.

Die Zuordnung einer vom Patienten erhaltenen Häufigkeit von
Chromosomenaberrationen, z.B. von dizentrischen Aberrationen,
zu absorbierter Dosis wird am besten anhand einer standardisierten Chromosomenaberrationskurve vorgenommen, die von
normalen, in Kultur bestrahlten Lymphozyten gewonnen wird.
Allerdings sind hier einige Probleme, wenn die Strahlen-
qualität beim Unfallereignis nicht genau bekannt ist. Die
Resultate sind bis herunter zu etwa 20 rad recht genau.

In Abb. 3 ist als Funktion der absorbierten Dosis die indu-
zierte Häufigkeit vier verschiedener Aberrationstypen aufge-
tragen (6). Es ist offensichtlich, daß das Verhältnis der
vier Aberrationstypen zueinander sich mit steigender Dosis

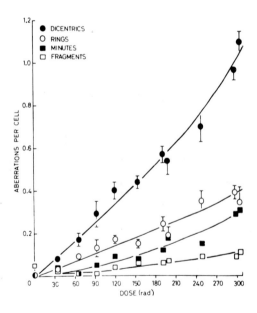

Abb.3: Dosiseffektkurve
für verschiedene Chromo-
somen bzw. Chromatidab-
errationstypen (6).

zugunsten der dizentrischen und Ring-Chromosomenaberrationen verändert. Während die Dosiseffektkurve, z.B. für Chromatidfragmente, d.h. Deletionen, hier "Fragmente" der Beziehung $\alpha \cdot D$ folgt, wobei α die Wahrscheinlichkeit des Ereignisses pro Dosiseinheit ist, wird die Dosiseffektkurve für die dizentrischen Aberrationen als Konsequenz eines doppelten Strahleneinfangereignisses durch die Beziehung $\alpha \cdot D + \beta \cdot D^2$ beschrieben. Dabei ergibt sich für die akute Strahlenexposition mit relativ hohen Dosen von 250 kV Röntgenstrahlen ein α-Wert für die Dosiseffektkurve dizentrischer Aberrationen von etwa 10^{-3}-10^{-4} pro rad und ein Wert für β von etwa $1 - 6 \times 10^{-6}$ pro rad^2 (7).

Die Analyse von Chromosomenaberrationen wird in neuerer Zeit mit Hilfe des sogenannten Bandings der Chromosomen mit Färbetechniken ergänzt (8). Da die Methoden der Chromosomenprüfung schwierig und auch zeitaufwendig sind, ist die Kooperation mit Fachlaboratorien, wie sie in der Humangenetik üblich sind, unbedingt notwendig.

Bei der Auswertung der Aberrationen muß neben der standardisierten Technik berücksichtigt werden, zu welchem Zeitpunkt vor der Blutentnahme der Unfall stattgefunden hat, denn die Chromosomenaberrationen haben unterschiedliche Eliminationsraten, wobei z.B. die Häufigkeit der dizentrischen Chromosomen in den Lymphozyten des peripheren Blutes mit einer Halbwertszeit von etwa einem Jahr zurückgeht (3,9). Dies ist natürlich ein Vorteil der relativen Zeitunabhängigkeit der Untersuchung nach dem Unfall.

Ein weiteres wichtiges Problem stellt die Frage der Teilkörperbestrahlung dar, bei welcher je nach Dauer der Bestrahlung ein unterschiedlich großes Volumen des zirkulierenden Blutes und damit der Lymphozyten exponiert und dann im nicht exponierten Blut verdünnt wird. Die Höhe der Teilkörperbestrahlung läßt sich durch die Bestimmung des Verhältnisses der verschiedenen Chromosomen- und Chromatidaberrationstypen annähernd bestimmen, da dieses dosisabhängig ist (10). So kommt hier neben der Gesamtzahl der Chromosomen das Verhältnis der verschiedenen Aberrationstypen als wichtiges Kriterium zur Dosisabschätzung hinzu. Auch das Alter der Patienten spielt eine Rolle, da sowohl bei Kleinkindern sowie im hohen Alter die Aberrationswahrscheinlichkeiten erhöht sind (5). Schließlich sind auch die Lebensumstände der Verunfallten wichtig, da auch andere, z.B. chemische Noxen Chromosomenaberrationen verursachen können (11).

Chromosomenaberrationen wurden auch in anderen Zellen, z.B. in Knochenmarkzellen beobachtet, die ebenfalls relativ leicht und ohne größere Belästigung des Patienten erhalten werden können. Die vorliegenden Angaben sind aber zu spärlich, um aus ihnen eine brauchbare biologische Dosimetrie ableiten zu können.

2) Biochemische Veränderungen

Es sind zahlreiche Untersuchungen durchgeführt worden, um aus der Konzentrationsänderung biochemischer Abbauprodukte, unterschiedlicher Stoffwechselsubstanzen oder von Enzymen vor allem im peripheren Blut und im Urin Schlüsse auf die Größe einer absorbierten Ganz- oder Teilkörperdosis zu ziehen.

a) Klinisch chemische Veränderungen im Serum

Nach Ganzkörperbestrahlung lassen sich im Blutserum zahlreiche Enzymveränderungen nachweisen. Die Erhöhungen treten nur vorübergehend auf. So wurde eine Erhöhung der Amylasewerte nach der Bestrahlung von Hals-Kopf-Tumoren beobachtet. Maximalwerte ergaben sich zwischen dem ersten und dem dritten Tag, und nach etwa einer Woche war der Kontrollwert wieder erreicht. Die Amylaseerhöhung war offensichtlich die Folge der Verletzung der Parotis (12). Ein anderes Beispiel zeigt die Abb. 4 mit den Veränderungen verschiedener Enzyme nach Strahlentherapie im Leberbereich (13). Nahezu alle hier gemessenen Enzyme bis auf die Transaminasen (GOT und GPT) wurden während des Bestrahlungszeitraums signifikant erhöht gefunden und normalisierten sich innerhalb etwa eines Monates nach Beendigung der Therapie. - Auch Aminosäureverschiebungen im Blutserum wie im Urin wurden als Symptom von Bestrahlung ausgewertet, worüber in der anschließenden Diskussion Herr Ladner berichtet.

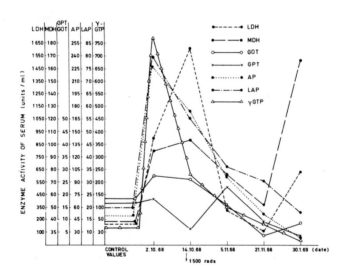

Abb.4: Veränderung und Normalisierung verschiedener Enzymaktivitäten im Blutserum nach Strahlentherapie von Seminometastasen in der hilaren Leberregion (13).

Die Versuche, Veränderungen von Serumenzymwerten oder einzelnen Stoffwechselsubstanzen für die biologische Dosimetrie
zu nutzen, sind wegen der weiten Streubreite bisher ge-
scheitert.

Eine sorgfältige Analyse gleichzeitiger Veränderungen einer
großen Zahl von klinisch-chemischen Parametern des Blutserums
wurde von Herrn Messerschmidt und seinen Mitarbeitern kürzlich
berichtet (14). Die 19 untersuchten Parameter sind in Abb. 5
in der Reihenfolge ihrer Wertigkeit für die Klassifizierung
der untersuchten bestrahlten Tiere aufgeführt (15). Eine

Wertigkeit	Parameter	U-Statistik
1	GPT	0.5895
2	Ca	0.4080
3	Gesamteiweiß	0.3083
4	GOT	0.2412
5	Bilirubin	0.2048
6	Thrombozyten	0.1677
7	Gewicht	0.1383
8	Laktat	0.1141
9	Hämoglobin	0.0728
10	Harnsäure	0.0613
11	LDH	0.0540
12	Cholinesterase	0.0477
13	Cholesterin	0.0414
14	Kreatinin	0.0314
15	Magnesium	0.0250
16	Harnstoff	0.0170
17	Amylase	0.0136
18	Na	0.0118
19	Blutzucker	0.0109

Abb.5: Klinische und
klinisch-chemische Para-
meter in der Reihenfolge
ihrer Wertigkeit für die
Klassifizierung der
Kollektive in Gruppen,
die Strahlenschaden über-
leben, nach dem 10. Tag
oder vor dem 10. Tag
sterben (s.auch Abb. 6)
(15).

Auswertung der Veränderungen dieser klinisch-chemischen
Parameter im Tierexperiment ergab prognostisch hochsignifikante
Daten. So konnte durch eine Varianzanalyse mit den 19 aufgeführten Parametern eine sichere Eingruppierung der Versuchstiere in Kollektive, die überleben (L), die nach dem zehnten
Tag sterben (T) oder die vor dem zehnten Tag sterben (S), erfolgen (s. Abb. 6). Die Weiterentwicklung solcher Analysen
scheint für den Katastropheneinsatz vielversprechend.

b) Harnpflichtige Substanzen

Zur biologischen Dosimetrie ist auch die Veränderung der
Ausscheidung harnpflichtiger Substanzen in bestrahlten
Individuen herangezogen worden. So wurden nach klinischer
Strahlentherapie wie auch im Tierexperiment, z.B. 5-Hydroxy-
Indolessigsäure, Betaaminobuttersäure, Taurin, Kreatinin und
Kreatin sowie Purine und Pyrimidine mehr oder weniger erhöht
gefunden (16). Über Aminosäuren wird Herr Ladner nachher
kurz berichten. Die Schwankungsbreite der Ausscheidungen ist
beim Menschen jedoch gegenwärtig so hoch, daß eine biologische

Dosimetrie nicht aufgebaut werden konnte. Als Beispiel der
Streuungen zeigt Abb. 7 das Verhältnis von Kreatin zu Kreatinin im Urin. Die Abbildung gibt die Werte von fünf hoch-

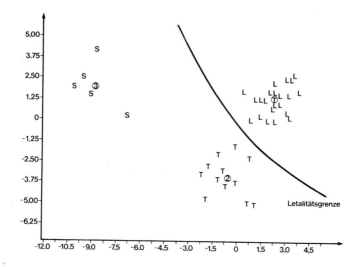

Abb.6: Ergebnis der Varianzanalyse zur Gruppierung
durch Kollektivs bestrahlter Mäuse in Gruppen, die
überleben (L), die vor dem 10. Tag sterben (S) und
die nach dem 10. Tag sterben (T) (15).

bestrahlten Personen in Oak Ridge, zwei Personen von Lock-
wood und zwei von Los Alamos (17). Die zu verschiedenen
Tagen nach Unfall gemessenen Werte des Quotienten Kreatin zu
Kreatinin schwankten so erheblich, daß eine Zuordnung des
Quotienten zur absorbierten Dosis nicht erfolgen konnte.

Man muß sich auch vor Augen halten, daß die Ausscheidung
harnpflichtiger Substanzen nicht für einen Strahleninsult
spezifisch ist. Man kann daher die Konzentrationsänderungen
dieser Verbindungen im Urin nur sehr begrenzt für eine
praktische Dosimetrie nutzen.

3) Zelluläre Struktur und Funktionsänderungen

Veränderungen der zellulären Elemente des Blutes sind seit
langem als Folge von Absorption ionisierender Strahlen in
relativ hohen Dosisbereichen bekannt. Ein wichtiges Beispiel
ist die strahleninduzierte Reduktion der Zahl der zirkulierenden Lymphozyten und Leukozyten. Diese Parameter sind für die
klinische Diagnostik wie Prognose des akuten Strahlensyndroms
unerläßlich, aber andererseits nicht genau und reproduzierbar
genug, um für eine standardisierte biologische Dosimetrie
herangezogen zu werden.

Morphologische Veränderungen von Einzelzellen sind häufig
Vorläufer des Zelltodes, auch des strahleninduzierten Zelltodes; strahleninduzierte Zellbasophilie, Riesenzellen der ver-

schiedenen Formen, pyknotische Zellen, Zellen mit abgesplittertem Chromatin lassen sich im peripheren Blut und Knochen-

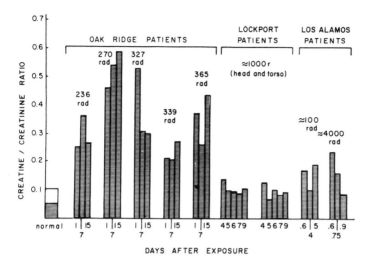

Abb.7: Der Quotient Kreatin zu Kreatinin im Urin zu verschiedenen Zeiten nach unfallbedingter Strahlenexposition in Oak Ridge, Lockwood und Los Alamos zeigte große Schwankungsbreite, unabhängig von der absorbierten Dosis (17).

mark nachweisen und sind nützliche Indikatoren der Strahlenabsorption. Die Abb. 8a zeigt Beispiele von Blutzellen (18). Die einzelnen pathologisch veränderten Zellen sind leicht zu

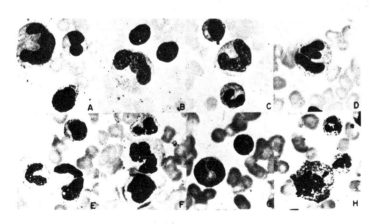

Abb.8a:Mitotisch verursachte Zellveränderungen in Myelozyten und Lymphozyten des menschlichen Knochenmarks während der ersten Tage nach accidenteller Ganzkörperbestrahlung (18).

erkennen. Hier sind in den Feldern A bis G Riesenzellen,
auch eine binukleäre Zelle in Feld D erkennbar sowie eine
Zelle mit groben Chromatinstrukturveränderungen in Mitose
wie die Zelle z.B. im Feld H unten rechts. In Abb. 8b werden
die Beispiele von Riesenzellen fortgesetzt, zusätzlich
erkennt man deutlich die Zellen mit extranukleären Körperchen,
vor allem im Feld J, L, M, N, O, P, Q und R. - Extranukleäre
Chromatinkörperchen sind das Resultat einer defekten Mitose,
d.h. von Chromatinabsprengung als Folge z.B. eines Chromatidbruches. Auch Chromatinbrücken zwischen den in Anaphasen
sich organisierenden Tochterkernen sind als Folge von Bestrahlung erkennbar.

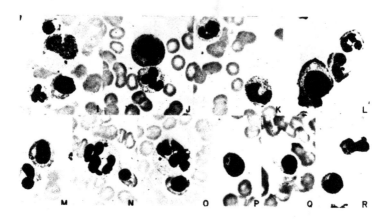

Abb.8b: Mitotisch verursachte Zellveränderungen in Myelozyten und Lymphozyten des menschlichen Knochenmarks
während der ersten Tage nach accidenteller Ganzkörperbestrahlung (18).

Neben den strahleninduzierten Veränderungen des Mitoseablaufs
mit der Konsequenz der Generation mitotisch bedingter Zellano-
malien sinkt auch die Zahl der in Mitose sich befindlichen
Zellen, ein sehr empfindlicher Indikator für eine Strahlenexposition. Die Ursache dafür ist eine temporäre Blockade
der Entwicklung der Zelle in der sogenannten G_2-Phase des
Zellzyklus unmittelbar vor Eintritt in die Mitose. So konnte
schon früh gezeigt werden, daß bereits nach Absorption von
5 rad die Zahl der mitotischen Zellen, z.B. der Haut, rasch
abfiel, um sich innerhalb einiger Stunden wieder zu normali-
sieren (siehe Abb. 9) (19). Dieses durch den strahleninduzierten, prämitotischen Block verursachte Phänomen der
Verringerung des sogenannten Mitoseindex ist für biologische
Dosimetrie prinzipiell brauchbar.

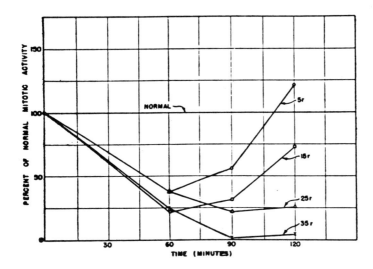

Abb.9: Mitosen in Prozent der kernhaltigen Zellen der
Epidermis nach Bestrahlung mit 5 bis 35 rad (19).

Auch die Zahl der im peripheren Blut zirkulierenden Blutstamm-
zellen wird mit steigender Dosis reduziert und ist potentiell
ein klinisch nützliches Indiz (20).

Die Auswertungen des Mitoseindex, der mitotisch verursachten
Abnormalitäten und der Stammzellen sind mühsam, und Schwankungen der Ergebnisse sind so hoch, daß sich ein standardisiertes
dosimetrisches Verfahren bisher nicht aufbauen ließ. Nichtsdestoweniger sind diese Veränderungen, vor allem in Knochenmarkzellen, als Funktion der Zeit nach der Bestrahlung eine
nützliche Hilfe zur Beurteilung des Schweregrads des akuten
Strahlensyndroms.

Vor kurzem sind Veränderungen der Zahl der zirkulierenden
Retikulozyten nach Strahleninsult in der Maus als mögliches
Kriterium für biologische Dosimetrie untersucht worden (21).
Die Ergebnisse waren überraschend und führten zur Entwicklung
eines automatischen Zählapparates für den Einsatz beim
Menschen.

Die von der Arbeitsgruppe Messerschmidt erhaltenen Daten von
Mäusen sind hier in Abb. 10 graphisch dargestellt. Es zeigen
sich zwei wesentliche Ergebnisse: 1) bereits nach Absorption
relativ kleiner Dosen im Bereich von weniger als 20 rad läßt
sich eine signifikante Verringerung der Konzentration der
Retikulozyten im Blut erkennen; 2) das Ausmaß der Reaktion
hängt vom Zeitpunkt der Probenentnahme nach der Bestrahlung ab;
die am zweiten Tag erhobenen Befunde sind stärker ausgeprägt
als am ersten Tag. - Erst nach dem vierten Tag wurde eine

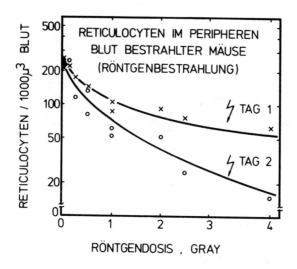

Abb.10: Relative Zahl der Retikulozyten im peripheren
Blut am ersten und zweiten Tage nach Ganzkörper-
Gammabestrahlung mit unterschiedlichen Dosen (21).

abortive, d.h. temporäre Erholung beobachtet. Andere Experimen
te derselben Arbeitsgruppe an Hunden ergaben ähnliche Daten.

Auffallend für den hier dargestellten Kurvenverlauf ist der
initiale starke Effekt pro Dosiseinheit, welcher nicht, wie
bei den Effekten bei hohen Dosen, direktem Zelltod zuge-
schrieben werden dürfte. Hier ergeben sich interessante
Fragen nach der Ursache des Phänomens bei kleiner Dosis.

Über den Umweg des Studiums der Zellproliferation in der
Maus mit Hilfe radioaktiv markierter DNA-Vorläufer, wie
Tritium - Thymidin oder Jod-125-desoxyuridin (125-IUdR),
haben wir in meiner Arbeitsgruppe mit Dr. Porschen, Dr. Zamboglou, Herrn Mühlensiepen und Frau Engelmann-Brunner einen
Effekt sehr kleiner Dosen bei Mäuseknochenmarkzellen beschrieben (22). Er tritt maximal etwa vier Stunden nach Ganzkörperbestrahlung auf. Bei Teilkörperbestrahlung ist der
Effekt vermindert. So wurden Knochenmarkzellen vier Stunden
nach Ganz- oder Teilkörperbestrahlung gewonnen und bei 37°C
in vitro mit 125-IUdR inkubiert. Zellen nichtbestrahlter
Tiere dienten jeweils als Kontrolle. Gemessen wurde die
eingebaute Aktivitätsmenge pro Einheit kernhaltiger Zellen.

Die nach Ganzkörperbestrahlung beobachtete Depression des
Vorläufereinbaues in die Knochenmarkzellen ist in Abb. 11
dargestellt. Sie folgt einer ähnlichen Kurve, wie sie sich
aus den Daten von Herrn Messerschmidt für Retikulozyten
ergab. Auch hier dürfte die erste steile Komponente der
Kurven, sei es nach Gamma- oder Neutronenbestrahlung, bei
den kleinen Dosen unter 5 rad nicht auf Zelltod zurückge-

führt werden können. - Bei der Verfolgung dieses Phänomens
wurde eine Versuchsanordnung gewählt, die in Abb. 12 gezeigt
wird (23).

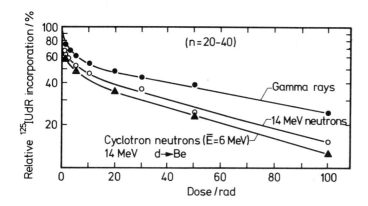

Abb.11: Dosiseffektkurve für die in vitro Einbaurate von
125-IUdR in Knochenmarkzellen, die vier Stunden nach der
Bestrahlung gewonnen wurden, nach Gammabestrahlung,
14 MeV-Neutronen- und Zyklotronneutronenbestrahlung (22).

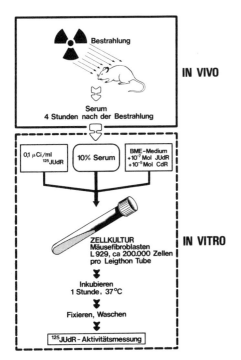

Abb.12: Experimentelles
Protokoll zur Prüfung des
Serums bestrahlter Mäuse,
die DNA-Inkorporation von
125-IUdR in Mäusefibro-
blasten in Kultur zu
hemmen.

Mäuse wurden ganzkörperbestrahlt; vier Stunden später, zur
Zeit des maximalen Effektes, wurde Blut entnommen und das
Serum einem Medium für Zellkulturen im Volumenverhältnis
1:10 zugesetzt. Des weiteren wurde 0.1 µCi 125-IUdR gegeben.
Das so bereitete Medium wurde adhäsiv wachsenden L-Zellen in
einem Kulturröhrchen zugegeben und eine Stunde bei 37°C
inkubiert. Danach wurde dekantiert, die Kultur gewaschen und
fixiert, um danach die eingebaute Aktivitätsmenge bestimmen
zu können. Serum nichtbestrahlter Tiere diente jeweils als
Kontrolle. Gemessen wurde die bestrahlungsinduzierte Depression des Vorläufereinbaus pro Einheit Kulturzellen. Die
gemessene Depression hatte ihren maximalen Effekt immer etwa
4 Stunden nach Bestrahlung.

Wie die Abb. 13 angibt, zeigte sich auch hier der Effekt bei
kleinen Dosen sehr deutlich. Diese Untersuchungen beweisen
die Existenz eines humoralen Faktors im Serum, der die
Einbaurate des DNA-Vorläufers in die Kulturzelle hemmt. Da
bei den sehr kleinen Dosen von wenigen rad im bestrahlten
Organismus Zelltod sehr unwahrscheinlich ist, ergibt sich
die Frage nach der Herkunft des humoralen Faktors. Hier sind
weitere interessante, auch für die Grundlagenforschung
wichtige Fragen zu bearbeiten. Nichtsdestoweniger ergibt
sich, daß mit Hilfe dieser relativ einfachen radioaktiven
Markierungsmethoden, sei es Analyse der Knochenmarkzellen
oder die des humoralen Faktors im Blutserum, vor allem für
den sehr kleinen Dosisbereich eine biologische Dosimetrie
möglich sein kann.

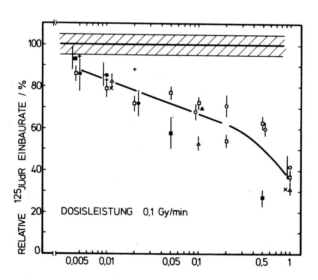

Abb.13: Dosiseffektkurve für die in vitro Einbaurate
von 125-IUdR von Mäusefibroblasten nach Zugabe von
Seren, die vier Stunden nach Ganzkörperbestrahlung
der Spendertiere gewonnen wurden.

Zusammenfassung

Von den Möglichkeiten der biologischen Dosimetrie bietet
sich ohne Zweifel gegenwärtig die Technik der Messung der
Chromosomenaberrationen der peripheren Lymphozyten als
brauchbar und nützlich an. Sie ist allerdings relativ aufwendig, technisch kompliziert und zeitraubend. Sie ist demnach an entsprechend eingerichtete Laboratorien gebunden,
die über standardisierte Methoden verfügen. Das Ausmaß der
Chromosomenaberrationen im peripheren Lymphozytenpool kann
vor allem auch bei relativ niedrigen Dosen bis zu etwa 20 rad
zur Beurteilung der Wahrscheinlichkeit von Spätschäden herangezogen werden.

Die zahlreichen Versuche, biochemische Indikatoren für die
Höhe einer absorbierten Strahlendosis heranzuziehen, haben
sich bisher nicht zu einer brauchbaren standardisierten,
biologischen Dosimetrie entwickeln lassen.

Die morphologischen Veränderungen, vor allem der Zellen des
peripheren Blutes wie auch des Knochenmarks sind ein relativ
sicheres Indiz für einen Strahleninsult. Die Schwierigkeit
liegt in der quantitativen Erfassung dieser Veränderungen,
sodaß bisher eine nützliche, biologische Dosimetrie mit
diesen Kriterien nicht aufgebaut werden konnte.

Neben der Beurteilung peripherer Lymphozyten und Leukozyten
erscheinen drei neuere Ansätze potentiell brauchbar und
vielleicht präziser. 1) Die Analyse bis zu 19 klinisch-
chemischer Parameter des Blutserums ergibt eine grobe Abschätzung der Wahrscheinlichkeit mit hohem prognostischem
Wert eines letalen Ausgangs nach Bestrahlung. 2) Durch die
Beobachtung der Zahl der peripheren Retikulozyten, wobei der
maximale Effekt einige Tage nach dem Strahlenunfall auftritt,
erscheint ein relativ unkompliziertes und nicht an spezielle
Laboratorien gebundenes Verfahren möglich, das auch wenig
zeitraubend ist. - 3) Die Einbaurate von markiertem Jod-
desoxyuridin in Knochenmarkzellen bestrahlter Individuen
bzw. die Analyse des Jod-desoxyuridineinbaus in Kulturzellen, deren Medium Serum von bestrahlten Individuen enthält,
verspricht vor allem für den sehr kleinen Dosisbereich eine
nützliche Entwicklung und wirft zudem wesentliche Fragen der
aktuellen Grundlagenforschung interzellulärer Signalsubstan-
zen auf.

Literatur

1. Moorhead, P.S.: Comments on the human leukocyte culture.
   in: Human Radiation Cytogenetics. Hrsg.: Evans, H.J.,
   Court-Brown, W.M., McLean, A.S.; North Holland Publishing
   Co. Amsterdam, 1-5 (1967)

2. Bauchinger, M.: Strahleninduzierte Chromosomenaberrationen.
   in: Handbuch der Medizinischen Radiologie, Strahlenbiologie. Hrsg.: Hug, O., Zuppinger, A.; Springer Verlag
   Berlin-Heidelberg-New York, 3, 127-170 (1972)

3. Schmid, E., Bauchinger, M.: Über das zeitliche Verhalten strahleninduzierter Chromosomenaberrationen beim Menschen. Mutat.Res. 8, 599-611 (1969)

4. Evans, H.J., Court-Brown, W.M., McLean, A.S. (Hrsg.): Human Radiation Cytogenetics; North Holland Publishing Co. Amsterdam, 1967

5. Evans, H.J.: Actions of radiations on human chromosomes. Phys.Med.Biol. 17, 1-13 (1972)

6. Evans, H.J.: Repair and recovery from chromosome damage induced by fractionated x-ray exposures. in: Radiation Research. Hrsg. Silini, G.; North Holland Publishing Co. Amsterdam, 482-501 (1967)

7. Evans, H.J.: Dose-response relations from in vitro studies. in: Human Radiation Cytogenetics. Hrsg.: Evans, H.J., Court-Brown, W.M., McLean, A.S.; North Holland Publishing Co. Amsterdam, 20-36 (1967)

8. Shaw, M.W., Chen, T.R.: The application of banding techniques to tumor chromosomes. in: Chromosomes and Cancer. Hrsg.: German, J.; John Wiley & Sons, New York, London, Sydney, Toronto, 135-150 (1974)

9. Bender, M.A., Brewen, J.G.: Persistent chromosome aberrations irradiated human subjects. II. Three and one half year investigation. Radiat.Res. 18, 389-396 (1963)

10. Buckton, K.E., Langlands, A.O., Smith, P.G., McLelland, J. Chromosome aberrations following partial- and whole body X-irradiation in man. Dose response relationship. in: Huma Radiation Cytogenetics. Hrsg.: Evans, H.J., Court-Brown, W.M., McLean, A.S.; North Holland Publishing Co., Amsterdam, 122-135 (1967)

11. Ehling, U.H.: Die Gefährdung der menschlichen Erbanlagen im technischen Zeitalter. Fort.Geb.Röntg.Strahl. 24, 166-171 (1976)

12. Silberstein, E.B., Chen, I-Wen, Saenger, E.L., Kereiakes, J.G.: Cytologic-biochemical radiation dosimeters in man. in: Biochemical Indicators of Radiation Injury in Man, IAEA Wien, 277-284 (1971)

14. Wagner, M., Sedlmeier, H., Metzger, E., Wustrow, Th., Messerschmidt, O.: Untersuchungen zur Toxizität und Strahlenschutzeffekt der chemischen Strahlenschutz- substanz WR 2721 bei Beagle-Hunden. II: Strahlenschutz- effekt des WR 2721. Strahlentherapie, im Druck 1980

15. Messerschmidt, O., Metzger, E., Sedlmeier, H., Wagner, M., Wustrow, Th.: Wirkung von neu entwickelten Strahlen- schutzsubstanzen. Abschlußbericht an das Bundesamt für Wehrtechnik und Beschaffung, 1979

16. Altman, K.J., Gerber, G.B., Okada, S.(Hrsg.): Radiation Biochemistry. Academic Press, New York-London, 1970

17. Gerber, G.B., Gerber, G., Kurohara, S., Altman, K.J., Hempelmann, L.H.: Urinary excretion of several metabolites in persons accidentally exposed to ionizing radiation. Radiat. Res. 15, 314-318 (1961)

18. Fliedner, T.M., Andrews, G.A., Cronkite, E.P., Bond, V.P.: Early and late cytologic effects of whole body irradiation on human marrow. Blood 23, 471-487 (1964)

19. Knowlton, N.P.jr., Hempelmann, L.H., Hoffman, J.G.: The effect of X-rays on the mitotic activity of the adrenal gland, jejunun, lymph node and epidermis of the mouse. J. Cellular Comp. Physiol., 33, 73-91 (1949)

20. Nothdurft, W., Fliedner, T.M.: Studies on CFU-C concentration in the blood of dogs and their response to low dose whole body x-irradiation. Exp.Hemat. 5, Suppl. 2, 31 (1977)

21. Messerschmidt, O., Chaudhuri, J.P.: Untersuchungen zur Verbesserung des Strahlenschadenfrüherkennungsgerätes. Abschlußbericht an das Bundesamt für Wehrtechnik und Beschaffung, 1979

22. Zamboglou, N., Porschen, W., Mühlensiepen, H., Booz, J., Feinendegen, L.E.: Low dose effect of ionizing radiation on incorporation of iododeoxyuridine into bone marrow cells. Int.J.Radiat.Biol., in print 1980

23. Feinendegen, L.E. et al., unveröffentlichte Daten

Zur Urinausscheidung von Aminosäuren während der Strahlenbehandlung

(Ein Beitrag zum Thema "Biologische Indikatoren zur Erkennung einer Strahlenexposition")

H.-A.Ladner *

Untersuchungen der vergangenen 25 Jahre (2,5,7,9,10,12) haben gezeigt, daß durch Ganzkörperbestrahlung der Stoffwechsel von Aminosäuren und von anderen Metaboliten aus dem Eiweißstoffwechsel bei Mensch und Tier erheblich verändert werden kann.

Nach Reaktorunfällen traten deutliche Änderungen der Urinkonzentrationen von mehreren Aminosäuren auf, meist als Konzentrationsanstieg zu unterschiedlichen Zeitpunkten nach der Strahlenexposition (5,7).

Im Blutplasma kam es dagegen nach Ganzkörperbestrahlung häufig zu einem Konzentrationsabfall einiger Aminosäuren; so konnte z.B. bei Hunden ein Absinken der Aminosäuren Leucin, Cystin und Methionin nachgewiesen werden (2,5). Meist handelt es sich hierbei jedoch um Untersuchungen, bei denen nur wenige Aminosäuren oder 1-2 Metabolite gleichzeitig bestimmt werden konnten.

Darüber hinaus fanden sich spezifische strahleninduzierte Störungen im Tryptophanstoffwechsel, die daher sowohl bei Maus und Ratte als auch beim Menschen (5,7,9,10,12) besonders intensiv untersucht wurden.

An dieser Stelle darf jedoch der Hinweis nicht fehlen, daß derartige Stoffwechseluntersuchungen in erster Linie mit dem primären Interesse erfolgten, welche indirekten biochemischen Folgezustände mit diesen Stoffwechseländerungen, z.B. im Tryptophanstoffwechsel, einhergehen. Auf diese Weise konnten Vitamin-B-Mangelzustände, meist als Vitamin B_1-, B_2- und B_6-Mangel (8) nachgewiesen werden, an denen u.a. die Wirkform des Vitamins B_6, das Pyridoxal-5-phosphat, beteiligt ist. Es interessierten vor allem pathophysiologischen Zusammenhänge; erst sekundär erhob sich dann die Frage, ob und wie diese biochemischen Änderungen zum Strahlenachweis einzusetzen sind.

In diesem Zusammenhang möchte ich 3 Resultate besonders herausstellen, die zwar für den Tryptophanstoffwechsel eingehend untersucht wurden, die jedoch auch für das Verhalten anderer Aminosäuren nach Strahlenexposition zutreffen:

1.) Ausscheidungsänderungen von Aminosäuren und anderer Metabolite des Eiweißstoffwechsels traten auch nach Ganzkörperdosen von 0,5 Gy und weniger auf (6,7,10).

* Herrn Prof.Dr.L.Diethelm, Mainz, zum 70.Geburtstag.

2.) Protrahiert eingestrahlte Ganzkörperdosen lösten derartige Stoffwechseländerungen, z.B. von Tryptophan-
metaboliten, über einen Zeitraum von einigen Wochen
und Monaten aus. Bei Ratten stiegen die Ausscheidungs-
werte der Xanthurensäure, des Kynurenins und der Anthra-
nilsäure an, wenn sie täglich mit o,o5 Gy über einen
Zeitraum von 90 Tagen ganzkörperbestrahlt werden (7).

3.) Auch Teilkörperbestrahlungen, wie sie in der Strahlentherapie üblich sind, lösen gleichartige Stoffwechsel-
effekte aus, gleichgültig ob sie im Extremitäten-,
Kopf-, Hals- oder Abdominalbereich erfolgen (5,7).

Damit stellt sich erneut die Frage, ob und inwieweit sich
diese –auch unter Hochvolttherapie – biochemisch nachweisbaren Stoffwechseländerungen als Indikatoren für eine
Strahlenexposition einsetzen lassen. Diese Frage mußte
bisher skeptisch beantwortet werden (siehe Zusammenstellung: 12), zumal fast alle untersuchten Aminosäuren und
andere Eiweißstoffwechselmetabolite einen Anstieg ihrer
Urinkonzentrationen – häufig zu unterschiedlichen Zeitpunkten nach der Strahlenwirkung – aufwiesen. Dazu kam,
daß es erst in den letzten Jahren gelang, die Fremdein-
flüsse, z.B. durch Alter, Geschlecht, bösartige Tumoren
oder Begleiterkrankungen, exakter in diesem Stoffwechsel-
bereich zu erfassen.

In der Zwischenzeit ergaben gleichzeitig laufende Analysen
mehrerer Aminosäuren, daß z.B. die Urinkonzentrationen
von Hydroxyprolin (HP) deutlich absinken. Zusammen mit
KULLICK (4), DIETHELM (6), BISCHOFBERGER (1) fanden wir,
daß Strahlendosen von 1 Gy und weniger einen Abfall der
HP-Urinkonzentrationen bei der Ratte auslösen. Ähnliche
Beobachtungen machten wir auch nach Teilkörperbestrahlungen
während der Strahlenbehandlung von Tumorpatientinnen mittels Radium oder Telekobalt: stets sanken die HP-Konzen-
trationen im Urin 24 bis 36 Stunden nach der Strahlenexpositionen ab. (Abb. 1, siehe nächste Seite oben).

Wärend der HP-Bestimmungszeiten dürfen allerdings keine
Gelatine, kein Pudding und keine großen Fleischmahlzeiten
verzehrt werden, da dadurch die HP-Ausscheidungswerte beeinflußt werden. Begleiterkrankungen, wie Morbus Paget,
Osteogenesis imperfecta, Hyperthyreose, Akromegalie oder
rheumatisches Fieber können ebenfalls zu Erhöhungen der
HP-Ausscheidungen führen. Auch Knochenmetastasen gehen
mit Erhöhungen der HP-Urinkonzentrationen einher, die jedoch durch Hochvoltbestrahlungen normalisiert werden (1).
Bisher gelang es uns, nach einer Entzündungsbestrahlung
bei einer Arthrose-Patientin mit 0,15 Gy (Knie) einen
deutlichen HP-Abfall im 24-Stunden-Urin nachzuweisen.

Zwischenzeitlich haben KLUTHE, WANNENMACHER u.Mitarb. (3)
bei Hodgkin-Patienten und KLUTHE, KRIEGER u. LADNER bei
gynäkologischen Tumorpatientinnen die Einflüsse verschie-

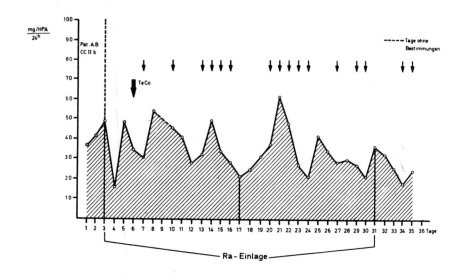

Abb.1   Hydroxyprolin-Urinausscheidung (24-Std.-Urin)
        nach Radiumeinlage und Telekobaltbestrahlungen
        bei einer Patientin mit Cervix-uteri-Karzinom.

dener Tumorformen und Bestrahlungsarten auf die Plasma-
und Urinkonzentrationen von Aminosäuren untersucht, so
daß heute exakter als vor 15 Jahren (2,3,5) diejenigen
Störfaktoren bekannt sind, die die Urinausscheidungs-
werte von Aminosäuren beeinflussen.

Aus einer größeren Untersuchungsreihe meines Arbeitskreises möchte ich hier nur ein Beispiel zeigen, wie die
gleichzeitige Bestimmung von Ausscheidungswerten für HP
und für einige Tryptophan-Metabolite eine Strahlenexposition nachweisen kann. Die Abbildung 2 zeigt die Effekte
der Abschnittsbestrahlung eines Hodgkin-Patienten, bei
dem an den ersten Bestrahlungstagen die Tryptophanmetabo-
lit-Konzentrationen ansteigen und gleichzeitig die HP-
Konzentrationen im 24-Std.-Urin abfallen.
(Abb. 2, siehe nächste Seite oben).

Nach meiner Ansicht wird damit die Möglichkeit geboten,
mit dem Anstieg bestimmter Metabolite im 24-Std.-Urin und
mit dem gleichzeitigen Abfall von HP Indikatoren einzusetzen, die in ihren Konzentrationen relativ einfach ermittelt werden können und die damit auch auf eine Strahlenexposition mit kleinen Dosen hinweisen. So kann man z.B.
aus einer Erhöhung der Taurin-Urinkonzentration und aus
einer gleichzeitigen HP-Erniedrigung 24 bis 36 Stunden
später sicher auf eine erfolgte Strahlenexposition schlies-
sen. Andere Aminosäuren oder Eiweißstoffwechsel-Metabolite

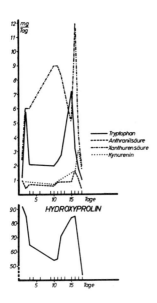

Abb. 2
Urinkonzentrationen
während der Hochvolttherapie
eines Hodgkin-Patienten.

haben ihren Ausscheidungsgipfel später.

Relativ einfach kann auf diese Weise, z.B. über einen
Schnelltest eine Indikatorkombination eingesetzt werden,
die relativ rasch eine Strahlenexposition nachweist. Falls
dies erwünscht ist, können bei Vorliegen dieser und ähnlicher Befunde Fragen der Dosisabhängigkeit und Praktikabilität derartiger biochemischer Indikatorkombinationen
rasch erarbeitet werden. Bei Kenntnis der Begleiterkrankungen oder anderer Störfaktoren ist es möglich geworden,
24 bis 36 Stunden später mit einer Indikatorkombination
aus dem Stoffwechsel der Aminosäuren oder ähnlicher Metabolite eine Strahlenexposition nachzuweisen. Darüber hinaus können Verlaufskurven auf diesem Sektor auch zu Fragen
der Prognose Stellung nehmen, wie es TAMULEVICIUS u.(11)
STREFFER bei Leukämie-Ganzkörperbestrahlungen für N-Methylnikotinamid gezeigt haben. Im weiteren Verlauf der akuten
oder subakuten Strahlenkrankheit erfolgt dann mittels Blutbild, Chromosomenveränderungen oder anderer Strahlennach-
weismethoden eine weitere diagnostische Abklärung.

Es sollte m.E. nur klargestellt werden, welche Erwartungen
an derartige biochemische Indikatoren von Seiten der Strah-
lenmedizin gestellt werden. Die Fortschritte auf dem
methodischen Sektor und die Erweiterung unserer Kenntnisse
über strahlenbedingte Einflüsse dieses Stoffwechselberei-
ches machen es sicher möglich, die Strahlenhämatologie
effektiv zu ergänzen.

Zusammenfassung

Nachdem durch Verlaufbeobachtungen ermittelt wurde, ob
und inwieweit sich nach Ganz- und Teilkörperbestrahlungen
die Plasma- und Urinkonzentrationen der Aminosäuren und
bestimmter anderer Metabolite aus dem Eiweißstoffwechsel
verändern, kann erwogen werden, mittels bestimmter Kombina-
tionen (z.B. Taurinanstieg, gleichzeitiger Hydroxyprolin-
Abfall) diese Auscheidungsänderungen im Urin, auch in
Kombination mit Blutplasma-Bestimmungen, als Indikatoren
einer Strahlenexposition einzusetzen. Bei inzwischen ver-
besserter Kenntnis der Fremd- und Störeinflüsse durch
Tumor- und Begleiterkrankungen stellt die Lokalbestrahlung
(Strahlentherapie) ein geeignetes Testmodell zur Erarbeitung derartiger Indikator-Kombinationen dar, die bereits
24 bis 36 Stunden später eine Erkennung und Abschätzung
der Strahlenexposition - auch im Falle eines Unfalls -
mit relativ einfachen Bestimmungsmethoden ermöglichen.

Literatur

1. BISCHOFBERGER,D.: Zur Hydroxyprolinausscheidung im
   24-Stunden-Urin lokalbestrahlter Patientinnen mit gynäkologischen Malignomen. Inaug.Dissert.Mediz.Fakultät
   Freiburg i.Br. 1979.

2. HAHN,K., H.-A.LADNER, H.-J.JESDINSKY: Konzentrationsänderungen freier Aminosäuren im Blutplasma von Strah-
   lentherapie-Patienten. Strahlentherapie 143 (1972)
   386-395.

3. KLUTHE,R., G.ADAM, U.BILLMANN, N.KATZ, R.LEINS, M.
   WANNENMACHER: Amino acid and protein metabolism in
   Hodgkin disease. In: KLUTHE,R., G.W.LÖHR (ed.) Nutrition
   and metabolism in cancer. G.Thieme, Stuttgart 1980,
   in press.

4. KULLICK,R.: Zur Hydroxyprolinausscheidung im Urin bei
   Mensch und Ratte nach Einwirkung ionisierender Strah-
   lung und nach Verabreichung chemischer Substanzen.
   Inaug.Dissert.Mediz.Fakultät Mainz 1971.

5. LADNER,H.-A.: Aminosäuren und ihre Metabolite in der
   radiologischen Klinik. In: Biochemisch nachweisbare
   Strahlenwirkungen und deren Beziehung zur Strahlentherapie. G.B.GERBER, H.-A.LADNER, L.RAUSCH, C.STREFFER
   (ed.). Thieme, Stuttgart 1970, 64-78.

6. LADNER,H.-A., L.DIETHELM : Beeinflussung der Hydroxyprolinausscheidung im Rattenurin durch fraktionierte
   Teil- und Ganzkörperbestrahlung. In: siehe 5, 83-87.

7. LADNER,H.-A., L.DIETHELM: Der Stoffwechsel von Aminosäuren, insbesondere von Tryptophan, während der Strahlentherapie. Radiologe 12 (1972) 228-234.

8. LADNER,H.-A., F.HOLTZ: Zum Verhalten einiger B-Vitamine nach Strahlen- und/oder Zytostatikabehandlung gynäkologischer Karzinome. In: M.WANNENMACHER (ed.). Kombinierte Strahlen- und Chemotherapie. Urban u. Schwarzenberg München-Wien-Baltimore 1979, 191-195.

9. MELCHING,H.-J.: Zur Frage einer Beeinflussung der Strahlenempfindlichkeit beim Säugetier. Strahlentherapie 120 (1963) 34-73.

10. STREFFER,C.: Zum Stoffwechsel der Aminosäuren und Proteine nach Bestrahlung von Säugetieren. In: s. 5, 51-64.

11. TAMULEVICIUS,P., C.STREFFER: Die Ausscheidung von N-Methylnikotinamid im Urin von Patienten mit akuter Leukämie nach Ganzkörperbestrahlung. Vortrag 210 Deutscher Röntgenkongress Köln 1980.

12. THEFELD,W., H.HOFFMEISTER: Spezielle laborchemische Untersuchungsmethoden. In: Strahlenschutz in Forsch. u.Praxis 15 (1976) 36-48.

Anschrift des Verfassers

Prof.Dr.Hans-Adolf Ladner, Strahlenabteilung der Universitäts-Frauenklinik, Hugstetter Str. 55, 7800 Freiburg im Breisgau

Behandlung des Strahlensyndroms

F.Wendt

Abteilung Hämatologie-Onkologie, Fachbereich Innere Medizin, Evangelisches Krankenhaus Essen-Werden, 4300 Essen-16 (Werden)

Dieses Referat aus klinischer Sicht stellt die Strategie ärztlicher Strahlenschutzhilfe im Falle eines Strahlenunfalls dar. Dabei wird auf dieärztlichen Maßnahmen sowohl bei der Exposition einzelner oder weniger Personen als auch bei größeren Personengruppen einzugehen sein. - In Abhängigkeit von der absorbierten Strahlendosis, aber auch von der Dosisrate sowie dem Umfang, in dem Anteile des Körpers unterschiedlich oder gleichförmig Strahlenexposition erfahren haben, entwickelt sich im Verlauf von Stunden, Tagen und Wochen ein Krankheitsbild, welches als das akute Strahlensyndrom bezeichnet wird. Nach Eintritt einer Strahlenexposition ergibt sich für den Arzt, in dessen Hände der Exponierte oder die Gruppe von Exponierten kommt, die Frage nach dem Ausmaß des Strahlenschadens. Physikalische Meßwerte liegen zu diesem Zeitpunkt in der Regel nicht vor, so daß der Arzt allein auf seine medizinischen diagnostischen Möglichkeiten angewiesen ist, wenn er in dieser Phase der "Triage" die Prognose bezüglich einer behandlungsdürftigen Situation, damit also nach dem Schweregrad der Strahlenschädigung, erarbeiten will. - Diese "Staging-Prozedur" besteht aus Ermittlung von Vorgeschichte, subjektiven Symptomen, körperlicher Untersuchung und Laboratoriumsdiagnostik.

Der Verlauf der subjektiven und objektiven Symptomatik innerhalb der ersten 24 bis 48 Stunden ist überwachungsbedürftig. Insbesondere ist die Veränderung der Blutlymphozytenzahl zu ermitteln auch bei jenen Personen, die initial keine oder nur flüchtige subjektive Symptome haben. Das Erkennen der Zugehörigkeit zur Gruppe II (Abbildung 1), wo Behandlungsbedürftigkeit zu erwarten ist, und die Abgrenzung dieser Fälle von Gruppe I, die keine Therapie brauchen wird ist auf diese Weise zu erarbeiten. Gruppe III ist unmittelbar intensiver Therapie zuzuführen. - Der Verlauf der Blutlymphozytenzahl (Abbildung 2) ist beim reinen Strahlensyndrom ein zuverlässiger Parameter; bei Kombinationsschäden aber auch bei Vorliegen anderer Krankheiten und bei intensivem psychischen Streß kann der Verlauf der Blutlymphozytenzahl erheblich von dem aufgezeigten Modus abweichen, so daß eine spezifische diagnostische Konzeption für jeden einzelnen Exponierten ärztlicherseits zu entwickeln ist.

Die klinischen und hämatologischen Kriterien bestimmen nicht nur die diagnostische Beurteilung sondern auch die Anpassung an die jeweiligen Erfordernisse des Behandlungskonzepts. Das Behandlungskonzept entspricht einem Stufenplan der Entscheidungsbildung, in Abhängigkeit von den Ergebnissen der Beobachtungen über die ersten 24 bis 48 Stunden, aus dem dann je nach Zugehörigkeit zu einer der 3 Gruppen die Planung lediglich von Überwachungsmaßnahmen (Gruppe I) die Planung von Überwachung und Therapie mit Berücksichtigung der kritischen Phase in den Wochen 3 bis 5 (Gruppe II) oder die sofortige Entscheidung intensiver Behandlungsmaßnahmen (Gruppe III) getroffen werden muß (Abbildung 3).

Die Behandlungskonzeption als Stufenplan sieht also für die Gruppe I

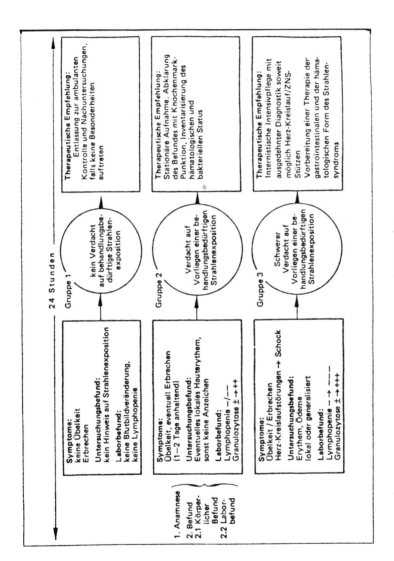

Aus: Fliedner 1979

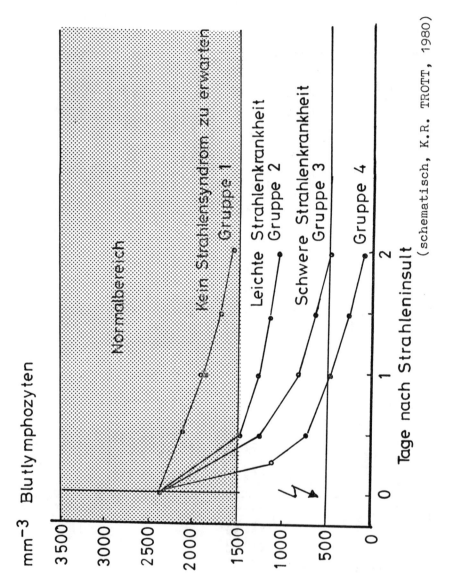

Abbildung 2

lediglich ambulante Überwachung bzw. allgemein-medizinische Betreuung vor, wobei jenseits der 8. Woche nach Exposition keine erhöhte Gefährdung mehr zu befürchten und damit die spezielle Überwachung zu beenden ist. - In der Gruppe II ist die initiale Diagnostik und Überwachung besonders darauf abzustellen, daß zum möglichst frühen Zeitpunkt komplikationsträchtige Situationen, welche die Prognose des Einzelfalls entscheidend beeinträchtigen können, erkannt und der Patient dann entsprechend intensiver Therapie zugeführt werden kann. Es entstehen so im Verlauf der ersten Wochen immer wieder Situationen, in denen die Entscheidung, ob ein solcher Patient ohne bestimmte Therapie lediglich in Beobachtung bleibt oder aber einem speziellen Zentrum zugewiesen werden muß, zu treffen ist. Die diagnostischen Voraussetzungen für die Entscheidungsarbeit an diesen "Entscheidungsweichen" ist ärztlicherseits zu erarbeiten und bedarf nicht unbedingt des laufenden Einsatzes spezieller hämatologischonkologischer Erfahrung. - In Gruppe III sind jene Strahlenunfallopfer einzuordnen, die entweder bereits initial außerordentlich schwer erkrankt sind oder die im Verlauf der folgenden Tage oder Wochen durch zunehmende Symptome oder zunehmende Erniedrigung der zirkulierenden Blutzellen in Gefahr geraten. Sie bedürfen jeweilig umgehend stationärer Versorgung in solchen Behandlungszentren, in denen durch Erfahrung im intensiven Umgang mit hämatologisch-onkologischem Klientel ein Repertoire therapeutischer Methodik und laufender Überwachung verfügbar ist, welches eine Gewähr für eine Überwindung der womöglich mehrwöchigen lebensbedrohlichen Symptomatik ist.

Die Erfahrungen mit der Therapie solcher Zustände, wie sie für das Überwinden lebensbedrohlicher Phasen der Gruppe III erforderlich sind, stammt nicht nur aus den Ergebnissen der etwa 100 Strahlenunfälle, die bisher in der wissenschaftlichen Literatur publiziert sind, sondern in wesentlich größerem Umfang aus dem täglichen Umgang hämatologisch-onkologischer Zentren mit Kranken, die durch eine mehrwöchige Phase kompletter Knochenmarksaplasie im Gefolge intensiver zytostatischer oder strahlentherapeutischer Maßnahmen hindurch gebracht werden müssen und insbesondere auch aus den Erfahrungen mit der klinischen Anwendung der Knochenmarkstransplantation. Im Rahmen der Konditionierung der Empfänger eines Knochenmarkstransplantats wird nicht nur sehr hochdosiert mit Zytostatika gearbeitet sondern zusätzlich eine Ganzkörperbestrahlung in der Größenordnung 1 000 rd angewendet, und diese Strahlendosis wird unter den besonderen klinischen Bedingungen in der Regel und trotz der zusätzlichen Noxen bzw. der schwierigen Grundkrankheit überlebt. Diese Erkenntnisse erlauben es, die Überlebenschance von Strahlenunfällen im Bereich zwischen 500 und ca. 1 500 rd wesentlich günstiger zu beurteilen als früher.

Die eigentlichen Behandlungsmaßnahmen haben als oberstes Ziel die Prävention von Komplikationen. Da es keine Therapie gibt, welche den durch Strahlenexposition hervorgerufenen Schaden an den hämatologischen und Darmepithel-Stammzellen rückgängig oder auch nur abschwächen könnte, ist bei der Behandlungskonzeption davon auszugehen, daß durch geeignete Maßnahmen die Zeit bis zur Wiederherstellung ausreichend funktioneller Verhältnisse im Magen-Darm-Kanal bzw. der Hämopoese überbrückt werden muß. Das Verhindern von Komplikationen während dieser Zeit ist das Behandlungsziel.

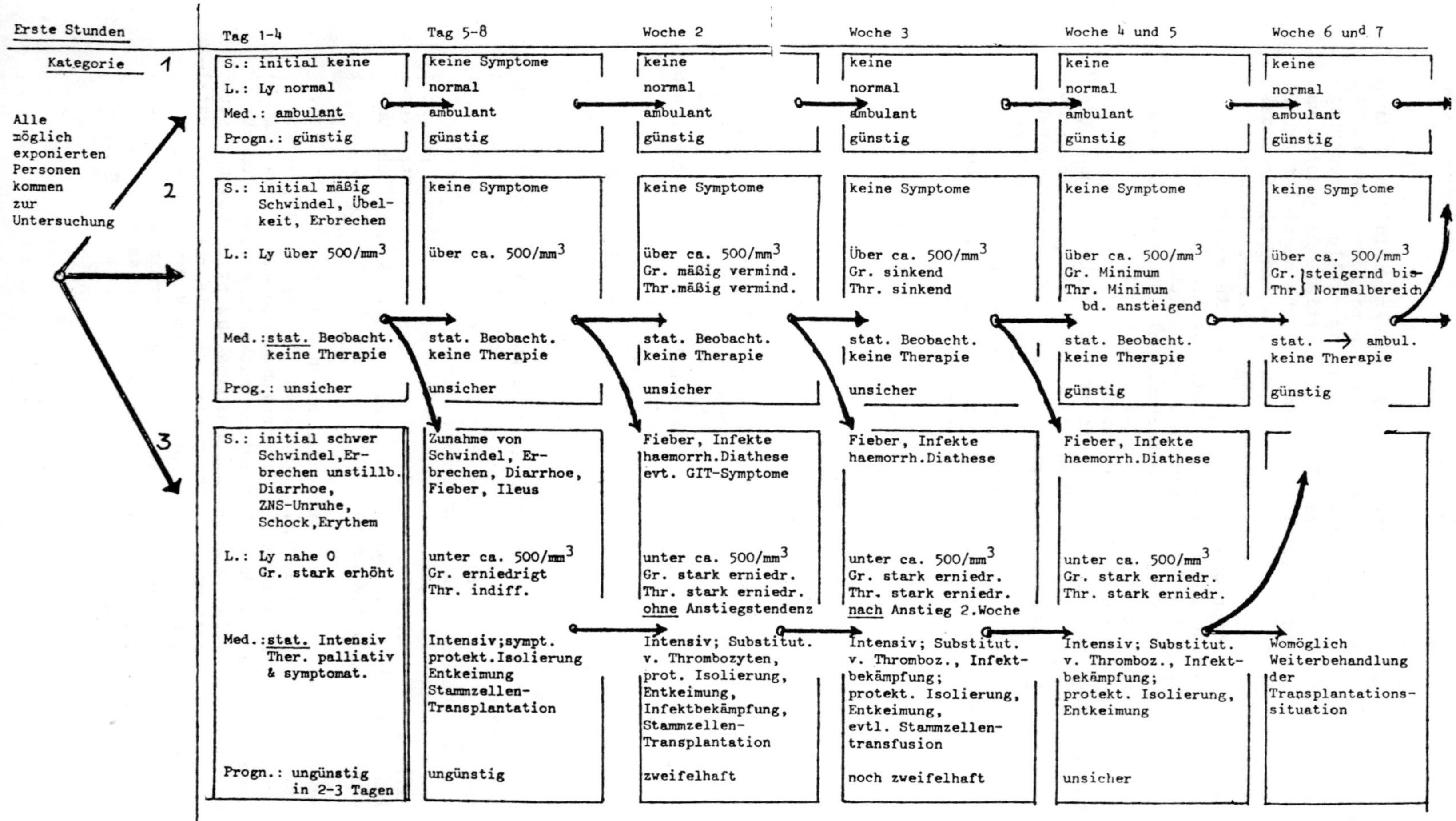

Erste Stunden

Alle möglichen exponierten Personen kommen zur Untersuchung

Kategorie	Tag 1-4	Tag 5-8	Woche 2	Woche 3	Woche 4 und 5	Woche 6 und 7
1	S.: initial keine L.: Ly normal Med.: ambulant Progn.: günstig	keine Symptome normal ambulant günstig	keine normal ambulant günstig	keine normal ambulant günstig	keine normal ambulant günstig	keine normal ambulant günstig
2	S.: initial mäßig Schwindel, Übelkeit, Erbrechen L.: Ly über 500/mm³ Med.: stat. Beobacht. keine Therapie Progn.: unsicher	keine Symptome über ca. 500/mm³ stat. Beobacht. keine Therapie unsicher	keine Symptome über ca. 500/mm³ Gr. mäßig vermind. Thr. mäßig vermind. stat. Beobacht. keine Therapie unsicher	keine Symptome über ca. 500/mm³ Gr. sinkend Thr. sinkend stat. Beobacht. keine Therapie unsicher	keine Symptome über ca. 500/mm³ Gr. Minimum Thr. Minimum bd. ansteigend stat. Beobacht. keine Therapie günstig	keine Symptome über ca. 500/mm³ Gr. steigernd bis Thr. Normalbereich stat. → ambul. keine Therapie günstig
3	S.: initial schwer Schwindel, Erbrechen unstillb. Diarrhoe, ZNS-Unruhe, Schock, Erythem L.: Ly nahe 0 Gr. stark erhöht Med.: stat. Intensiv Ther. palliativ & symptomat. Progn.: ungünstig in 2-3 Tagen	Zunahme von Schwindel, Erbrechen, Diarrhoe, Fieber, Ileus unter ca. 500/mm³ Gr. erniedrigt Thr. indiff. Intensiv; sympt. protekt.Isolierung Entkeimung Stammzellen-Transplantation ungünstig	Fieber, Infekte haemorrh.Diathese evt. GIT-Symptome unter ca. 500/mm³ Gr. stark erniedr. Thr. stark erniedr. ohne Anstiegstendenz Intensiv; Substitut. v. Thrombozyten, prot. Isolierung, Entkeimung, Infektbekämpfung, Stammzellen-Transplantation zweifelhaft	Fieber, Infekte haemorrh.Diathese unter ca. 500/mm³ Gr. stark erniedr. Thr. stark erniedr. nach Anstieg 2.Woche Intensiv; Substitut. v. Thromboz., Infektbekämpfung; protekt. Isolierung, Entkeimung, evtl. Stammzellentransfusion noch zweifelhaft	Fieber, Infekte haemorrh.Diathese unter ca. 500/mm³ Gr. stark erniedr. Thr. stark erniedr. Intensiv; Substitut. v. Thromboz., Infektbekämpfung; protekt. Isolierung, Entkeimung unsicher	Womöglich Weiterbehandlung der Transplantations-situation

Abbildung 3

Die intensivste Gefährdung der Strahlenunfallopfer wird durch die Granulozytopenie hervorgerufen, wobei die Gefährdung vom Ausmaß der Granulozytopenie abhängig ist. Bei Absinken unter 1 000/mm^3 ist sie mäßiggradig, bei Absinken unter 100/mm^3 sehr hoch. Die Gefahr liegt in gehäuftem Auftreten mikrobiell bedingter Komplikationen. Potentielle Pathogene (Abbildung 4) können in dieser Phase verminderter zellulärer Abwehr, verminderter Infektresistenz, von den inneren Körperoberflächen (Oropharynx, Darm, Harnwege) die Grenzflächen lädieren und eine Infektion hervorrufen. Als Erreger kommen dabei sowohl jene potentiellen Pathogene infrage, die physiologischerweise unsere inneren Körperoberflächen bewohnen, als auch solche Keime, die wir insbesondere bei der Ernährung in uns aufnehmen. Sie werden physiologischerweise durch das Phänomen der Kolonisationsresistenz an einem "Angehen" in unserem gastrointestinalen System gehindert, wobei die physiologische Flora des Gastrointestinalsystems eine wesentliche protektive Rolle spielt.

Die Prävention mikrobiell bedingter Komplikationen während der Phase schwerer Granulozytopenie ist für die Überlebenswahrscheinlichkeit eines Strahlenunfallopfers von ausschlaggebender Bedeutung. Der prophylaktische Einsatz von Breitbandantibiotika ist nicht geeignet, regelmäßig zu einem protektiven Effekt für den Patienten zu führen, weil eine Selektion von resistenten Keimen hervorgerufen wird, durch die Beeinträchtigung der physiologischen gastrointestinalen Flora eine Verminderung der Kolonisationsresistenz hervorgerufen wird, und weil opportunistisches Wachstum von potentiell pathogenen Mikroorganismen begünstigt wird. - Protektive Isolierung entweder in Plastikisolatoren oder sogenannten "Laminar-air-flow-rooms" ist hochwirksam, besonders unter gleichzeitiger Entkeimung des Patienten im Sinne einer kompletten antimikrobiellen Dekontamination. Der Einsatz dieser Methodik ist aber an das Vorhandensein und den ständigen aktiven Umgang mit dieser Technik in Krankenhausabteilungen gebunden, und deshalb gehören derartig schwere Verlaufsformen des akuten Strahlensyndroms zur Behandlung in jene hämatologisch-onkologischen Zentren, welche über das notwendige Know-how verfügen. - Als neues Verfahren, welches auch auf breiter Basis und an großen Patientenzahlen anwendbar wäre, bietet sich die Methode der selektiven Dekontamination an. Darunter versteht man den prophylaktischen Einsatz solcher Antibiotika und Chemotherapeutika, welche gezielt potentielle pathogene Mikroorganismen hemmen, aber die Kolonisationsresistenz weitgehend unbeeinflußt und intakt lassen. Nach den bisherigen Untersuchungsergebnissen ist hierzu in erster Linie Cotrimoxazol in einer Dosierung von 2 bis 3 g täglich geeignet, aber wahrscheinlich sind weitere antibakterielle Substanzen bzw. Substanz-Kombinationen ähnlich wirksam. Zusätzlich wird man grundsätzlich eine pilzhemmende Behandlung des gastrointestinalen Systems durch die langfristige Verabfolgung von Amphotericin-B-Suspension, 30 mg/kg Körpergewicht täglich, einsetzen, um opportunistisches Wachstum von Sproßpilzen in Oropharynx, Oesophagus und Darm zu verhindern.

Die Substitutionstherapie zellulärer Elemente des Blutes ist die zweite wichtige Komponente des Behandlungsplans. Nur die Substitution von Thrombozyten ist geeignet, den durch Thrombozytopenie hervorgerufenen Hämostasedefekt mit hämorrhagischer Diathese zu kompensieren. Plättchenreiches Plasma oder Thrombozytenkonzentrate sollten jeweils mehr als 10^{11} Plättchen enthalten, um einen

Potentiell pathogene Mikroorganismen, die häufigste Infektionserreger sind

A. Pseudomonas aeruginosa

B. Enterobacteriaceae (Kauffmann-Schema)
1. Escherichiae
   a. Escherichia coli
   b. Escherichia alcalescens
   c. Escherichia dispar
2. Citrobacter (auch unter dem Namen Escherichia freundii und Ballerup-Bethesda bekannt)
3. Klebsiellae
   a. Klebsiella
   b. Enterobacter
   c. Hafnia
   d. Serratia
4. Proteae
   a. Proteus vulgaris
   b. Proteus mirabilis
   c. Retgerella
   d. Morganella
   e. Providencia

C. Streptococci
1. Streptococcus aureus
2. Streptococcus viridans

D. Staphylococci
1. Staphylococcus aureus
2. Straphylococcus epidermidis

E. Candida species

F. Bacilli
1. Bacillus subtilis
2. Bacillus cereus

G. Bacterioides species

Abbildung 4

Thrombozytenanstieg um durchschnittlich mindestens 10 000 bis
15 000/mm³ bewirken zu können. Die Entwicklung der Zellseparator-
technik sowie der Konservierung von Thrombozytenspenden in der
Gasphase von flüssigem Stickstoff wird in der Zukunft die Verfüg-
barkeit von Thrombozytentransfusionen verbessern helfen. – Thrombozytentransfusionen auf präventiver Basis sind notwendig bei Absinken der Thrombozytenzahl unter 20 000/mm³. – Erythrozytentrans-
fusionen haben ihren gewohnten Platz in der Substitutionstherapie,
sollten aber nur sparsam zum Einsatz gebracht werden. – Granulozytentransfusionen auf präventiver Basis zur Substitutionstherapie sind
kaum verfügbar und in ihrer Beurteilung noch experimentell. Sie
sind jedoch ein wertvolles Adjuvans bei der Überwindung von Infektionen bei schwerer Granulozytopenie, wenn die Antibiotikatherapie
allein nicht wirksam wird.

Bei der Therapie der Komplikationen steht die Bekämpfung eingetre-
tener Infektion an erster Stelle. Zunächst ist hier bei Auftreten
von plötzlichem Fieber bei einem solchen Patienten eine intensive
mikrobiologische Diagnostik (Blutkulturen auf Flüssignährböden,
Kulturen aus Oropharynx, Urin und Stuhl) erforderlich, unmittelbar
gefolgt vom Einsatz maximal dosierter Antibiotika. In dieser empirischen Phase der antimikrobiellen Therapie ist nur der Einsatz
maximal dosierter Antibiotika in einer Kombination von Betalactam-
Antibiotika und Aminoglykosid-Antibiotika wirksam. Als Betalactam-
Antibiotika kommen infrage: Ticarcillin, Azlocillin oder Cefotaxim;
als Aminoglykosid-Antibiotikum steht Amikacin an erster Stelle. –
Ist nach wenigen Tagen der Erreger einer Infektion identifiziert,
so wird man nach der empirischen Therapiephase in eine gezielte
Therapiephase mit Antibiotika übergehen können. Wesentlich ist, daß
während dieser Phase der Antibiotika-Therapie die obengenannte prä-
ventive Anwendung von pilzhemmenden und selektiv-bakterienhemmenden
Substanzen konsequent fortgesetzt wird.

Während der gastrointestinalen Phase des Strahlensyndroms, die mit
einem Ruhr-ähnlichen Krankheitsbild einhergeht, ist die bilanzierte
Zufuhr von Wasser und Elektrolyten sowie von Plasmaproteinen erforderlich. Wahrscheinlich ist in dieser Phase eine komplette anti-
mikrobielle Dekontamination des Gastrointestinaltrakts therapeutisch wirksam, erfordert aber protektive Isolierung einschließlich
keimfreier Ernährung.

Palliative Maßnahmen sind insbesondere bei den schwersten Verlaufsformen des Strahlensyndroms innerhalb der ersten Tage nach dem Strahleninsult erforderlich und richten sich nach der Symptomatik.

Das Monitoring eines Patienten in der therapeutischen Phase hat zum
Ziel, komplikationsträchtige Situationen zu diagnostizieren, die
zu erwartenden Komplikationen bereits vorab als Ziel geeigneter
präventiver Maßnahmen ins Auge zu fassen und damit Schaden vom Patienten abzuhalten. Insbesondere die mikrobiologische Überwachung
der Flora des Oropharynx, des Harnwegsystems und des Stuhls bezüglich des Vorkommens potentieller pathogener Mikroorganismen und
Pilze sind wesentliche Bestandteile der überwachenden Diagnostik.
Die klinische Überwachung mit Inspektion des Oropharynx und Überwachung der oberen Luftwege sowie Überwachung wegen anderer Formen
von Komplikationen und die angemessene Dokumentation der erhobenen

Befunde sind erforderlich.

Die Knochenmarkstransplantation bzw. die Transplantation von angereicherten hämopoetischen Stammzellen aus zirkulierendem Blut sind abhängig von immunologischer Kompatibilität zwischen Stammzellenspender und Stammzellenempfänger. Bei der Kompliziertheit dieses Systems kommen in erster Linie kompatible Geschwister eines Strahlenunfallopfers als Spender infrage. Der mit Knochenmarkstransplantation verbundene Aufwand an Betreuungsmaßnahmen ist außergewöhnlich umfangreich und nur an jenen Zentren funktionell, die eine längere Erfahrung in der Knochenmarkstransplantation als Therapie des aplastischen Knochenmarkssyndrom oder der akuten Leukämie des Erwachsenenalters haben. Die Zahl der Zentren in der Bundesrepublik Deutschland ist begrenzt, und auch im benachbarten Ausland arbeiten nur wenige Zentren. Die zunehmende Erfahrung und Entwicklung auf diesem Gebiet gerade bei dem Indikationsgebiet akuter Leukämie des Erwachsenenalters ist aber ermutigend, und es wird wahrscheinlich zu einem intensiveren Einsatz dieser Behandlungsmethode in naher Zukunft kommen.

In der Organisation, die bei einem großen Strahlenunfall in einer kerntechnischen Anlage einsetzen wird, spielt die Katastrophenschutzleitung als kommunale Behörde mit ihrem Beraterstab für die Entwicklung auch der ärztlichen Versorgung in einem solchen Falle eine führende und entscheidende Rolle. Sie stützt sich dabei einerseits auf die im Rahmen der kerntechnischen Anlage eingesetzten ermächtigten Ärzte, andererseits auf die 6 regionalen Strahlenschutzzentren in Hamburg, Hannover, Homburg/Saar, Jülich, Karlsruhe und Neuherberg. Darüberhinaus verfügen alle Länder über weitere klinische Einrichtungen für strahlenschutzmedizinische Hilfe, in denen diagnostische und therapeutische Betreuung von Strahlenunfallopfern möglich ist. Über diesen engen Kreis hinaus haben sich etwa 40 Krankenhäuser in der Bundesrepublik Deutschland und West-Berlin mit einem Bettenpotential von bis zu 180 Betten innerhalb von 6 Stunden nach Anforderung des Bedarfs für die Übernahme von Strahlenunfallpatienten, die spezialistischer stationärer Behandlung bedürftig sind, bereit erklärt in Kenntnis der speziellen Bedürfnisse, die für die Behandlung solcher Patienten erforderlich sind (Abbildung 5).

Das zunehmende Bewußtsein des Risikos hat in den letzten Monaten zu Initiativen geführt, die zu der Erwartung berechtigen, daß Unfälle in kerntechnischen Anlagen in Bezug auf die medizinische Versorgung zu bewältigen sind, und daß sich Entwicklungen erkennen lassen, daß auch im Falle von größeren Anzahlen von Strahlenunfallopfern Wege für eine adäquate medizinische Versorgung aufzeigbar werden, wenn die im Strahlenschutz ausgebildeten Ärzte und die Ärzteschaft insgesamt diese Risikosituation als eine legitime Aufgabenstellung annehmen.

Zusammenfassung:
Das Strahlensyndrom entwickelt sich in Abhängigkeit vom Ausmaß der Strahlenexposition in unterschiedlichen Schweregraden. Es lassen sich 4 Kategorien bilden:

I Personen, bei denen sich keine oder nur geringfügige Initial-

Reg. Strahlenschutz-
zentrum

Klinik mit strahlen-
medizinischer Hilfe

Abbildung 5

symptome und keine oder nur geringfügige Lymphopenie innerhalb der ersten 24 bis 48 Stunden entwickeln, sind nicht lebensgefährlich betroffen, werden sich mit Sicherheit erholen und bedürfen ambulanter Überwachung.

II Personen, die innerhalb der ersten 24 bis 48 Stunden stärkere subjektive Symptome (Übelkeit und Erbrechen) und eine mäßiggradige Lymphopenie (um 1 000/mm^3) im Blutbild aufweisen, werden eine gefährlichere Form des Strahlensyndroms jenseits der 2. Woche entwickeln und haben unter Einsatz konventioneller Substitutions- und evtl. hämatologischer Intensivtherapie eine gesicherte Chance.

III Personen, die in den ersten 24 bis 48 Stunden starke subjektive Symptome und eine starke Lymphopenie (um 500/mm^3) im Blutbild aufweisen, werden frühzeitiger, stärker und länger durch hämopoetische Insuffizienz lebensgefährlich bedroht sein und bedürfen sofortiger hämatologischer Intensivbetreuung und Intensivtherapie. Womöglich ist frühzeitige Knochenmarkstransplantation erforderlich. Der Dosisbereich dieser früher als verloren eingestuften Kategorie liegt bei etwa 400 bis 500 rd als untere, 1 000 bis 1 500 rd als obere Grenze. - Magen-Darm-Symptomatik ist in den ersten Tagen dominant und behandlungsbedürftig.

IV Personen, die in den ersten Stunden schwere subjektive Symptomatik bis zum Schock, initiale Hautveränderungen und innerhalb der ersten 24 bis 48 Stunden eine Lymphopenie nahe 0 entwickeln, gelten auch heute noch als wahrscheinlich chancenlos und bedürfen umso intensiverer palliativer medizinischer Maßnahmen.

Die Prävention von Verlaufskomplikationen durch geeignete ärztliche Maßnahmen und die Therapie solcher Komplikationen, wie sie in hämatologisch-onkologisch arbeitenden Einrichtungen für Patienten mit schwerer hämopoetischer Insuffizienz aus Krankheitsgründen praktiziert werden, sind zur Behandlung von Personen mit schweren Formen des Strahlensyndroms als lebensrettende medizinische Maßnahme wirksam.

Literaturverzeichnis

1. AISNER, J.:
   Platelet Transfusion Therapy
   Med. Clinics North Am. 61 (1977), 1133-1145

2. BODEY, G.P., M. VALDEVIESO; B.S. YAP:
   The role of schedule in antibiotic Therapy of the neutropenic patient.
   Infection 8 (1980) Suppl. 1 75-81

3. EORTC-International Antimicrobial Therapy Project Group:
   Three antibiotic regimes in the treatment of infection in febrile granulocytopenic patients with cancer.
   J. Infect.Dis. 137 (1978) 14-29

4. EZDINLI, E.Z., D.D. O'SULLIVAN, L.P.WASSER, U. KIM, L.STUTZMAN:
   Oral amphotericin for Candidiasis in patients with hematologic neoplasms.
   J. Am.Med.Ass.242 (1979) 258-260

5. FLIEDNER, T.M.:
   Akute allgemeine Veränderungen bei Ganz- und Teilkörperbestrah-
   lung und deren Behandlung.
   S. 264 - 277 in
   Strahlenschutz für ermächtigte Ärzte, Spezialkurs
   Herausgeber: F.E.STIEVE & G. MÖHRLE
   Verlag H.Hoffmann, Berlin 38, 1979

6. GURWITH, M., J.L.BRUNTON, B. LANK, A.R.RONALD, G.K.M.HARDING,
   D.W.MCCULLOUGH:
   Granulozytopenia in hospitalized patients.
   I.prognostic factors and etiology of fever
   II.a protective comparison of two antibiotic regiments in the
      eugenic therapy of febrile patients.
   Am.J.Med.64 (1978), 121-126; 127-132

7. HAHN, D.M.; S.C.SCHIMPFF; C.L.FORTNER, A.COLLIER SMYTH,V.MAE
   YOUNG; P.H.WIERNIK:
   Infection in acute leukemia patients receiving oral nonabsor-
   bable antibiotics.
   Antimicrob. Agents & Chemother. 13 (1978), 958-964

8. Handling of Radiation Accidents 1877
   IAEA-SM-215/3
   International Atomic Energy Agency, Vienna 1979

9. Kerntechnik und Sicherheit in Nordrhein-Westfalen
   Broschüre 23, 1978; Der Innenminister des Landes Nordrhein-
   Westfalen

10. KIRCHHOFF, R.; H.J.LINDE (Herausgeber):
    Reaktorunfälle und nukleare Katastrophen: Ärztliche Versorgung
    Strahlengeschädigter.
    Peri-Med.Verlag, Erlangen 1979

11. Manual on Radiation Haematology
    Technical Reports Series Nr. 123
    International Atomic Energy Agency, Vienna 1971

12. PAULISCH, R., K.-M. KOEPPEN:
    Besonderheiten der Infektionen bei Hämoblastosen unter zytosta-
    tischer Therapie
    Münchn.Med.Wschr. 118 (1976) 661-664

13. RODRIGUEZ, V.; G.P.BODEY, E.J. FREIREICH, K.B.MCCREDIE;
    J.U.GUTTERMAN; M.J.KEATING; T.L.SMITH; E.A.GEHAN:
    Randomized trial of protected enviroment-prophylactic anti-
    biotics in 145 adults with acute leukemia
    Medicine (Baltimore) 57 (1978), 253-266

14. SCHIFFER,C.A.:
    Principles of granulocyte transfusion Therapy.
    Med.Clinics North Am. 61 (1977), 1119-1131

15. SCHIMPFF, S.C.:
    Therapy of Infection in patients with granulocytopenia
    Med.Clinics North Am. 61 (1977) 1101-1118

16. SCHIMPFF, S.C.:
    Infection prevention during granulocytopenia; S. 85-106
    Current Clinical Topics in Infections Diseases 1980

17. SEELIGER, H.P.R.; M.DIETRICH; W.K.RAFF (Herausgeber)
    Bekämpfung des infektiösen Hospitalismus durch antimikrobielle
    Dekontamination
    Symposium Ulm 1976

18. The medical basis for radiation accident preparedness; pro-
    ceedings of a conference
    Oak Ridge 1980

19. WENDT, F.:
    Die derzeitige Situation der Infekt-Prophylaxe mit antimikro-
    biellen Substanzen bei hämopoetischer Insuffizienz mit Granulo-
    zytopenie
    Vortrag Schutzkommission beim BMI, Heidelberg 1979

20. WALDVOGEL, F.A.:
    Infections diseases 1979 – another look at studies by the
    EORTC
    J. Infection Dis. 140 (1979), 428-430

SACHVERZEICHNIS

A

ABC-Trupp 167
Adaptationssyndrom 197
Aerosole, radioaktive 114f
Aktivitätskonzentration
- in Luft 110f, 118, 124
- in Wasser 110
ALI-Wert 118ff, 121
Alphastrahler 118
Americium 144f
Aminosäuren 212f, 224ff
Anämie 183
Antibiotika 183f, 187, 235, 237
Antibiotikatherapie 237
Äquivalentdosis 110, 112, 117
Atomenergierecht 2ff, 9, 26f
Atomgesetz 3ff, 9, 11, 14, 16, 18, 21, 24ff, 27, 163
Atomkommission 18
Atomrecht 24
Aufsichtsbehörden 4
Augenlinse 110ff
Auslegungsstörfall 18, 22
Ausscheidungen 125, 129
Ausscheidungsanalyse 130, 132, 135
Ausschuß "Medizin und Strahlenschutz" bei der Strahlenschutzkommission 165, 167

B

Beförderung radioaktiver Stoffe 24f
Berstscheibe 56
Berufserkrankungen 80
Berufsgenossenschaften 83, 173ff
Betatron 82
Biblis 38, 177
binukleäre Zellen 216
biochemische Veränderungen durch Bestrahlung 212
biologische Dosimetrie 207ff
biologische Indikatoren 207ff, 224
Blutbildbefund 91
Brennelemente 46
Brunsbüttel 2
Bundesärztekammer 168

Bundesgesundheitsamt 99
Bundesminister für Arbeit und Sozialordnung 80
Bundesminister für Forschung und Technologie 36
Bundesministerium des Innern 155
Bundesverfassungsgericht 4

C

Chelatbildner 136
Chromosomenaberrationen 187, 208ff
Chromosomenanalyse 77, 91, 174, 203
Co-60-Quellen 76
Core, Reaktor 61f, 65f

D

Dampfexplosion 43, 46
DDR 5, 26
Dekontamination 46, 89, 167, 176
Dekontaminationsbehandlung 93
Dekorporation 136ff, 142, 148
DNA 219f
Dosimeter 78, 207
Dosimetrie 203
Dosis 207ff, 210
Dosiseffektkurve 211
Dosisgrenzwerte 19f
Dosisleistung 195, 202
Dosis-Risiko-Beziehung 52
Dosis-Wirkungs-Beziehung 181, 183, 193f, 197, 202
Druckhalter 61, 63ff
Druckhalter-Abblaseventil 69
Druckwasserreaktoren 18, 38, 55ff
DTPA (Diäthylentriaminpentaessigsäure) 136ff

E

Edelgase 67, 112
- radioaktive 117
EDTA 174
Eidgenössisches Institut für Reaktorforschung EIR 133
Elektrolyte 237
Elektrolythaushalt 93
Erdalkalimetalle 117
Erhebungsbogen 165
ermächtigter Arzt 84f, 91, 168, 174, 238

Erste Hilfe 83, 88f, 92, 101,
    173ff, 177
Erythem 85, 98
Evakuierung 46, 52

F
Fehlverhalten, menschliches
    3, 74, 77
Forschungsreaktor 132
Frakturheilung 200f
Freigrenzen 24
Freisetzungskategorien 43,
    45ff

G
Gammaspektrometer 130
Gammastrahlung 194ff
Gammatron 76
Ganzkörperbestrahlung 83, 85,
    92, 94, 97, 177, 184, 186,
    189f, 194ff, 218, 224, 233
Ganzkörperdosis 166, 178
Ganzkörperzähler 131
gastrointestinale Symptome
    183
Gastrointestinaltrakt 112ff,
    116
GaU, größter anzunehmender
    Unfall 21
Genehmigungsverfahren 68
genetische Belastung 48
genetische Strahlenschäden 52
Gesellschaft für Reaktorsi-
    cherheit (GRS) 36
Gesellschaft für Strahlen-
    und Umweltforschung (GSF)
    36, 168
Gewerbeaufsicht 89
gnotobiotische Therapie 187
graft-versus-host-Reaktion
    187, 191
Granulozytentransfusionen 187
Granulozytopenie 183f, 235
Grenzwerte Strahlenbelastung
    123, 126
Grundgesetz 3, 6

F
Halbwertszeit, biologische 144
Hämatologisch- Onkologische
    Zentren 235
harnpflichtige Substanzen 213
Harrisburg 42, 54ff
Haut, 97f, 111f
Hautwunde 197ff, 200, 203

Hiroshima, Nagasaki 99, 193,
    203
Hodgkin-Patienten 225f
human dose equivalent 143
Hydroxyprolin 226
Hyperthyreose 157 f

I
IAEA, Internationale Atomener-
    giebehörde 83, 88, 91, 94
ICRP 26, 83, 94, 110ff, 117,
    121, 129
Inkorporation 20, 82, 91, 93,
    95, 111, 130, 148, 161
Inkorporationsmessungen 124,
    131, 133
Inkorporationsüberwachung 123f
    129f, 132, 135
192Iridium-Strahler 84
Isolation, umgekehrte 183
Isolierbettsystem 183

J
131J 152
Jahresaktivitätszufuhr (ALI)
    118, 121f, 126
Jod, Plasmakonzentration 155,
    157f
Jod, radioaktives 151, 168
Jodblockade, Schilddrüse 152,
    155, 157f
Jod-125-desoxyuridin 218
Jodidclearance 152
Jodisotope 77, 131, 133
Jodmangel 151
Jodprophylaxe 151, 168f

K
Kaliumjodid 152, 154ff, 157f,
    169
Kalkar-Beschluß 3
Katastrophenalarm 163
Katastrophenschutz 4, 22f, 48,
    162
Katastrophenschutzgesetze 23
Katastrophenschutzleitung 164,
    166f
Keimdrüsen 99, 110
Keimzellen 101
Kernbrennstoffe 17
Kernforschungsanlage Jülich
    129, 135
Kernforschungszentrum Karls-
    ruhe 36, 132
Kernkraftwerke 23, 27, 36ff,
    82, 161f

Kernschmelzen 39f, 43, 48
Kerntechnische Hilfsdienst
     GmbH 24, 76
Kindersterblichkeit 54
Knochen 117, 138, 140, 143
Knochenmark 185, 195, 215,
     218ff
Knochenmarktransplantation
     185, 188, 233, 238, 240
Kombinationsschäden 99, 177,
     193ff, 230
Kontamination 82, 85, 91,
     93, 95, 174
Kontaminationsmessung 166f
Körperdosis 74, 123, 126f
Kreatin, Kreatinin 213ff
Krebs, Krebshäufigkeit 50f
Krebsrisiko 50f, 67
Kühlmittelpumpen 65
Kühlmittelverlust 40, 46

L
Langzeitbestrahlung 202
Latenzperiode 96
LD$_{50}$, mittlere Letaldosis
     183, 193ff, 202
Leber 143f, 212
Leukämie 97, 180, 185, 190,
     238
Lockport 214f
Los Alamos 214f
Lunge 111, 114, 117, 120,
     134, 151
lymphatische Gewebe 187
Lymphknoten 114
Lymphozyten 214, 216, 221,
     230, 232
Lymphozytopenie 189, 240

M
Manipulationsfahrzeuge 76
Materialprüfung 84
Merkblatt der Berufsgenossen-
     schaften "Erste Hilfe bei
     erhöhter Einwirkung ioni-
     sierender Strahlen" 125,
     173
Mikroorganismen, pathogene
     236
Milch 151
Mitoseindex 216f
MPAI-Wert 118ff
Myelozyten 215f

N
Nasenabstrich 125
Nebennierenrindenreaktion 197
Neutronenstrahlung 195ff, 218f
Notfall 161
Notfallarzt 77
Notfallschutzvorsorge 161f
Notfallstation 165f
Notkühlsystem 46, 66
Notkühlwasser 56
Notspeisewasser 68
Notspeisewassersystem 57
Notstromfall 40ff

O
Oak Ridge 214f
öffentliches Dienstrecht 8
Öffentlichkeit 2
Oogenese 101
Ortsdosisleistung 79
Osteosarkom 146

P
Personendosimeter 85
Personendosis 74, 84
Personendosismessung 91
Phoswichdetector 134
Plutonium 121, 132, 138, 140f,
     143f
Primärkreis 58f, 62, 65
Privatversicherungsrecht 7
Protonen 195

R
radioaktive Abfälle 132
radioaktive Stoffe 10, 17, 22,
     77, 79, 94f, 110, 124
Radiografie 74
Radionuklide 114ff, 120, 123,
     127, 136
radiopharmazeutische Industrie
     131
Rasmussen-Studie 36
Reaktordruckbehälter 43f, 46,
     55, 64
Reaktorkern 38, 40, 43
Reaktorschiffe 26
Reaktorsicherheitsstudie,
     deutsche 36, 48, 50, 163
Referenzmensch 111
regionale Strahlenschutzzentren
     83, 125, 175f, 238, 240
Relative Altersabhängige Dosis
     (RAD) 121
Relative Biologische Wirksam-
     keit (RBW) 197

Resistenz 199
Respirationstrakt 114ff
Restrisiko 163, 169
Retikulozyten 217f, 221
Rettungskette 173, 177
Risiko 37, 52, 163, 207
Risikoanalyse 36, 53
Risikostudie 39
Röntgeneinrichtungen 16
Röntgenverordnung 5, 10, 14,
    26f, 80f

S
Schadensvorsorge 23
Schilddrüse 131, 151ff, 168
-,Jodblockade 152, 155, 157f
Schilddrüsendosis 67
Schilddrüsenhormone 151
Schilddrüsenszintigramm 153
Schockzustände 93
Schwangere 146
Schwellenwert 111
Schwerbrandverletzte 177
Sekundärkreis 58f
Serumenzymwerte 213
Sicherheitsbehälter 43, 50,
    56, 70
Sicherheitstechnik 17f
Sicherheitsventil 60
Sozialversicherungsrecht 8
Spätschäden 48, 50, 52, 97
Spermiogenese 100
Splenektomie 197
Staatengemeinschaftsrecht 28
Stammzellen, Knochenmark 117,
    185, 187, 189, 191, 217,
    238
-, Darmepithel 233
Stammzelltransfusion 189
Stammzelltransplantation 191
Standardmensch 110
Steriltherapie 177, 191
Störfall 2ff, 5, 13, 36ff,
    38, 42, 55, 58ff, 73f, 76,
    80f, 135, 161, 164
Störfallablauf 52, 64
Störfalldefinition 16ff
Störfallfilter 43
Strahlendosis 180
Strahlenmeßkarte 164f
Strahlenschutzarzt 164,
    166f, 178
Strahlenschutzbeauftragter
    16, 22, 89
"Strahlenschutzmedizin"
    (Arbeitsausschuß) 125

Strahlenschutzphysiker 89
Strahlenschutzsubstanzen 197
"Strahlenschutztechnik" (Ar-
    beitskreis) 18
Strahlenschutzverantwortlicher
    16, 22, 75, 89
Strahlenschutzverordnung 5, 11
    14f, 19ff, 22ff, 26f, 73, 7
    80, 83, 89, 123ff, 127, 161
Strahlensyndrom, akutes 166f,
    180, 193, 230ff, 235
-, gastrointestinale Form 181,
    184
-, hämatologische Form 181
-, zentralnervöse Form 181, 18
Strahlentherapie 82, 180
Strahlenunfall s. Unfall
Strahlenwirkungen, stochasti-
    sche 111
Stress 202
Stuhl, Aktivitätsmessung 125,
    132
Substitutionstherapie 235
Super-GaU 21

T
Taurin 213, 226
Teilkörperbestrahlung 83, 85,
    93, 95, 97
Teilkörperdosis 74, 78, 84
Three Mile-Island 2, 54, 71
Thrombozytentransfusionen
    187, 237
Thrombozytopenie 180, 183f, 23
Thyroxin 151
Tierversuche 137, 140ff, 143ff
    181ff, 193ff, 203, 224ff
Toxizitätsprüfungen 143
Transaminasen (GOT, GPT) 212f
Triage 177, 230
Tritium 77, 111f, 118, 133, 21
Tryptophanstoffwechsel 224ff
Tumorpatientinnen 225

U
Ulkus 85
Umsiedlung 46, 52
Umweltschutzrecht 8
Unfall 2ff, 5, 13, 38, 73f,
    80ff, 86, 101, 161, 164,
    169, 173ff, 180, 207, 211,
    233
Unfallfolgenmodell 47
Unfallklinik Ludwigshafen-
    Oggersheim 177f
Uran 134f

Uranbrennstäbe 54, 61
Urin 212, 214
-, Aktivitätsmessung 125, 132

V
Verbrennungen 93, 197, 201
Vitamin-B-Mangel 224

W
WASH 1400-Report, amerikanische Reaktorsicherheitsstudie 48, 50

Wasserstoffverpuffung 62
Weltgesundheitsorganisation 151
Wiederaufbereitungsanlage 132
Wunde 143
Wunde, Erstversorgung 125
Wundinfektion 203
Wundversorgung, chirurgische 93, 173

Z
Zellkulturen 220
Zentralnervensystem 96
Zytostatika 233

Nuklearmedizin – Szintigraphische Diagnostik

2., überarbeitete Auflage
Von Prof. Dr. U. Feine
Leiter der Nuklearmedizinischen Abteilung
der Universität Tübingen
Prof. Dr. K. zum Winkel
Ärztlicher Direktor der Universitäts-Strahlenklinik,
Klinikum der Universität Heidelberg
1980. 560 Seiten, 692 teils mehrfarbige Abbildungen,
100 Tabellen, 17 x 24 cm, gebunden DM 248,–

Nuklearmedizin, Funktionsdiagnostik und Therapie

2., überarbeitete und erweiterte Auflage
Herausgegeben von Prof. Dr. D. Emrich,
Leiter der Nuklearmedizinischen Abteilung
der Medizinischen und Radiologischen Klinik,
Kliniken der Universität Göttingen
1979. 522 Seiten, 238 Abbildungen,
138 Tabellen, 17 x 24 cm, gebunden DM 198,–

Nuklearmedizinische Diagnostik und Therapie

Von Prof. Dr. D. Emrich
Leiter der Nuklearmedizinischen Abteilung
der Medizinischen und Radiologischen Klinik
der Universität Göttingen
1976. 260 Seiten, 24 Abbildungen, 60 Tabellen
‹flexibles Taschenbuch› DM 17,80

Total Body Computerized Tomography

International Symposium Heidelberg 1977
Edited by Prof. Dr. P. Gerhardt
Ärztlicher Direktor der Abteilung für
Röntgendiagnostik der Chirurgischen
Universitätsklinik, Heidelberg
Dr. G. van Kaick
Deutsches Krebsforschungszentrum, Institut
für Nuklearmedizin, Heidelberg
1979. 416 pages, 595 figures,
53 tables, 15,5 x 23 cm, cloth DM 78,–
(Distribution for Japan by Igaku Shoin, Ltd. Tokyo)

Georg Thieme Verlag Stuttgart · New York